茶文化与大学生素养

CHAWENHUA YU DAXUESHENG SUYANG

● 李璐 等 / 编著

重庆大学出版社

内容提要

本书基于中华优秀传统文化传承发展的理念,通过茶文化这一媒介,着力于培育当代大学生的文化素养、礼仪素养、理论素养、艺术素养、健康素养、实践素养和职业素养等七大素养。本书对大学生的素养培育提出了整体的学习框架,既有理论深度,又有实践操作的规范要求,是大学生第二课堂素质教育的创新成果。

图书在版编目(CIP)数据

茶文化与大学生素养/李璐等编著. —重庆:重庆大学出版社,2017.4(2024.1 重印)
ISBN 978-7-5689-0495-7

Ⅰ.①茶… Ⅱ.①李… Ⅲ.①茶文化—中国—高等学校—教学参考资料 Ⅳ.①TS971.21

中国版本图书馆 CIP 数据核字(2017) 第 057370 号

茶文化与大学生素养

李 璐 等 编著

责任编辑:顾丽萍　　　版式设计:顾丽萍
责任校对:张红梅　　　责任印制:张 策

*

重庆大学出版社出版发行
出版人:陈晓阳
社址:重庆市沙坪坝区大学城西路 21 号
邮编:401331
电话:(023) 88617190　88617185(中小学)
传真:(023) 88617186　88617166
网址:http://www.cqup.com.cn
邮箱:fxk@ cqup.com.cn (营销中心)
全国新华书店经销
POD:重庆新生代彩印技术有限公司

*

开本:787mm×1092mm　1/16　印张:13.25　字数:238千
2017 年 4 月第 1 版　2024 年 1 月第 8 次印刷
ISBN 978-7-5689-0495-7　定价:33.00元

作者简介

　　李璐,女,汉族,湖南邵阳人,中共党员,武汉大学文学博士,副研究员,国家高级茶艺师,国家高级评茶员,国家茶艺师鉴定考评员,湖南省普通话测试员,湖南省普通高校青年骨干教师,湖湘青年英才,全国优秀共青团干部。

　　近三年来发表科研论文14篇,出版专著2部,主编教材1部,参编专著2部。先后主持国家级、省级重点项目或课题4个,作为学术骨干参与国家级科研项目3个,参与省级、市厅级课题4个。获得教育部评选的国家级教学成果奖二等奖、全国农业职业教育教学成果一等奖、湖南省省级教学成果奖一等奖。

从"有态度的人生"到传统文化的有效教育载体（序）

时序更替，立德树人的初心始终不变。

今年初，中共中央办公厅、国务院办公厅印发了《关于实施中华优秀传统文化传承发展工程的意见》，这和我一贯以来倡导的文化育人理念不期而遇。我最早在大学生中要求开展中国传统茶文化教育是在2013年春季，我安排院团委组建了传统文化教育工作室，着手培训茶艺与茶文化师资，引领"第二课堂"实践育人工作。

这一试点，在短短三年内就取得了意想不到的成绩：每年9月，3 000余名大一新生一进校就接触到了足以影响其一生的茶文化教育，通过20课时的理论加实践课程学习，他们不仅能熟练地辨识、冲泡六大茶类，还能得心应手地根据不同场合来设计各种茶会活动，大大地提高了自己的就业竞争力和生活品位。该课程师生之间关系融洽，亦师亦友，真正将大学教育"立德树人"的目标落到了实处。

我们的大学生茶艺团师生每年穿梭在各大茶山，进行实地调研和茶叶采制工作，她们的创新创业成果"'寻茶记'文化传播有限责任公司"项目，获得了湖南省大学生"挑战杯"竞赛二等奖。连续多年的"中华茶祖节祭茶大典（中国·南岳）"上，我们的大学生茶艺团活跃于舞台之上，承担起茶艺表演、茶文化推介、"茶山行"志愿服务等工作。同学们还应邀为专程到湖南备赛奥运的中国、捷克、黑山、新西兰四国女篮国家队进行了中华传统茶艺专场表演，向世界展示了中华茶艺与茶文化的独特魅力。

与茶相伴的人生，是幸福的。通过对茶的研习，为同学们打开了一扇新的素质教育之窗，在学会各类茶艺技能的同时，凝练了淡定从容的个性，培养了慎思笃行的气质，选择了一种有态度的人生。

传统文化的教育形式是丰富的，而茶则是其中非常有代表性的有效教育载体。社会主义核心价值观继承了"家国一体"和"家国情怀"优秀传统文化理念。要真正践行"家国共担、手脑并用"的校训精神,就要尊重"以文化人、以文育人"的教育理念。湖南信息职业技术学院在打造具有地方特色的素质教育品牌"靖港湾茶院"探索实践中,围绕与茶相关的"学、礼、知、艺、效、事、业"这7个方面来提升大学生素养,成立了"茶文化与大学生素养"教研室,今年又送培了8名教师取得国家茶艺师资格证,新装修了能同时容纳30人实训操作的茶艺教室,并完成了"靖港湾茶院"的中长期发展规划。

　　本书选择了培养学生素质的独特视角和切入点。从"茶学:大学生文化素养""茶礼:大学生礼仪素养""茶知:大学生理论素养""茶艺:大学生艺术素养""茶效:大学生健康素养""茶事:大学生实践素养""茶业:大学生职业素养"等7个专题入手,对大学生的素养培育提出了整体的学习框架,既有一定的理论深度,又有实践操作的规范要求,是一次富有创新的大胆尝试。

　　天生我才必有用。每个学生都拥有与生俱来的能力和潜能,都是可以成长成才的独特个体。我期待他们能成为"学习中心者""教学与创新合作者""技术应用探索者""校园文化创造者、传播与受益者"以及"社会主义核心价值观和公民道德示范者"。从"有态度的人生"到传统文化的有效教育载体,我们唯有不忘初心,方得始终。在本书付梓之际,爰志数语以为序。

陈剑旄谨识

2017 年 3 月 21 日于湖南长沙

序作者简介:陈剑旄,男,汉族,湖南茶陵人,中共党员,哲学博士,二级教授,硕士生导师,先后在中共湖南省委直属机关党校、湖南工业大学、湖南环境生物职业技术学院任教,现任湖南信息职业技术学院院长、党委副书记。

目 录
CONTENTS

第一章

茶学：大学生文化素养

茶叶原产中国,中国西南部生长着数十种茶及茶的近缘植物,是山茶属植物多样性中心。茶为中国的举国之饮。陆羽的《茶经》及历代茶叶著作,反映了中国茶及茶文化的悠久历史,近代与现代茶文化则有了更高层次的发展,茶成为全球第一大饮料。

第一节　茶文化发展史

人类探索、发现、利用、感受茶叶的历史,就是茶文化的历史。

传说中人类发现、利用茶叶的时间是神农时代。神农因尝百草,日遇七十二毒,得荼而解之,此系传说,但至少在大约成书于汉代托名神农而成的《神农食经》中,已经将茶看成一种药食兼具的物品了:"茶名久服,令人有力悦志。"

1980 年,在贵州省晴隆县茶园发现的距今至少有 100 万年的"新生代第三季四球茶籽化石",是中国为茶树原产地的又一有力佐证。

2001 年,浙江杭州萧山跨湖桥遗址发现了一颗疑似茶籽,这颗疑似茶籽与其他一些植物种子一起出土。在人为环境中发现的这颗疑似茶籽,首先表明在 8 000 年前的东部沿海地区就可能有茶树存在,其次表明先民们可能已经在探究茶籽及茶的利用。

20 世纪 70 年代,浙江余姚河姆渡遗址中发现了大量的樟科植物叶片,还发现一只用过的陶罐中盛有樟科植物枝叶。一般而言,植物的枝条是不用于食用的,因而有专家推论陶罐中的樟科植物枝叶应该是用于煮泡饮用的。饮食是人类维持生存的本能活动,寻找具有一定功能,诸如提神、杀菌、提味等的特殊植物枝叶,煮泡后饮用,在世界各大洲的很多民族中都有发现。根据唐以来诸家《本草》,樟科植物的药性功能主要是:"辛温,无毒,主治恶气,中恶……霍乱,腹胀,宿食不消,常吐酸臭水。"所以河姆渡人很可能将它用作清凉、消食饮料。可以看到,先民们寻找有药用功能的植物并实际用于饮食的活动,在时间上要远远早于神农尝百草为民寻找中草药的英雄创造历史、文化的传说。

田螺山遗址相距河姆渡文化遗址约 7 千米,距今 6 000～6 500 年,时间稍后于河姆渡第一期文化(距今 6 500～7 000 年),在村落房屋建筑遗址附近发现一些较规则排列的山茶属植物根,这些根,经化验含有茶树根中特有的茶氨酸,表明是茶树根。且根据根群坑内土质疏松,土色与坑外不同,考古学家认为这些茶树有人工种植的迹象,表明当时对茶树已经进行了有意识的利用。很可能是先民们在长期反复实践的考量下,最终还是选择了茶叶作为他们药、食兼用的物品,并且开始采集附近山上野生茶树的种子,在居所附近种植以便利用。

　　河姆渡遗址发现的樟科植物叶,田螺山遗址发现的茶树根,从考古的角度,支持了神农尝百草得茶而解的传说,而且在时间上更早于传说中的神农时代一两千年,表明中华茶文化萌发时间之悠远。

1. 商周至汉魏六朝的茶文化酝酿

　　春秋时代的《诗经》,存有许多含有"荼"的诗句,其中《邶风·谷风》"谁为荼苦,其甘如荠",《大雅·绵》"周原膴膴,堇荼如饴",《豳风·七月》"采荼薪樗,食我农夫",诸句中的"荼"字,虽然被汉唐以来诸儒诠释为"苦菜",但因诗句中所言荼之苦味,被与荠、饴等甜味相比,是有甘苦相伴的特性,苦菜纯苦,茶却有苦后回甘的特性,故今人以为,《诗经》所记周代先人在其源起之地周原所食用的"荼",很可能是茶。

　　晋《华阳国志》卷一《巴志》说:"周武王讨伐,实得巴蜀之师……封其宗姬于巴,爵之以子……其地……丹漆、茶、蜜……皆纳贡之。其果实之珍者……园有芳蒻、香茗。"表明在武王讨伐周朝兴国之初,巴地方就已经以茶与其他一些珍贵土产品纳贡宗周,并且已经有了茶园。

　　西汉宣帝神爵三年(公元前59年),著名辞赋家王褒撰《僮约》,其中有"烹茶尽具""武阳买茶"之句,这里对茶事的记载,对于茶事文化的历史可谓有重大意义,其中所叙僮仆所干家务包括"烹茶尽具",表明茶之饮用在当时社会士夫文人阶层生活中的日常性,而"武阳买茶"之语,则表明茶在当时的商品化,在其产地或者区域集散地,已有相当规模的贸易量。王褒是四川资中人,订约之地在成都附近,买茶之地在四川彭山。王褒之前对茶有记载的扬雄、司马相如均是蜀人,扬雄的《方言》说:"蜀西南人谓茶曰蔎",司马相如《凡将篇》中记载了"荈诧",这些都是茶的最早记录,可见饮茶文化其源于巴蜀。

　　长沙附近的"茶陵"地名,长沙汉墓中出土的石质"茶陵"地名印,表明正如《茶经》所引录《茶陵图经》所言:"茶陵者,所谓陵谷生茶茗焉",为盛产茶叶之地。而长沙马王堆汉墓出土的"槚笥",则表明长江以南的贵族生活中有着大量的茶叶应用,由此推论茶叶在当时已是社会上层富贵之家的日常生活用品。

　　浙江湖州东汉砖墓中出土的青瓷贮茶瓮,则表明汉代一般的中人之家乃至平民之家,茶亦为其日常生活物品之一。这只青瓷贮茶瓮肩部刻有一"茶"字,与马王堆"槚笥"有着异曲同工之处,器物上刻字,表明了它用于贮茶的专门性与日常性。

　　综而言之,马王堆汉墓中的"槚笥"的木牍,王褒《僮约》中的"烹茶尽具",以及东汉砖墓中的青瓷"茶"瓮,反映了两汉社会,在四川至长江中下游的产茶区,茶都是自社会上层,至中人之家,至平民之家的日常所需物品,表明茶叶在长江以南地区,在两汉社会各阶层生活中被使用的广泛性与日常性,并成为此后茶叶饮用及相关文化在中华南北大地逐渐普遍发展的基础。

三国魏晋时期,茶在人类生活中的身影日渐清晰起来,并逐渐形成自己的文化风格与内涵。

《三国志·吴志·韦曜传》记吴末代皇帝孙皓时:"每飨宴,坐席无不率以七升为限,虽不尽入口,皆浇灌取尽。曜饮酒不过二升。皓初礼异,密赐茶荈以代酒。"以茶代酒说明在当时茶已经和酒一样进入单纯的清饮。而晋山谦之《吴兴记》则记载:"乌程县有温山,出御荈",可见已经有专供皇家享用的贡茶御荈。

西晋时期,左思的《娇女诗》让人们看到,茶已经成为北方上层社会士人和仕女的日常饮品,茶已经在基本不产茶的北方地区流行开来。

而同时代杜育的《荈赋》则从各个方面描绘了当时茶文化的形式和成就。从茶种植的自然地理环境到茶的品质特性,到在农事休闲的初秋季节,与志趣相投的人相约相伴,一起采摘制作茶叶。品茶所用之水为岷江流淌着的清澈江水,茶碗则选用东瓯出产的陶瓷瓯具,饮用时则像《公刘》一诗中所言的饮酒之法那样,以瓢瓠分酌而饮之。煮成的茶汤"沫沉华浮",像春花像积雪一样明灿可人。茶的功效则是能够"调神和内,倦解慵除"。

《荈赋》所存文字已非当时全貌,但即便如此,已经可让人们看到当时茶文化发展到相当的程度,茶产、茶品、器具、程式,到一些相关的理念,都被以一两句简洁扼要的文学化语言呈现在读者的眼前。

两晋时期,长江以南地区已经出现了客来敬茶的习俗。《世说新语》所记王导在石头城以茶接待北方南渡者的礼仪,《茶经》所引《桐君录》所记交、广地区(今广东、广西和越南北部一带)客来设茶的记录,弘君举《食檄》说:"寒温既毕,应下霜华之茗,三爵而终。"揭示了客来敬茶习俗在中国南部地区的逐渐形成与作用范围之广泛。而王濛喜茶,客来辄饮人以茶,至为不喜者称为"水厄"的记载,则表明客来敬茶习俗形成过程中的曲折。

《晋中兴书》记吴兴太守陆纳以茶待客,以其可以与清操相匹,《晋书》记扬州牧桓温以宴饮用茶果表现节俭的品性,是茶具有俭德之性的开始。

南北朝时期,南方地区饮茶习俗遍及社会各阶层,上自帝王将相文人士大夫,下至平民百姓,如《广陵耆老传》记:"晋元帝时有老姥,每旦独提一器茗,往市鬻之,市人竞买。"广陵老姥每天早晨到街市卖茶,市民争相购买,这反映了平民的饮茶风尚。道士、僧徒亦皆饮茶。茶成为道教徒炼丹服药以求脱胎换骨、羽化成仙的首选之物。南朝著名道士陶弘景《杂录》记："苦茶轻身换骨，昔丹丘子、黄山君服之。"有些僧侣也喜饮茶，如《续名僧传》记宋释法瑶"年垂悬车，饭所饮茶"。也有僧人以茶待客，如昙济道人于八公山设茶待客。

最高统治者对茶的青睐直接推动茶文化发展。南齐世祖武皇帝遗诏："我灵座上慎勿以牲为祭，但设饼果、茶饮、干饭、酒脯而已。"使得茶强化了节俭的象征意义，并使之进入祭祀礼俗。

自商周起经过漫长的历史酝酿，至两晋，茶已经成为南方地区普遍的饮品，客来敬茶渐成习俗，茶艺初成其形，茶的文化品性日渐明晰丰富。茶文学创作日渐增多，有孙楚的《出歌》、张载的《登成都白菟楼》、左思的《娇女诗》、王微的《杂诗》等早期的涉茶诗。西晋杜育的《荈赋》是文学史上第一篇以茶为题材的散文。南北朝时鲍令晖撰有专门的《香茗赋》，惜散佚不存。晋宋时期的一些志怪小说集如《搜神记》《神异记》《搜神后记》《异苑》等书中都有一些关于茶的故事。所有这些，都为此后茶文化的发展起到推波助澜的作用。

2. 唐代茶文化全面形成

至隋代，由于有僧人以茶治好了文帝头痛的毛病，"由是人竞采掇"，进士权纾因为之赞："穷春秋，演河图，不如载茗一车。"感叹说穷尽心血研治《河图》《春秋》这样的学问货与帝王之家，所得报偿，还不如拥有一车茶叶所得丰厚。这一赞叹所带来的历史事实是，随着大运河的开凿通航，南北物货流通极大增加，大量南方物产，随着大运河的水路运到北方。大运河的水运直航，大大降低了物货流通过程中的运输成本，使得原本在北方只有中上之家才能享用的茶叶，也日渐进入中下之家、平民乃至更下层民众的消费之中。

唐高宗、武后、中宗时期，禅宗渐兴，玄宗开元时传至大江南北。坐禅务于不寐，又不夕食的习惯，使得禅众在坐禅修禅过程中对茶的需求量大增。携大运河南北物货流通的便利，坐禅修禅的倡导，茶饮在北方中国极大地推行开来，成为全社会各阶层的通用饮品。人自怀挟，到处煮饮，从此转相仿效，遂成风俗，并流于塞外。特别是长安、洛阳及湖北、重庆一带，茶已是比屋皆饮之物。

唐代茶叶生产发展迅速，有80多个州产茶，贡茶兴盛，于唐代宗大历五年（公元770年）在浙江长兴顾渚山设立贡茶院，专门生产供皇室饮用的"顾渚紫笋"茶。

正是在这样的历史背景下，陆羽《茶经》应运而出，这部茶叶百科全书式的著作，系统总结了中唐以前历朝历代对茶的认识，阐述了茶经济、茶文化的方方面面，全方位地推动了唐代茶叶的发展和茶文化的兴盛，成为中国乃至世界茶业与茶文化发展的奠基之作。

　　首先,陆羽《茶经》重视春茶,使得茶叶生产成为一项独立的经济作物,而不再附尾于粮食生产,这种独立性使得茶叶独立迅速发展成为可能。诚如北宋诗人梅尧臣所言:"自从陆羽生人间,人间相学事春茶。"《茶经·一之源》对于茶叶源流——"南方之嘉木"、秉质——"茶之为用,味至寒"的探究阐述,特别是将茶叶寒敛简约之性与精行俭德之人德君子之性相匹配而论,迅速提升了茶叶的文化品性。从此茶就一直以风味恬淡、清白可爱、精行俭德的君子形象长驻于中华文化传统之中。

　　《茶经》另一重大影响,是将茶的清饮方式从当时的混饮方式中提炼出来,并加以隆重推介,还以末茶煮饮的方式,配之以成套茶具、相关程式和理念,确立茶饮之有道的相应形式。《茶经》影响所及,是"茶"字的使用确立,并出现了"茶道"一词。"茶道"首见于陆羽至交、诗僧皎然《饮茶歌诮崔石使君》诗:"孰知茶道全尔真,唯有丹丘得如此。"另封演《封氏闻见记》卷六"饮茶"记:"楚人陆鸿渐为《茶论》……有常伯熊者,又因鸿渐之《论》广润色之。于是茶道大行,王公朝士无不饮者。"茶道茶艺成为中国茶饮的特别文化形式,传播到周边少数民族,并远传朝鲜半岛和日本列岛。

　　其次,唐代茶文化的发展,还几乎表现在与茶有关的所有形式方面。首先是茶文学的兴盛。唐代是诗歌繁盛的时代,饮茶习俗的普及和流行,使茶与文学结缘,唐众多著名诗人如李白、杜甫、钱起、白居易、元稹、刘禹锡、柳宗元、韦应物、孟郊、杜牧、李商隐、温庭筠、皮日休、陆龟蒙等,无不撰有茶诗。其中许多茶诗脍炙人口,成为此后文学与文化传统中的新典型意象。卢仝的《走笔谢孟谏议寄新茶》更是千古绝唱,为古今茶诗第一,"卢仝七碗"成为重要的文学典故。

　　唐代茶文茶书的创作开历史风气之先河。茶书的撰著肇始于陆羽的《茶经》,它奠定了中国古典茶学的基本构架,创建了一个较为完整的茶文化学体系,此后各种茶书相继而出。据不完全统计,唐代(含五代)茶书总共有 12 种,其中全文传世的有 4 种:陆羽的《茶经》、张又新的《煎茶水记》、苏廙的《十六汤品》、王敷的《茶酒论》,文已佚但仍可从他书中约略辑出的有 5 种:陆羽的《顾渚山记》《水品》,裴汶的《茶述》,温庭筠的《采茶录》,毛文锡的《茶谱》,另有 3 种则仅存目而无文。陆羽的《茶经》是茶文化的全面撰述,后出的唐五代茶书则各有侧重,如《煎茶水记》专记煮茶用水的高下等第,《十六汤品》记煮水因火候、器物、点注不同而效能不同,《茶酒论》记茶、酒之间关于功用与地位的辩论,《茶述》《茶谱》记各地茶品,《采茶录》记唐人茶事。这些茶书,从不同的角度、层面对茶文化作了更为深入细致的探索与记录,为茶文化更广泛深入的发展,铺垫了道路。

茶书画艺术亦兴起于唐。现存最早的茶事书法是唐代书僧怀素的《苦笋帖》。这是一幅信札,其文曰:"苦笋及茗异常佳,乃可径来。怀素上。"而传为初唐阎立本所绘的《萧翼赚兰亭图》则是现存最早的茶画,这幅画作不仅记载了古代僧人以茶待客的史实,而且再现了唐代煎饮茶所用的器具及方法。盛唐时周昉的《调琴啜茗图》,以工笔重彩描绘了唐代宫廷贵妇品茗听琴的悠闲生活。作者佚名的《宫乐图》,描绘唐代宫廷仕女聚会饮茶习乐的热闹场面。

唐代文人聚会与宫廷宴饮中,茶宴、茶会盛行,它们既是唐人茶文化活动的重要形式,也为茶文学艺术的创作提供了滋润的土壤。茶馆茶肆店铺在中唐时亦即产生,既为人们"投钱取饮"买茶品饮的场所,也成为人们驻足休息之地,是后世中国重要社会现象茶馆的雏形。

陕西法门寺地宫出土的唐懿宗、僖宗父子下诏打造的一套宫廷专用金银茶具,充分反映了唐代宫廷饮茶之风的奢华与兴盛。

《茶经》以及整个社会从帝王到百姓茶饮活动的丰富频繁,也使得茶具开始独立发展,越窑、邢窑南北辉映,成为中国陶瓷文化中的一个重要组成部分。

正是因为唐代茶文化在几乎所有方面都有了起步与很大的发展,所以被后人评价为:"茶,兴于唐。"

3. 宋代茶文化繁荣兴盛

宋代由于历朝皇帝的重视,以及多任地方文人官员的尽力推广,茶文化繁荣兴盛,对后世影响至深。

宋代茶叶生产高度品质化,茶道技艺极度精致化。宋代以建安北苑官焙贡茶生产为代表的茶叶生产,达到了农耕社会手工生产制造的登峰造极之处。

宋代建安北苑官焙贡茶"龙团凤饼"的生产,从采茶、拣择茶叶、洗濯茶叶,到蒸茶、榨茶、研茶、压饼、焙火、包装,无一不极尽精细。宋代贡茶的棬模款式花样繁多,质地以银、铜、竹为主,模板上多雕刻龙凤图案,成为帝王专用品的符号象征。

宋代不压制成饼的散茶也有相当的生产规模,这为茶饮方式的变化提供了物质基础。

宋代主导的饮茶方式为末茶点饮法。将茶饼或散茶研磨成粉末,在茶碗中加少量水调制成膏状,再以茶瓶注入沸水,以茶匙搅拌育汤花。北宋中后期改为茶筅搅拌击拂,在茶汤表面击发出白色的泡沫,即可在黑釉的茶碗里制造出色差对比强烈的茶汤来,视觉效果极富冲击力,形成反差对比度很大的美感。宋代大书法家蔡襄专门撰写《茶录》,宣扬建安贡茶的点试之法,使得点茶法名扬缙绅间。宋徽宗赵佶撰写茶书《大观茶论》，宣扬建安贡茶与其点试之法，其书序目："本朝之兴，岁修建溪之贡，龙团凤饼，名冠天下……故近岁以来，采择之精，制作之工，品第之胜，烹点之妙，莫不盛造其极……可谓盛世之清尚也。"徽宗本人甚至多次亲手为手下大臣点茶赐饮，更加推动了点茶法的广泛流行。

宋人的茶会茶宴，较之于唐人而言有了更多的山林和庭院之趣，使之与山水园林文化相结合，生发出更多的情趣与意境。

斗茶、分茶习俗风靡城乡，都城汴梁、临安的茶馆盛极一时，甚至出现了针对不同社会身份等级人士的专门的茶馆、茶楼、茶肆，如行业会聚寻觅人力的行会性质的茶馆，专门上演曲艺、说书的茶馆，乃至花茶馆、蹴球茶馆等，茶馆成为地域性的公共空间、消息集散地，其社会功能日益显现，逐步形成独具特色的茶馆文化。两宋都城汴梁、临安大街上面对市民的茶担终日行贩，全国各地特别是南方，山陵野地开始有茶亭分布，它们与佛教等宗教团体所办的施茶亭一起，成为一种新型的社会公益。

车载山积的茶叶贸易，人头涌动的茶馆茶肆，烹点品第的雅尚相推，使茶文化在宋代攀上高峰。宋人传世茶著远超唐人，茶诗数量更多，著名诗人梅尧臣、范仲淹、欧阳修、苏轼、苏辙、黄庭坚、秦观、陆游、范成大、杨万里等都写有多首脍炙人口的茶诗名篇。陆游一生诗作约有万首，其中涉茶诗篇300余首，不可谓不丰。苏轼等人的茶诗，大多意境深远、理趣盎然。苏轼、黄庭坚、秦观都有多首茶词名篇传世。宋人的茶文亦是名家名篇众多，有梅尧臣的《南有佳茗赋》、吴淑的《茶赋》、苏轼的《叶嘉传》、黄庭坚的《煎茶赋》等，各有侧重、各擅胜场。

宋代文化艺术成绩斐然，茶艺术也不例外。茶广泛地入书入画，宋代书法四大家苏轼、黄庭坚、米芾、蔡襄均有多幅茶事书法传世，不仅给人们留下许多珍贵的书法艺术，还保留了不少其他文献中所不能得见的茶文化资料。如蔡襄的《茶录》《北苑十咏》《思咏帖》，苏轼的《道源帖》《一夜帖》《新岁展庆帖》，黄庭坚的茶宴诗、煎茶诗书法，米芾的《苕溪诗》手迹等。茶画作品相较于唐代而言，题材范围广泛了许多，赵佶的《文会图》，刘松年的《撵茶图》《卢仝烹茶图》等描绘的是文人雅聚的茶饮场面，刘松年的《斗茶图》《茗园赌市图》等画作则让人们看到负担卖茶者之间的斗茶竞卖，宋墓壁画、棺壁刻画以及深受宋人茶文化影响的辽墓壁画中的茶画，则描绘了当时人们居家生活的茶饮生活，极富生活气息。

由于宋代上品茶色尚白，因而点茶多用深色釉的茶碗，以黑白对比强烈反差为特点，形成独特的审美风格，建窑等窑口的黑釉盏风行天下，后人称为天目盏，为中国陶瓷文化引入一股特别之风。

宋代茶书可考的约有30种，全文传世11种，5种可辑佚，14种全然不存。作者大多是身为官吏的文人士大夫,选题大多集中在北苑贡茶、茶法和茶艺方面。绝大多数茶书都各有心得,言之有物,不拘前贤,自成体例。蔡襄的《茶录》是茶书与书法完美结合相得益彰的精品;徽宗赵佶的《大观茶论》则是前无古人后无来者的帝王所著茶书,推动了宋代贡茶文化的发展和宋代贡茶的登峰造极;宋子安的《东溪试茶录》、熊蕃的《宣和北苑贡茶录》、赵汝砺的《北苑别录》全面保存了宋代贡茶的发展,以及贡茶名目、纲次及数量等细致材料,使后人得以了解宋代的贡茶水平与文化。宋代茶书,为中国茶文化史保存了极具特色的末茶茶艺,在特别关注茶叶的同时,也关注茶与社会文化整体之间的关联。这些都影响了此后的茶文化发展。

宋代茶文化的另一个重要历史事件,是在这一时期,凭借佛教以及民间文化贸易往来,茶文化往日本传播。末茶点茶法传至日本,并为此后日本的茶道家们发扬光大,形成日本文化的独特现象:抹茶道,这是中日茶文化交流的重要历史成果。

4.明代茶文化继续发展

明太祖朱元璋罢废龙团之贡,茶叶生产和饮用形式发生了根本性的变化,末茶及相关蒸青生产方式和末茶点饮形式消失,以炒青或烘青、晒青方式生产的散茶大为普及,叶茶瀹泡法成为主流饮茶方式,直接以沸水冲泡散茶,比较简便,可谓尽茶之真味。如此泡茶法在明朝中期以后成为中华饮茶法的主流,一直延续至今。

明代的茶事诗词不及唐宋之盛,但许多著名诗人如谢应芳、陈继儒、徐渭、文征明、于若瀛、黄宗羲、陆容、高启、徐祯卿、唐寅、袁宏道等都写过茶诗。明代茶文学主要是在散文、小说方面有所发展,如张岱的《闵老子茶》《兰雪茶》。晚明小品文,写茶事颇多,公安、竟陵派代表作家,都有茶文传世。文震亨的《长物志》卷十二《香茗》,李渔的《闲情偶寄》中都有写茶或茶具的名篇。明代几部著名的小说中都有大量的茶事描写,《金瓶梅》中写到茶事的有400多处,让人们看到明代市民社会茶事生活的丰富与频繁,《水浒传》《西游记》《拍案惊奇》也有很多关于茶事的描写。

明代茶书画艺术有了长足的发展,明四家都精于茶道,各有多幅茶画传世,文征明的《惠山茶会图》、唐寅的《事茗图》,都是茶画中的精品。此外,丁云鹏的《玉川烹茶图》、陈洪绶的《停琴啜茗图》、王问的《煮茶图》等,亦皆是茶事名画。文征明、唐寅、文彭等人的茶书法作品有许多传神之作,而徐渭的《煎茶七类》更不仅是茶书法珍品,其本身亦是一卷茶文,可谓二妙相得。

明人茶书创作是古代茶书创作的高峰时期,现在可知有茶书50多种,约占中国古代茶书的一半,代表作如朱权的《茶谱》、田艺蘅的《煮泉小品》、陆树声的《茶寮记》、陈师的《茶考》、张源的《茶录》、屠隆的《茶说》、张谦德的《茶经》、许次纾的《茶疏》、熊明遇的《罗岕茶记》、罗廪的《茶解》、冯时可的《茶录》、闻龙的《茶笺》、屠本畯的《茗笈》、徐渭的《煎茶七类》、徐火勃的《茗谭》、黄龙德的《茶说》、冯可宾的《岕茶笺》、喻政的《茶书全集》等。著述不可谓不丰。然虽有原创，但转抄者多，汇编者多，故而一书二名者并不鲜见。传抄之中讹误不少，选择亦是有很大的随意性。但无论如何，明代茶书为人们保存了许多当时茶叶生产制作的材料，让人们看到，许多爱茶人自己动手采摘制造茶叶，研究采制与泡饮方法对茶饮滋味的影响，在泡饮之余，得到更多的乐趣。

随着茶叶生产、饮用方式的巨大变化，在茶具上亦带来根本性的变革，这就是紫砂茶具的勃兴，使得壶杯体系的茶具专门化过程基本完成。从万历年间到明末是紫砂器发展的高峰，前后出现"壶家三大""四名家"。"壶家三大"指时大彬和他的两位高足李仲芳、徐友泉，时大彬被誉为"千载一时"。"四名家"为董翰、赵梁、元畅、时朋。董翰以文巧著称，其余三人则以古拙见长。此外，李养心、惠孟臣、邵思亭擅长制作小壶，世称"名玩"。欧正春、邵氏兄弟、蒋时英等人，借用历代陶器、青铜器和玉器的造型、纹饰制作了不少超越古人的作品，广为流传。传至今日，紫砂茶具仍然是中国茶具文化的精品。

明代还出现了烘青花茶（1440 年以前出现）、红茶（16 世纪时出现），使得茶叶品类家族日渐扩大，特别是红茶随着明代的海外贸易传至欧洲，丰富着中国乃至世界人民的物质文化生活，甚至影响到了自英国开始的工业革命，为世界工业文明的发展，做出了无形而巨大的贡献。

5. 清代茶文化发展至衰落的转折

清前、中期传承晚明茶文化的发展，多有可观。特别是出了一位嗜茶的皇帝乾隆，传说其有"国不可一日无君，君不可一日无茶"的故事对白。宫廷茶具镶金嵌玉粉釉斗彩，极尽精美与豪华之能事。龙井、碧螺春等茶成为贡茶新贵，又为茶事诗文新添许多词翰。在名篇不多的清代茶诗文中，陈章、曹雪芹、乾隆皇帝、郑燮、汪士慎、施润章、连横、丘逢甲等人均有佳作。

自乾隆八年（1743 年）始，每岁新正，乾隆皇帝召集内廷大学士、翰林等人在重华宫赐茶宴联句。此后嘉庆皇帝将重华宫茶宴联句作为家法，于每年正月举行。道光年间仍时有举行，咸丰以后终止。重华宫茶宴联句，是清代独特的宫廷茶文化现象。

清代中国古典小说名著《红楼梦》《儒林外史》《儿女英雄传》《醒世姻缘传》

《聊斋志异》等都有茶事描写。特别是《红楼梦》对茶事的描写最为细腻生动,而且文化内涵丰富。《红楼梦》描绘的荣、宁二府贵族的日常生活中,煎茶、烹茶、茶祭、赠茶、待客、品茶这类茶事活动比比皆是,全面展示了中国传统的茶俗,如"以茶祭祀""客来敬茶""以茶论婚嫁""吃年茶",还有"宴前茶""上果茶""茶点心""茶泡饭"等,可以说都是当时社会茶俗文化的文学再现,可谓"一部红楼梦,满纸茶香味"。

清代诞生的曼生壶为紫砂壶艺术的顶峰,集诗书画印刻于一壶,完美呈现文人意境。清代茶书画艺术呈现宫廷与民间两端各自发展的局面。宫廷画家董诰在乾隆庚子(1780 年)仲春,奉乾隆皇帝之命,复绘遭毁的明代王绂的《竹炉煮茶图》为《复竹炉煮茶图》,画正中有"乾隆御览之宝"印,既是茶画也是茶文化的一件韵事。姚文瀚仿宋刘松年的《茗园赌市图》题为《卖浆图》,丁观鹏的《太平春市图》中,多有茶事场景。《清院画十二月令图》所画清宫生活图中亦有多幅涉及宫廷的茶事生活场景。诏为宫廷画师的金廷标所作的《品泉图》是文士山林饮茶的代表作。而在民间,以"扬州八怪"汪士慎、金农、郑燮、高凤翰等为代表的书画家们则画有多幅茶画,写有多幅书法名作。而从茶书法的角度来看,清代的茶事对联书法更是独领风骚。如汪士慎的"茶香入座午阴静,花气侵帘春昼长",金农的"采英于山,著经于羽;舜烈馥芳,涤清神宇",郑燮的"墨兰数枝宣德纸,苦茗一杯成化窑""从来名士能品水,自古高僧爱斗茶",等等。

清人共撰有茶书至少 26 种,其中既有仿照陆羽《茶经》体例极尽资料搜罗的陆廷灿的《续茶经》,篇幅鸿巨,约 10 万字;也有关注地域茶事的陈鉴的《虎丘茶经注补》、冒襄的《岕茶汇钞》等;也有关注阳羡紫砂名壶的吴骞的《阳羡名陶录》《阳羡名陶续录》;专注于茶史的刘源长的《茶史》、余怀的《茶史补》、佚名的《茶史》等。而程雨亭的《整饬皖茶文牍》是其在皖南茶厘总局道台任上的各种文告,郑世璜的《印锡种茶制茶考察报告》则是对中国茶业竞争对手印度、锡兰茶业的考察,胡秉枢的《茶务签载》、高葆真的《种茶良法》则是清代两部特殊的茶书,前者为中文茶书被译成日文在日本出版,后者为外国人写译的茶书在中国出版,反映了中外茶学与文化的交流,既是茶书也是茶文化发展的一个新方向。

武夷乌龙茶在康熙年间(1720 年以前)已经出现,白茶、黄茶亦在明清出现,普洱茶在清代亦开始为人所重。这样,六大茶类,以及再加工的花茶类,皆已完全出现。丰富的茶叶品类,与众多的茶叶名品一起,为人们的茶叶消费与茶文化提供了丰沛的物质源泉。

清代茶文化出现的另一趋势是茶饮的世俗化与简单化、功能化,这表现在除了闽广潮汕等地区的工夫茶外,精致的品饮茶方法已不多见。茶饮与各地方的社会文化、生活习俗结合,形成了多地地方特色鲜明的茶俗。如广州的早茶、扬州的茶社、成都的龙门阵等。茶馆日益功能化,一是成为地域性的公共空间,二是成为近代剧院体制出现之前的演剧场所茶园、书茶馆、曲茶馆等,为近代公共文化的发展做出了相当大的贡献。

清代是中国茶叶对外贸易由盛极至衰败的时期,在鼎盛时期,中国茶叶对外贸易占世界茶叶贸易的80%以上。巨额的贸易顺差,使得贸易逆差国如英国等国,开始以鸦片毒品对中国展开走私等各种形式的贸易。中英爆发了鸦片战争,中国在这场因为茶与罂粟(鸦片)两种植物战争中的失败,而陷入半殖民地状态。鸦片贸易不仅毒害了中国的经济,也毒害了中国人的身体,委顿了中国人的精神,以至于有"东亚病夫"之称。而在以鸦片贸易平抑因茶叶贸易而带来的差额的同时,英国人一直都在亚洲其他国家寻求适宜种植生产茶叶的地方开展茶叶种植和加工生产,最终东印度公司在印度、斯里兰卡等地完成了它的计划。随着世界其他国家和地区茶叶进入世界茶叶贸易体系,并在英国人的关税保护之下进入英国等欧洲市场,中国茶叶在世界贸易中的份额日渐降低,加上洋行、茶庄、茶栈等居中盘剥,国内关卡林立,厘金恶税繁重,中国茶农的生产生活、茶商的经营都陷入难以为继的悲惨境地。茶文化亦因之萎缩,无所发展。

6. 现当代茶文化的繁荣

20世纪20年代起,以吴觉农、方翰周、王泽农、陈椽、庄晚芳、张天福等为代表的新一代茶人,在茶叶生产、经贸、文化、教育等各方面,为中华茶业与茶文化的复兴,开始了筚路蓝缕的努力。其中特别是吴觉农对明确中国是茶树原产地、扶持茶农的茶叶生产以及发展茶叶对外贸易、发展茶叶教育事业等方面有较大贡献。现代文学大家如鲁迅、周作人、梁实秋、林语堂等人都撰有茶文,延续了茶文化的发展。

自20世纪70年代起,沉寂中的中华茶文化开始复兴。首先是中国台湾地区,继而是大陆和中国港澳地区。茶艺、茶道、茶文化团体和组织纷纷成立,有台湾中华茶艺联合促进会、台湾中华国际无我茶会推广协会、台湾中华茶文化学会、中国国际茶文化研究会、中国茶叶流通协会、中华茶人联谊会、香港茶艺中心、澳门中华茶道会等,它们为普及中华茶艺,弘扬中华茶道,做出了积极贡献。在茶文学方面,郭沫若、赵朴初、启功等均有茶诗、茶词的佳作。茶事散文极其繁荣,苏雪林、秦牧、邵燕祥、汪曾祺、邓友梅、李国文、贾平凹均有优秀茶文,还出现了多部茶散文集,如林清玄的《莲花香片》、王旭烽的《瑞草之国》、王琼的《白云流霞》等。王旭烽茶文化小说茶人三部曲前两部《南方有嘉木》《不夜之侯》等更是荣获中国长篇小说最高奖——茅盾文学奖。

茶书画艺术空前繁荣,吴昌硕、齐白石、丰子恺、唐云、刘旦宅、范曾、林晓丹等都有众多的茶主题绘画。赵朴初、启功等人的茶书法,更是文化与艺术在茶这一点上结缘的佳作。《请茶歌》《采茶舞曲》《挑担茶叶上北京》等茶歌、茶舞广为流传,是许多文艺演出的保留节目。与影视等现代传播形式相结合的新型茶艺不断涌现,如从中央电视台到地方台所推出的多部大型茶文化系列专题片,以茶为主题的电影、电视剧,话剧《茶馆》几十年来长演不衰,谭盾《茶——心灵的明镜》歌剧,有着完全的国际化背景、国际团队制作、国际团队参演,已经在全世界许多国家演出,是当今世界关于茶文化,关于中国文化的新的经典剧作。央视的大型纪录片《茶叶之路》《茶,一片树叶的故事》在全世界范围呈现茶的历史和文化魅力。

茶艺编创与呈现,以及茶席设计、茶具设计、茶包装设计等,都成为新兴的茶文化艺术领域。全国和地方性的茶艺比赛经常举办,一些中华茶道茶艺还走出了国门,不仅传播到东亚、东南亚,还远传欧美。

20世纪80年代以来,茶文化产业也成为新生的产业,现代茶艺馆如雨后春笋般地涌现,目前有大大小小的各种茶馆、茶楼、茶坊、茶社10万多家,茶馆业成为当代茶文化产业的生力军。鉴于现代茶馆业的迅猛发展,国家劳动和社会保障部于1998年将茶艺师列入国家职业大典,2001年,又颁布《茶艺师国家职业标准》,茶艺师成为新兴职业。

茶文化研究,成为当代茶文化的一个重要组成方面,研究人员遍及业内与业外。30多年来,研究者们发表了大量的研究论著,据研究者初步统计,有各类茶文化书籍500多种,各类茶文化研究论文约3 500篇。研究领域主要集中在茶文化综合研究、茶史研究、茶艺和茶道研究、陆羽及其《茶经》研究和茶文化文献资料编纂5个方面。此外,在茶与儒道释、茶文学艺术、茶俗、茶具、茶馆等研究方面,都不断有新成果。

茶文化进入高等教育,也是这一时期茶文化的重要方面。1984年,庄晚芳先生发表论文《中国茶文化的传播》,首倡"中国茶文化"。此后,2003年,浙江树人大学开设大专班茶文化专业,2006年浙江农林大学设立本科教育的中国首个茶文化学院。茶文化概念和体系得到逐步完善。21世纪初以来,不仅在茶学本科教育中设有"茶文化"方向,而且在茶学硕士、博士研究生培养中也设有"茶文化"方向,事实上已将"茶文化"作为茶学的一个分支学科、子学科。"茶文化"的学科地位初步确立。

20世纪90年代以来,全国各地主办有大大小小、形形色色的茶文化节,提倡茶饮,发展茶文化,促进地区茶经济,成为社会经济文化生活中重要的新生事物。

2004年,中国国际茶文化研究会刘枫会长在全国政协提交"茶为国饮"提案,倡导茶为国饮。此后,又有一些人士再次提交了相同的提案,并提议将茶文化列入中小学必修课程内容。以茶为国饮,既是对中华几千年茶文化文明历史的尊重与继承,也是对大众健康、茶业发展、新农村建设等问题的文化解答。

20世纪90年代以来,全国各地茶文化社团组织纷纷成立,对各地的茶文化与茶产业发展都起到了积极的促进作用。

中国国际茶文化研究会自1993年成立以来,先后在国内外举办大型国际茶文化研讨会十多次,组织与参与各地的茶文化活动数百次,使中国茶文化的复兴走向鼎盛发展。茶学、史学文化等各界专家学者纷纷加入促进茶文化发展行列中来。茶文化著作纷纷发表,如吴觉农的《茶经述评》、朱自振等的《中国茶叶历史资料选辑》、陈宗懋主编的《中国茶经》《中国茶叶大辞典》、邬梦兆的茶诗集、余悦等主编的《中国茶文化经典》等多达几百部之多。

可以说现当代中国茶文化全面复兴,业已取得较大的成就,在产业发展、社会关注、人力物力资源投入的保证下,中华茶文化必将会有更快的发展。

第二节 中国历代茶书

论茶之书,始于唐代。唐代是我国茶业和茶叶生产技术获得巨大发展的一个时代,饮茶风俗传遍大江南北,茶事活动日益频繁。随着茶文化的发展,茶书也就必然产生、发展和传承下来。入宋以后,不仅文人雅士著书论茶,而且社会上层人士,甚至朝廷官吏,乃至皇帝也挥笔著书论茶。

中国是最早为茶著书立说的国家,唐代的陆羽,亲临茶区调查,亲身实践,品饮各地名茶和名泉,并博采群书,终于在8世纪中叶写出了世界上第一部茶书——《茶经》。自《茶经》问世以后,著述专论渐多。自唐至清,中国茶书数量之多,可称世界之冠。据万国鼎先生《茶书总目提要》(1958年)所列,中国历史上刊印的各类茶书共存98种。2007年由郑培凯、朱自振主编的《中国历代茶书汇编校注本》,汇集了自唐代陆羽《茶经》至清代王复礼《茶说》共114种茶书。可惜,历经1 000多年的历史变迁,很多茶书已散佚,有的只存残句和残本,至今保存完整的茶书只有五六十种。

中国历史上有影响的茶书,除唐代陆羽的《茶经》外,尚有同时代张又新的《煎茶水记》、苏廙的《十六汤品》,五代十国蜀国毛文锡的《茶谱》;宋代丁渭的《北苑茶录》、蔡襄的《茶录》、宋子安的《东溪试茶录》、沈括的《本朝茶法》、黄儒的《品茶要录》、赵佶的《大观茶论》、熊蕃的《宣和北苑贡茶录》、唐庚的《斗茶记》、赵汝砺的《北苑别录》、审安老人的《茶具图赞》,元代杨维真的《煮茶梦记》,明代朱权的《茶谱》、田艺蘅的《煮泉小品》、陆树声的《茶寮记》、屠隆的《茶说》、陈师的《茶考》、张源的《茶录》、许次纾的《茶疏》、熊明遇的《罗岕茶记》、罗廪的《茶解》、冯时可的《茶录》、陈继儒的《茶董补》、闻龙的《茶笺》、周高起的《洞山岕茶系》、冯可宾的《岕茶笺》,清代陈鉴的《虎丘茶经注补》、冒襄的《岕茶汇钞》、程雨亭的《整饬皖茶文牍》等。

除了上述专门论茶的茶书之外,还有一些记载茶事和茶法的史书或论著,共 500 多种。现就历史上有重大影响的茶书作一简介。

1. 唐·陆羽《茶经》

《茶经》一书分上、中、下三卷,共 10 章,7 000 余字。卷上"一之源"论述茶的起源、性状、名称、功效以及茶与生态条件的关系;"二之具"记载采制茶叶的工具;"三之造"论述茶叶的采摘时间与方法、制茶方法及茶叶的种类和等级。卷中"四之器",叙述煮茶、饮茶的用具和全国主要瓷窑产品的优劣。卷下"五之煮",阐述烤茶和煮茶的方法以及水的品第;"六之饮"叙述饮茶的历史、茶的种类、饮茶风俗;"七之事"杂录古代茶的故事和茶的药效;"八之出"论述当时全国著名茶区的分布及其评价;"九之略"讲采茶、制茶、饮茶用具,省略或必备;"十之图"指出要将《茶经》写在绢帛上并张挂座前,指导茶的产、制、烹、饮。

陆羽《茶经》,可以说是把唐代以前中国有关茶业的丰富经验,用客观忠实的科学态度,进行了全面系统的总结。《茶经》一开篇记述了茶树的起源,为论证茶起源于中国提供了历史资料。《茶经》中关于茶树的植物学特征,描写得形象而又确切。在茶树栽培方面,陆羽特别注意土壤条件和嫩梢性状对茶叶品质的影响,这个结论至今已被科学分析所证实。茶树芽叶是"紫者上,绿者次;笋者上,芽者次;叶卷上,叶舒次"。这种芽稍生长过程的芽叶特征与品质相关性的论述不仅正确且仍有现实意义。

《茶经》论述茶的功效时指出,茶的收敛性能使内脏出血凝结,在热渴、脑疼、目涩或百节不舒时,饮茶四五口,其消除疲劳的作用可抵得上醍醐甘露。

《茶经》"六之饮"中记载了唐代时除团饼茶外,还有散叶茶、末茶,这对研究中国制茶历史很有帮助。《茶经》"二之具""三之造"中,详细地记述了当时采制茶叶必备的各种工具,同时把当时主要茶类——饼茶的采制分为七道工序,将饼茶的质量根据外形光整度分为八等。《茶经》"八之出"中,把唐代茶叶产地分成八大茶区,对其茶叶品质进行了比较,在当时交通十分不便的情况下,作出这种调查研究的结论是相当难得的。

《茶经》还极其广泛地收集了中唐以前关于茶叶文化的历史资料,遍涉群书,博览广采,为后世留下了十分宝贵的茶文化历史遗产。《茶经》"七之事"中,记载了古代茶事47则,援引书目达45种。记载中唐以前的历史人物30多人。把中国饮茶之历史远溯于原始社会,说明中国是发现和利用茶最早的国家。《茶经》援引了《广雅》中关于荆巴间制茶、饮茶的记载,这些都是很难得的史料。

《茶经》内容丰富,按现代科学来划分,包括了植物学、农艺学、生态学、生化学、药理学、水文学、民俗学、训诂学、史学、文学、地理学以及铸造、制陶等多方面的知识,并辑录了现已失传的某些珍贵典籍片段。因此,《茶经》真可称为"茶学百科全书"。由于《茶经》总结出了茶叶科学中具有规律性的东西,并使之系统化、理论化,很多内容至今仍具有研究和指导实践的重要价值和意义,因此千百年来一直被国内外茶学界奉为经典巨著。自1 200多年前《茶经》问世以来,广为传播,至今国内外流传的《茶经》版本有百余种之多。陆羽其人永垂青史,其著芳韵永存。

2.唐·张又新《煎茶水记》

张又新,河北深县人,于公元825年前后著有《煎茶水记》一卷。该书内容为论述煎茶用水对茶叶色香味的影响,评述了刘伯刍把各地之水分为七等,并辩证地提出,除7种水外,浙江也有好水,如桐庐江严子滩溪水和永嘉的仙岩瀑布水,均不比南零水差。书中还记载了陆羽检验真假南零水的故事,列出了陆羽所品的21种水的品第。在评述了茶、水关系后,张又新指出茶汤品质不完全受水的影响,善烹、洁器也很重要。

3.唐·苏廙《十六汤品》

苏廙《十六汤品》成书具体年份不详,此书原为苏廙《仙芽传》第九卷中的一篇短文,《仙芽传》早佚。这里是引自陶谷的《清异录卷四茗荈部》(公元970年)。因此推测《十六汤品》成书于公元900年前后。
《十六汤品》论述了煮水、冲泡注水、泡茶盛器和烧水用燃料的不同,并将汤水分成若干品第:煮水老嫩不同分三品,冲泡注水缓急不同分三品,盛器不同分五品,燃料不同分五品,共计十六汤品。即第一,得一汤;第二,婴汤;第三,百寿汤;第四,中汤;第五,断脉汤;第六,大壮汤;第七,富贵汤;第八,秀碧汤;第九,压一汤;第十,缠口汤；第十一，减价汤；第十二，法律汤；第十三，一面汤；第十四，宵人汤；第十五，贼汤；第十六，魔汤。

《十六汤品》，对煮水老嫩程度、泡茶器具的选择、烹茶方法等的论述，至今仍有一定的现实意义。

4. 五代十国蜀·毛文锡《茶谱》

毛文锡于公元 935 年前后著《茶谱》，原书已佚，后据宋乐史《太平寰宇记》传于后人。该书记述了各产茶地的名茶，对其品质、风味及部分茶的疗效均有评论。

书中提及的名茶有彭州（今四川彭州）、眉州（今四川眉山县）、临邛（今四川邛崃县）的饼茶，蜀州的雀舌、鸟嘴、麦颗、片甲、蝉翼等散茶，泸州的芽茶，建州的露芽、紫笋；渠江的薄片，洪州的白露，婺州的举岩茶，味极甘芳；蜀的雅州（今四川雅安一带）蒙山有蒙顶茶；湖州长兴县啄木岭金沙泉则是每岁造茶之所，造茶前祭泉水涌，造毕则涸，似有些不可思议。书中还提到非茶之茶，如枳壳芽、枸杞芽、枇杷芽、皂荚芽、槐芽、柳芽，均可制茶，且能治风疾。另记述有龙安的骑火茶、福州的柏岩茶、睦州的鸠坑茶、蒙山的露芽茶，露芽茶有压膏（压去茶汁）与不压膏之分。

《茶谱》中记述了多种散叶茶（即芽茶），这说明当时除饼茶外，散叶茶已产生并有所发展。

5. 宋·蔡襄《茶录》

蔡襄，福建莆田人，曾任福建转运使，亲临建安北苑督造贡茶，于 1049—1053 年著《茶录》两篇。

《茶录》上篇论茶，论述茶的色、香、味、贮藏、碾茶、冲泡等。认为茶色以白为贵，且青白者胜于黄白。茶有真香，不宜掺入龙脑等香料，恐夺其真香。茶味与水质有关，水泉不甘，能损茶味。茶叶贮藏，以蒻叶包好保持干燥，不宜近香药。茶存放时间久了，则色香味皆陈，需用微火炙之，碾后过筛，方可备用。煮水必须老嫩适宜，未熟和过熟之水均不宜，因此候汤最难。泡茶之茶盏必须热水温热才能置茶冲泡。

《茶录》下篇论茶器，有烘茶的"茶焙"、贮茶的"茶笼"、捣茶的"砧椎"、烤茶的"茶钤"、碾茶的"茶碾"、筛茶的"茶罗"、泡茶的"茶盏"、取茶的"茶匙"、煮水的"汤瓶"等。

6. 宋·宋子安《东溪试茶录》

宋子安在蔡襄《茶录》的基础上,于1064年前后写成《东溪试茶录》,记述建安产茶的概况,书中对产地、茶树品种、采制、品质及劣次茶产生的原因等,均作了较详尽的调查记录。建安茶品甲于天下,官私诸焙有1 336处,唯北苑凤凰山连属诸焙所产者味佳,因此对建安北苑、壑源、佛岭、沙溪各处的产茶情况作了概述。

《东溪试茶录》对建安的茶树品种有所研究,将其分为7种,即白叶茶、柑叶茶、早茶、细叶茶、稽茶、晚茶、丛茶等。该书还记述了建溪茶的采摘时间与方法,指出采制不当则出次品茶。

7. 宋·黄儒《品茶要录》

黄儒,福建建安人,于1057前后写成《品茶要录》,论述茶叶品质的优劣,分析造成劣质茶的原因:一是采摘制造时间过晚,二是采茶时带下白合(鳞苞)和盗叶(鱼叶),三是混入其他植物叶子,四是蒸茶不足,五是蒸茶过熟,六是炒焦,七是制茶各工序处理不及时,产生压黄,八是榨汁不尽,有渍膏之病形成味苦,九是烘焙时有烟焰,产生烟焦。书中对建安壑源和沙溪两处茶叶品质的差异进行了分析,指出两处茶园虽只一山之隔,但差异很大。书的"后论"认为,品质最好的茶是鳞苞未开、芽细如麦者。南坡山,土壤多砂石者,茶叶品质较好。

8. 宋·徽宗赵佶《大观茶论》

宋徽宗大观元年(1107年)贡茶鼎盛,赵佶于烹茶取乐时茶兴大发,写成这篇"茶论",后人称之为《大观茶论》。该文自序说:"本朝之兴,岁修建溪之贡,龙团凤饼,名冠天下。""近岁以来,采择之精,制作之工,品第之胜,烹点之妙,莫不盛造其极。"

序言之后,对茶产地、茶季、采茶、蒸压、制造、品质鉴评、白茶分别进行了论述;对罗碾、盛茶碗盏、搅茶竹笼、水壶、杓、水质、茶叶冲泡等如何掌握得法,进行了研讨;书中还论述了茶叶色、香、味、贮藏、品茗等,内容比较全面。

9. 宋·熊蕃《宣和北苑贡茶录》

熊蕃,建阳人,宋太平兴国元年(公元976年)遣使就北苑造圌茶,到宣和年间

(1119—1125 年)，北苑贡茶极盛，熊蕃深感当年陆羽著《茶经》时未提及北苑产茶是一憾事，特撰《宣和北苑贡茶录》，专述北苑茶事。

该书内容包括北苑贡茶历史、各种贡茶发展概略，并有各色模板图形造出的贡茶附图 38 幅。书末还收录由其父所作的《御苑采茶歌》10 首，以示仰慕前修之意。

10. 宋·赵汝砺《北苑别录》

赵汝砺于淳熙十三年(1186 年)任福建转运使主管帐司时，因北苑茶事益兴，以为熊蕃的《宣和北苑贡茶录》已欠详尽，于是在搜集补充资料的基础上，撰写《北苑别录》一书，作为前书的续集。

该书有 2 800 多字，内容包括序言、御园（御茶园 46 处）、开焙（开园采摘）、采茶（每日常以五更挝鼓，集群夫于凤凰山，监采官人给一牌入山，至辰刻则复鸣锣以聚之）以及拣茶（剔除白合、乌蒂、紫芽）、蒸茶、榨茶（宋时制茶要压榨去汁，以免味苦色浊）、研茶、造茶（装模造型）、过黄（焙茶与过沥出色）等制茶过程。

其次，对北苑贡茶的等级以"纲次"划分，分为十二纲，即细色第一至第五纲，粗色第一至第七纲。细色茶以龙团胜雪最精，用箬叶包好，盛在花箱之中，内外有黄罗幕之。粗色茶箬叶包好后，束以红缕，包以红纸，缄以蒻绫。

11. 宋·审安老人《茶具图赞》

审安老人于 1269 年，将焙茶、碾茶、筛茶、泡茶等用具的名称和实物图形编辑成书，附图 12 幅，并加说明。茶具共 12 件，其名称包括：韦鸿胪（焙茶）、木待制（碎茶）、金法曹（碾茶）、石转运（磨茶）、胡员外（收茶）、罗枢密（筛茶）、宗从事（扫茶）、漆雕秘阁（茶盏）、陶宝文（茶碗）、汤提点（水壶）、竺副师（茶筅）、司职方（抹布）。

12. 明·朱权《茶谱》

朱权是明太祖朱元璋第十七子，于 1440 年前后编写《茶谱》一卷。除序言外，内容包括品茶、收茶、点茶、熏香茶法、茶炉、茶灶、茶磨、茶碾、茶罗、茶架、茶匙、茶筅、茶瓯、茶瓶、煎汤法、品水等节。

在序言中提到"茶之功大矣……占万本之魁，始于晋，兴于宋……制之为末，以膏为饼，至仁宗时，而立龙团、凤团、月团之名，杂以诸香，饰以金彩，不无夺其真味。"因此他不主张掺入香料,并提倡烹饮散叶茶,"然天地生物,各遂其性,莫若叶茶,烹而啜之,以遂其自然之性也,予故取烹茶之法,末茶之具,崇新改易,自成一家。"书中重点介绍了蒸青散叶茶的烹饮方法,这在当时是一种创新性主张。

13. 明·顾元庆《茶谱》

顾元庆是明代文学家,他读了钱椿年于 1539 年写的《茶谱》,认为"收采古今篇什太繁,甚失谱意",因此对其"余暇日删校"。可见,1541 年顾元庆编写的《茶谱》是删校钱椿年之书而成的。

该书的主要内容包括:茶略(茶树的性状)、茶品(各种名茶)、艺茶(种茶)、采茶(采茶时间与方法)、藏茶(贮藏条件)、制茶诸法(橙茶、莲花茶、茉莉、玫瑰等花茶制法)、煎茶四要(择水、洗茶、候汤、择品)、点茶三要(涤器、熁盏、择果)、茶效(饮茶功效)。

书中有几处论述是很有价值的,一是关于花茶的窨制方法,指出要采摘含苞待放的香花,茶与花按一定比例,一层茶一层花相间堆置窨制。二是关于饮茶,指出"凡饮佳茶,去果方觉清绝",提倡清饮,指出不宜同时吃香味浓烈的干鲜果,如果一定要配用,也以核桃、瓜仁等为宜。三是关于饮茶功效,指出"人饮真茶,能止渴消食、除痰少睡、利水道、明目益思、除烦去腻,人固不可一日无茶"。

14. 明·田艺蘅《煮泉小品》

田艺蘅于 1554 年汇集历代论茶与水的诗文,写成《煮泉小品》一卷。全书约 5 000 字,分为源泉、石流、清寒、甘香、宜茶、灵水、异泉、江水、井水、绪谈等 10 节,多数文字系文人戏笔。

该书宜茶一节有参考价值。认为好茶必须要有好水来冲泡,一般名茶之产地,均有名泉,如龙井茶产地有龙井。另外,书中赞赏生晒茶(即后来发展起来的白茶),认为"芽茶以火作者为次,生晒者为上,亦更近自然,且断烟火气耳。况作人手器不洁,火候失宜,皆能损其香色也。生晒茶瀹之瓯中,则旗枪舒畅,青翠鲜明,尤为可爱"。

15. 明·屠隆《茶说》

屠隆,鄞县人,于 1590 年写成《考槃余事》四卷,共 16 节,后抽取其中卷三的

"茶笺",删去其中的洗器、熘盏、择果、茶效、茶具诸节,增入茶寮一节,改称《茶说》。

《茶说》的内容,包括茶寮、茶品、采茶、日晒茶(即今之"白茶")、焙茶(即今之"炒青")、藏茶、择水、养水、洗茶、候汤、注汤、择器、择薪等。

16. 明·陈师《茶考》

陈师于1593年著《茶考》一卷,论述蒙顶茶、天池茶、龙井茶、闽茶等的品质状况;杭城的烹茶习俗,即"用细茗置茶瓯,以沸汤点之,名为撮泡",且提倡清饮,不用果品,"随意啜之,可谓知味而雅致者矣"。

17. 明·张源《茶录》

张源,苏州洞庭西山人,隐居山谷间,平日汲泉煮茗,博览群书,历30年,于万历中(1595年前后),著成《茶录》一卷。

该书约1 500字,文字简洁,内容广泛,包括采茶、辨茶、藏茶、火候、汤辨、汤用老嫩、泡法、投茶、饮茶、香、色、味、点染失真、茶变不可用、品泉、井水不宜茶、贮水、茶具、茶盏、拭盏布、分茶盒、茶道等。

18. 明·张谦德《茶经》

1596年,张谦德在收集前人论茶资料的基础上,编写成《茶经》,分上、中、下三篇。上篇论茶,内容包括茶产、采茶、造茶、茶色、茶味、别茶、茶效;中篇论烹,内容包括择水、候汤、点茶、用炭、洗茶、熘盏、涤器、藏茶、炙茶、茶助、茶忌;下篇论器,内容包括茶焙、茶笼、汤瓶、茶盏、纸囊、茶洗、茶瓶、茶罐。

19. 明·许次纾《茶疏》

许次纾,钱塘人,于1597年著《茶疏》一书,内容丰富,其目录为产茶、今古制法、采摘、炒茶、岕中制法、收藏、置顿、取用、包裹、日用置顿、择水、贮水、舀水、煮水器、火候、烹点、称量、汤候、瓯注、荡涤、饮啜、论客、茶所、洗茶、童子、饮时、宜辍、不宜用、不宜近、良友、出游、权宜、虎林木、宜节、辩讹、考本等节。

在"产茶"一节中,认为"天下名山,必产灵草,江南地暖,故独宜茶"。"江南之茶,唐人首称阳羡,宋人最重建州,于今贡茶,两地独多,阳羡仅有其名,建茶亦非最上,惟有武夷雨前最胜。"

在"炒茶"一节中,认为炒茶"铛必磨莹,旋摘旋炒。一铛之内,仅容四两。先用文火焙软,次用武火催之。手加木指,急急炒转,以半熟为度,微俟香发,是其候矣。急用小扇,钞置被笼,纯棉大纸衬底燥焙,积多候冷,入瓶收藏"。"岕中制法,岕之茶不炒,甑中蒸熟,然后烘焙。"

在"饮啜"一节中,认为"一壶之茶,只堪再巡。初巡鲜美,再则甘醇,三巡意欲尽矣"。

该书对什么时候适宜饮茶,什么时候不宜饮茶,饮茶时哪些器具不宜用,饮茶环境等都提出了要求,可谓非常讲究。

在"宜节"一节中,认为"茶宜常饮,不宜多饮。常饮则心肺清凉,烦郁顿释;多饮则微伤脾肾,或泄或寒"。

20. 明·程用宾《茶录》

程用宾于1601年写成《茶录》。全书分四集,即首集(茶具图)、正集、未集(茶具)、附集(茶歌)。正集的主要内容包括:原种、采候、选制、封置、分用、煮汤、治壶、洁盏、投交、酾啜、品真。

21. 明·熊明遇《罗岕茶记》

熊明遇,江西进贤人,于1608年前后著《罗岕茶记》一书,全书约500字,分七节,主要内容介绍长兴罗岕茶山的茶产概况。"岕茗产于高山,浑至风露清虚之气,故为可尚"。

22. 明·罗廪《茶解》

罗廪,浙江慈溪人,经过亲自采茶、制茶的实践,于1605年写成《茶解》一卷。全书约3 000字,分总论及原、品、艺、采、制、藏、烹、水、禁、器等节。

在"品"一节中,认为"茶须色、香、味三美具备。色以白为上,青绿次之,黄为下。香如兰为上,如蚕豆花次之。味以甘为上,苦涩斯下矣"。

在"藏"一节中,认为"藏茶宜燥又宜凉,湿则味变而香失,热则味苦而色黄"。这一论述符合科学道理,这一点与过去若干茶书提出藏茶宜温燥忌冷不同,因此提出"蔡君谟云,茶喜温,此语有疵"。

在"禁"一节中,认为"茶性淫,易于染着无论腥秽及有气之物,不得与之近,即使名香亦不宜相襟。"

23.明·闻龙《茶笺》

闻龙,浙江四明人,于1630年前后编写《茶笺》一卷,主要论茶之采制方法、四明泉水、茶具及烹饮等。

其中论述茶的采制较为具体,且有参考价值:"茶初摘时,须拣去枝梗老叶,惟取嫩叶。""炒时须一人从旁扇之,以祛热气。否则色香味俱减。予所亲试,扇者色翠,不扇色黄。炒起出铛时,置大瓷盘中,仍须急扇,令热气稍退,以手重揉之,再散入铛,文火炒干入焙。"

24.明·周高起《洞山岕茶系》

周高起于1640年前后写成《洞山岕茶系》,论述岕茶及其品质。岕茶是宜兴与长兴之间茶山之茶,岕为两山之间的山地,据说有88处,"洞山是诸岕之最"。其中第一品位于老庙后,第二品位于新庙后等处,第三品位于庙后涨沙等处,第四品位于下涨沙等处,不入品则位于长潮等处。贡茶即南岳茶,为天子所尝。

岕茶采焙,须在立夏后三日。"采嫩叶,除尖蒂,抽细筋炒之,曰片茶;不去筋尖,炒而复焙燥如叶状,曰摊茶;采取剩叶制之者,名修山。"

25.明·冯可宾《岕茶笺》

冯可宾于1642年前后写成《岕茶笺》,论述宜兴一带产茶者有罗岕、白岩、乌瞻、青东、顾渚、篠浦等,以罗岕最胜,岕为两山之介也,罗氏居之,故名罗岕。该书还论及采茶、蒸茶、焙茶、藏茶、烹茶、泉水、茶具、茶宜、禁忌等。

26.清·陈鉴《虎丘茶经注补》

陈鉴于1655年著《虎丘茶经注补》,作为陆羽《茶经》的补充,内容亦分为:一之源、二之具、三之造……七之出等。

27. 清·冒襄《岕茶汇钞》

冒襄于 1683 年前后写成《岕茶汇钞》，全书连序跋 1 700 多字，主要是从许次纾、熊明遇、冯可宾等茶书中抄录有关内容，对岕茶进行较详尽的论述。

28. 清·陆延灿《续茶经》

陆延灿，嘉定人。雍正十三年（1734 年）左右写成《续茶经》。该书归纳了有史以来有关茶的文献摘录。内容也包括一之源、二之具、三之造、四之器、五之煮、六之饮、七之事、八之出、九之略、十之图。附录中还收集了历代茶法的有关记载，类似现代文献综述。

29. 清·程雨亭《整饬皖茶文牍》

程雨亭于光绪二十三年（1897 年）主持安徽茶厘局，罗振玉辑录其禀牍文告，题名《整饬皖茶文牍》。

书中内容主要论述皖南婺源、休宁、屯溪、歙县、德兴之绿茶，祁门、浮梁、建德之红茶的概况和存在的问题，以及改进产、供、销之建议，主张取消用洋靛着色，才能扩大外销。

书中还论及皖茶品质，认为"徽产绿茶以婺源为最，婺源又以北乡为最。休宁较婺源次之，歙县不及休宁北乡，黄山差胜。水南各乡又次之。大抵山峰高则土愈沃，茶质亦厚"。

30. 清·程淯《龙井访茶记》

程淯，江苏吴县人，清末住杭州，宣统二年（1910 年）秋写《龙井访茶记》。1949年后移居台湾。阮毅成所著《三句不离本"杭"》中集有他的《龙井访茶记》一文。

书中内容主要论述龙井茶产地土性、栽植、培养、采摘、焙制、烹瀹、香味、收藏、产额、特色。书中对龙井茶炒制过程描写细致，对龙井茶味有深刻体会，认为"龙井茶的色香味，人力不能仿造，乃出天然"。

第三节 《茶经》

1.卷上:茶之源、茶之具、茶之造

(1)茶之源

茶者,南方之嘉木也。一尺、二尺,乃至数十尺;其巴山峡川,有两人合抱者,伐而掇之。其树如瓜芦,叶如栀子,花如白蔷薇,实如栟榈,蒂如丁香,根如胡桃。

其字,或从草,或从木,或草木并。其名,一曰茶,二曰槚,三曰蔎,四曰茗,五曰荈。其地,上者生烂石,中者生栎壤,下者生黄土。

凡艺而不实,植而罕茂。法如种瓜,三岁可采。野者上,园者次。阳崖阴林,紫者上,绿者次;笋者上,芽者次;叶卷上,叶舒次。阴山坡谷者,不堪采掇,性凝滞,结瘕疾。

茶之为用,味至寒,为饮最宜。精行俭德之人,若热渴、凝闷、脑疼、目涩、四支烦、百节不舒,聊四五啜,与醍醐、甘露抗衡也。

采不时,造不精,杂以卉莽,饮之成疾。茶为累也,亦犹人参。上者生上党,中者生百济、新罗,下者生高丽。有生泽州、易州、幽州、檀州者,为药无效,况非此者?设服荠苨,使六疾不瘳。知人参为累,则茶累尽矣。

(2)茶之具

籝,一曰篮,一曰笼,一曰筥。以竹织之,受五升,或一斗、二斗、三斗者,茶人负以采茶也。

灶:无用突者。

釜:用唇口者。

甑:或木或瓦,匪腰而泥。篮以箄之,篾以系之。始其蒸也,入乎箄;既其熟也,出乎箄。釜涸,注于甑中。又以构木枝三桠者制之。散所蒸牙笋并叶,畏流其膏。

杵臼:一曰碓,惟恒用者佳。

规:一曰模,一曰棬。以铁制之,或圆,或方,或花。

承:一曰台,一曰砧。以石为之。不然,以槐桑木半埋地中,遣无所摇动。

襜:一曰衣。以油绢或雨衫、单服败者为之。以襜置承上,又以规置襜上,以造茶也。茶成,举而易之。

芘莉:一曰籝子,一曰篣筤。以二小竹,长三尺,躯二尺五寸,柄五寸。以篾织方眼,如圃人土萝,阔二尺,以列茶也。

棨：一曰锥刀。柄以坚木为之，用穿茶也。

扑：一曰鞭。以竹为之，穿茶以解茶也。

焙：凿地深二尺，阔二尺五寸，长一丈。上作短墙，高二尺，泥之。

贯：削竹为之，长二尺五寸，以贯茶焙之。

棚：一曰栈。以木构于焙上，编木两层，高一尺，以焙茶也。茶之半干，升下棚，全干，升上棚。

穿：江东、淮南剖竹为之。巴川峡山纫构皮为之。江东以一斤为上穿，半斤为中穿，四两五两为小穿。峡中以一百二十斤为上穿，八十斤为中穿，五十斤为小穿。"穿"字旧作"钗钏"之"钏"字，或作贯串。今则不然，如"磨""扇""弹""钻""缝"五字，文以平声书之，义以去声呼之，其字以"穿"名之。

育：以木制之，以竹编之，以纸糊之。中有隔，上有覆，下有床，傍有门，掩一扇。中置一器，贮煻煨火，令火煴煴然。江南梅雨时，焚之以火。

（3）茶之造

凡采茶在二月、三月、四月之间。

茶之笋者，生烂石沃土，长四五寸，若薇蕨始抽，凌露采焉。茶之芽者，发于丛薄之上，有三枝、四枝、五枝者，选其中枝颖拔者采焉。

其日，有雨不采，晴有云不采。晴，采之，蒸之，捣之，拍之，焙之，穿之，封之，茶之干矣。

茶有千万状，卤莽而言，如胡人靴者，蹙缩然；犎牛臆者，廉襜然；浮云出山者，轮囷然；轻飙拂水者，涵澹然。有如陶家之子，罗膏土以水澄泚之；又如新治地者，遇暴雨流潦之所经。此皆茶之精腴。有如竹箨者，枝干坚实，艰于蒸捣，故其形籭簁然。有如霜荷者，茎叶凋沮，易其状貌，故厥状委萃然。此皆茶之瘠老者也。

自采至于封，七经目；自胡靴至于霜荷，八等。或以光黑平正言嘉者，斯鉴之下也；以皱黄坳垤言嘉者，鉴之次也；若皆言嘉及皆言不嘉者，鉴之上也。何者？出膏者光，含膏者皱；宿制者则黑，日成者则黄；蒸压则平正，纵之则坳垤。此茶与草木叶一也。

茶之否臧，存于口诀。

2. 卷中：茶之器

风炉：风炉以铜铁铸之，如古鼎形。厚三分，缘阔九分，令六分虚中，致其圬墁。凡三足，古文书二十一字。一足云："坎上巽下离于中。"一足云："体均五行去百疾。"一足云："圣唐灭胡明年铸。"其三足之间设三窗，底一窗以为通飙漏烬之所。

上并古文书六字,一窗之上书"伊公"二字,一窗之上书"羹陆"二字,一窗之上书"氏茶"二字。所谓"伊公羹,陆氏茶"也。置墆㙫于其内,设三格:其一格有翟焉,翟者,火禽也,画一卦曰"离",其一格有彪焉,彪者,风兽也,画一卦曰"巽",其一格有鱼焉,鱼者,水虫也,画一卦曰"坎"。巽主风,离主火,坎主水。风能兴火,火能熟水,故备其三卦焉。其饰,以连葩、垂蔓、曲水、方文之类。其炉,或锻铁为之,或运泥为之。其灰承作三足铁盘抬之。

筥:筥,以竹织之,高一尺二寸,径阔七寸。或用藤,作木楦如筥形织之,六出圆眼。其底盖若利箧口,铄之。

炭挝:炭挝,以铁六棱制之,长一尺,锐上,丰中,执细头系一小展以饰挝也。若今之河陇军人木吾也。或作锤,或作斧,随其便也。

火筴:火筴,一名箸,若常用者,圆直,一尺三寸,顶平截,无葱台勾锁之属,以铁或熟铜制之。

鍑:鍑,以生铁为之。今人有业冶者,所谓急铁。其铁以耕刀之趄,炼而铸之。内抹土而外抹沙。土滑于内,易其摩涤;沙涩于外,吸其炎焰。方其耳,以正令也。广其缘,以务远也。长其脐,以守中也。脐长,则沸中;沸中,则末易扬;末易扬,则其味淳也。洪州以瓷为之,莱州以石为之。瓷与石皆雅器也,性非坚实,难可持久。用银为之,至洁,但涉于侈丽。雅则雅矣,洁亦洁矣,若用之恒,而卒归于铁也。

交床:交床,以十字交之,剜中令虚,以支鍑也。

夹:夹,以小青竹为之,长一尺二寸。令一寸有节,节已上剖之,以炙茶也。彼竹之筱,津润于火,假其香洁以益茶味,恐非林谷间莫之致。或用精铁、熟铜之类,取其久也。

纸囊:纸囊,以剡藤纸白厚者夹缝之。以贮所炙茶,使不泄其香也。

碾:碾以橘木为之,次以梨、桑、桐、柘为之。内圆而外方。内圆,备于运行也;外方,制其倾危也。内容堕而外无余木。堕,形如车轮,不辐而轴焉。长九寸,阔一寸七分。堕径三寸八分,中厚一寸,边厚半寸,轴中方而执圆。其拂末以鸟羽制之。

罗合:罗末,以合盖贮之,以则置合中。用巨竹剖而屈之,以纱绢衣之。其合以竹节为之,或屈杉以漆之。高三寸,盖一寸,底二寸,口径四寸。

则:则,以海贝、蛎蛤之属,或以铜、铁、竹匕策之类。则者,量也,准也,度也。凡煮水一升,用末方寸匕。若好薄者,减之;嗜浓者,增之。故云"则"也。

水方:水方,以椆木、槐、楸、梓等合之,其里并外缝漆之,受一斗。

漉水囊:漉水囊,若常用者,其格以生铜铸之,以备水湿,无有苔秽腥涩意;以熟铜苔秽,铁腥涩也。林栖谷隐者,或用之竹木。木与竹非持久涉远之具,故用之生铜。其囊,织青竹以卷之,裁碧缣以缝之,纽翠钿以缀之。又作绿油囊以贮之,圆径五寸,柄一寸五分。"

瓢:瓢,一曰牺杓。剖瓠为之,或刊木为之。晋舍人杜毓《荈赋》云:"酌之以瓟。"瓟,瓢也。口阔,胫薄,柄短。永嘉中,余姚人虞洪入瀑布山采茗,遇一道士,云:"吾,丹丘子,祈子他日瓯牺之余,乞相遗也。"牺,木杓也。今常用以梨木为之。

竹筴:竹筴,或以桃、柳、蒲葵木为之,或以柿心木为之。长一尺,银裹两头。

鹾簋:鹾簋,以瓷为之。圆径四寸,若合形,或瓶、或罍,贮盐花也。其揭,竹制,长四寸一分,阔九分。揭,策也。

熟盂:熟盂,以贮熟水。或瓷、或砂,受二升。

碗:碗,越州上,鼎州次,婺州次;岳州上,寿州、洪州次。或者以邢州处越州上,殊为不然。若邢瓷类银,越瓷类玉,邢不如越一也;若邢瓷类雪,则越瓷类冰,邢不如越二也;邢瓷白而茶色丹,越瓷青而茶色绿,邢不如越三也。晋杜毓《荈赋》所谓:"器择陶拣,出自东瓯。"瓯,越也。瓯,越州上。口唇不卷,底卷而浅,受半升已下。越州瓷、岳瓷皆青,青则益茶,茶作白红之色。邢州瓷白,茶色红;寿州瓷黄,茶色紫;洪州瓷褐,茶色黑。悉不宜茶。

畚:畚,以白蒲卷而编之,可贮碗十枚。或用筥,其纸帊以剡纸夹缝,令方,亦十之也。

札:札,缉栟榈皮,以茱萸木夹而缚之,或截竹束而管之,若巨笔形。

涤方:涤方,以贮涤洗之余,用楸木合之,制如水方,受八升。

滓方:滓方,以集诸滓,制如涤方,处五升。

巾:巾,以絁布为之。长二尺,作二枚互用之,以洁诸器。

具列:具列,或作床,或作架,或纯木、纯竹而制之。或木或竹,黄黑可扃而漆者,长三尺,阔二尺,高六寸。具列者,悉敛诸器物,悉以陈列也。

都篮:都篮,以悉设诸器而名之。以竹篾内作三角方眼,外以双篾阔者经之,以单篾织者缚之,递压双经,作方眼,使玲珑。高一尺五寸,底阔一尺、高二寸,长二尺四寸,阔二尺。

3.卷下:茶之煮、茶之饮、茶之事、茶之出、茶之略、茶之图

(1)茶之煮

凡炙茶,慎勿于风烬间炙,熛焰如钻,使炎凉不均。持以逼火,屡其翻正,候炮出培塿,状虾蟆背,然后去火五寸。卷而舒,则本其始又炙之。若火干者,以气熟止;日干者,以柔止。

其始,若茶之至嫩者,蒸罢热捣,叶烂而芽笋存焉。假以力者,持千钧杵亦不之

烂。如漆科珠,壮士接之,不能驻其指。及就,则似无穰骨也。炙之,则其节若倪倪,如婴儿之臂耳。既而承热用纸囊贮之,精华之气无所散越,候寒末之。

其火用炭,次用劲薪。其炭,曾经燔炙,为膻腻所及,及膏木、败器不用之。古人有劳薪之味,信哉!

其水,用山水上,江水中,井水下。其山水,拣乳泉、石池漫流者上;其瀑涌湍漱,勿食之。久食,令人有颈疾。又多别流于山谷者,澄浸不泄,自火天至霜郊以前,或潜龙蓄毒于其间,饮者可决之,以流其恶,使新泉涓涓然,酌之。其江水取去人远者,井取汲多者。

其沸,如鱼目,微有声,为一沸;缘边如涌泉连珠,为二沸;腾波鼓浪,为三沸。已上,水老,不可食也。初沸,则水合量调之以盐味,谓弃其啜余,无乃𩰥𩱱而钟其一味乎?第二沸出水一瓢,以竹筴环激汤心,则量末当中心而下。有顷,势若奔涛溅沫,以所出水止之,而育其华也。

凡酌,置诸碗,令沫饽均。沫饽,汤之华也。华之薄者曰沫,厚者曰饽,细轻者曰花。如枣花漂漂然于环池之上;又如回潭曲渚青萍之始生;又如晴天爽朗,有浮云鳞然。其沫者,若绿钱浮于水渭;又如菊英堕于樽俎之中。饽者,以滓煮之,及沸,则重华累沫,皤皤然若积雪耳。《荈赋》所谓“焕如积雪,烨若春敷”,有之。

第一煮水沸,而弃其沫,之上有水膜,如黑云母,饮之则其味不正。其第一者为隽永,或留熟盂以贮之,以备育华救沸之用。诸第一与第二、第三碗次之,第四、第五碗外,非渴甚,莫之饮。

凡煮水一升,酌分五碗。乘热连饮之,以重浊凝其下,精英浮其上。如冷,则精英随气而竭,饮啜不消亦然矣。

茶性俭,不宜广,广则其味黯澹。且如一满碗,啜半而味寡,况其广乎!

其色缃也,其馨欸也,其味甘,槚也;不甘而苦,荈也;啜苦咽甘,茶也。

（2）茶之饮

翼而飞,毛而走,呿而言。此三者俱生于天地间,饮啄以活,饮之时义远矣哉!至若救渴,饮之以浆;蠲忧忿,饮之以酒;荡昏寐,饮之以茶。

茶之为饮,发乎神农氏,闻于鲁周公。齐有晏婴,汉有扬雄、司马相如,吴有韦曜,晋有刘琨、张载、远祖纳、谢安、左思之徒,皆饮焉。滂时浸俗,盛于国朝,两都并荆俞间,以为比屋之饮。

饮有粗茶、散茶、末茶、饼茶者。乃斫,乃熬,乃炀,乃舂,贮于瓶缶之中,以汤沃焉,谓之庵茶。或用葱、姜、枣、橘皮、茱萸、薄荷之等,煮之百沸,或扬令滑,或煮去沫,斯沟渠间弃水耳,而习俗不已。

呜呼!天育万物,皆有至妙,人之所工,但猎浅易。所庇者屋,屋精极;所着者衣,衣精极;所饱者饮食,食与酒皆精极。茶有九难:一曰造,二曰别,三曰器,四曰火,五曰水,六曰炙,七曰末,八曰煮,九曰饮。阴采夜焙,非造也;嚼味嗅香,非别也;膻鼎腥瓯,非器也;膏薪庖炭,非火也;飞湍壅潦,非水也;外熟内生,非炙也;碧粉缥尘,非末也;操艰搅遽,非煮也;夏兴冬废,非饮也。

夫珍鲜馥烈者,其碗数三;次之者,碗数五。若坐客数至五,行三碗;至七,行五碗;若六人以下,不约碗数,但阙一人而已,其隽永补所阙人。

（3）茶之事

三皇:炎帝神农氏。

周:鲁周公旦,齐相晏婴。

汉:仙人丹丘子,黄山君,司马文园令相如,杨执戟雄。

吴:归命侯,韦太傅弘嗣。

晋:惠帝,刘司空琨,琨兄子兖州刺史演,张黄门孟阳,傅司隶咸,江洗马统,孙参军楚,左记室太冲,陆吴兴纳,纳兄子会稽内史俶,谢冠军安石,郭弘农璞,桓扬州温,杜舍人毓,武康小山寺释法瑶,沛国夏侯恺,余姚虞洪,北地傅巽,丹阳弘君举,乐安任育长,宣城秦精,敦煌单道开,剡县陈务妻,广陵老姥,河内山谦之。

后魏:琅琊王肃。

宋:新安王子鸾,鸾弟豫章王子尚,鲍照妹令晖,八公山沙门谭济。

齐:世祖武帝。

梁:刘廷尉,陶先生弘景。

皇朝:徐英公勣。

《神农食经》:茶茗久服,令人有力、悦志。

周公《尔雅》:槚,苦茶。

《广雅》云:荆巴间采叶作饼,叶老者,饼成,以米膏出之。欲煮茗饮,先炙令赤色,捣末,置瓷器中,以汤浇覆之,用葱、姜、橘子芼之。其饮醒酒,令人不眠。

《晏子春秋》:婴相齐景公时,食脱粟之饭,炙三弋、五卵、茗莱而已。

司马相如《凡将篇》:乌喙、桔梗、芫华、款冬、贝母、木蘗、蒌、芩草、芍药、桂、漏芦、蜚廉、藿菌、荈诧、白敛、白芷、菖蒲、芒硝、莞、椒、茱萸。

《方言》:蜀西南人谓茶曰蔎。

《吴志·韦曜传》:孙皓每飨宴,坐席无不率以七升为限,虽不尽入口,皆浇灌取尽。曜饮酒不过二升,皓初礼异,密赐茶荈以代酒。

《晋中兴书》:陆纳为吴兴太守时,卫将军谢安常欲诣纳,纳兄子俶怪纳无所备,不敢问之,乃私蓄十数人馔。安既至,所设唯茶果而已。俶遂陈盛馔,珍羞毕具。及安去,纳杖俶四十,云:"汝既不能光益叔父,奈何秽吾素业?"

《晋书》：桓温为扬州牧，性俭，每宴饮，唯下七奠拌茶果而已。

《搜神记》：夏侯恺因疾死。宗人字苟奴，察见鬼神，见恺来收马，并病其妻。著平上帻，单衣，入坐生时西壁大床，就人觅茶饮。

刘琨《与兄子南兖州刺史演书》云：前得安州干姜一斤、桂一斤、黄芩一斤，皆所须也。吾体中溃闷，常仰真茶，汝可置之。

傅咸《司隶教》曰：闻南方有蜀妪作茶粥卖，为郡吏打破其器具，嗣又卖饼于市。而禁茶粥以困蜀姥，何哉？

《神异记》：余姚人虞洪入山采茗，遇一道士，牵三青牛，引洪至瀑布山曰："吾，丹丘子也。闻子善具饮，常思见惠。山中有大茗可以相给。祈子他日有瓯牺之余，乞相遗也。"因立奠祀。后常令家人入山，获大茗焉。

左思《娇女诗》：吾家有娇女，皎皎颇白皙。小字为纨素，口齿自清历。有姊字惠芳，眉目粲如画。驰骛翔园林，果下皆生摘。贪华风雨中，倏忽数百适。心为茶荈剧，吹嘘对鼎𬂩。

张孟阳《登成都楼》诗云：借问扬子舍，想见长卿庐。程卓累千金，骄侈拟五侯。门有连骑客，翠带腰吴钩。鼎食随时进，百和妙且殊。披林采秋橘，临江钓春鱼。黑子过龙醢，果馔逾蟹蝑。芳茶冠六清，溢味播九区。人生苟安乐，兹土聊可娱。

傅巽《七诲》：蒲桃宛奈，齐柿燕栗，峘阳黄梨，巫山朱橘，南中茶子，西极石蜜。

弘君举《食檄》：寒温既毕，应下霜华之茗；三爵而终，应下诸蔗、木瓜、元李、杨梅、五味、橄榄、悬豹、葵羹各一杯。

孙楚《歌》：茱萸出芳树颠，鲤鱼出洛水泉。白盐出河东，美豉出鲁渊。姜、桂、茶荈出巴蜀，椒、橘、木兰出高山。蓼苏出沟渠，精稗出中田。

华佗《食论》：苦茶久食，益意思。

壶居士《食忌》：苦茶久食，羽化。与韭同食，令人体重。

郭璞《尔雅注》云：树小似栀子，冬生，叶可煮羹饮。今呼早取为茶，晚取为茗，或一曰荈，蜀人名之苦茶。

《世说》：任瞻，字育长，少时有令名，自过江失志。既下饮，问人云："此为茶？为茗？"觉人有怪色，乃自申明云："向问饮为热、为冷。"

《续搜神记》：晋武帝世，宣城人秦精，常入武昌山采茗。遇一毛人，长丈余，引精至山下，示以丛茗而去。俄而复还，乃探怀中橘以遗精。精怖，负茗而归。

晋《四王起事》：惠帝蒙尘还洛阳，黄门以瓦盂盛茶上至尊。

《异苑》：剡县陈务妻，少与二子寡居，好饮茶茗。以宅中有古冢，每饮辄先祀之。二子患之曰："古冢何知？徒以劳。"意欲掘去之，母苦禁而止。其夜梦一人云："吾止此冢三百余年，卿二子恒欲见毁，赖相保护，又享吾佳茗，虽潜壤朽骨，岂忘翳桑之报！"及晓，于庭中获钱十万，似久埋者，但贯新耳。母告二子，惭之，从是祷馈愈甚。

《广陵耆老传》：晋元帝时有老姥，每旦独提一器茗，往市鬻之，市人竞买。自旦至夕，其器不减。所得钱散路傍孤贫乞人。人或异之，州法曹絷之狱中。至夜，老姥执所鬻茗器，从狱牖中飞出。

《艺术传》：敦煌人单道开，不畏寒暑，常服小石子。所服药有松、桂、蜜之气，所饮茶苏而已。

释道悦《续名僧传》：宋释法瑶，姓杨氏，河东人。元嘉中过江，遇沈台真，请真君武康小山寺，年垂悬车，饭所饮茶。大明中，敕吴兴礼致上京，年七十九。

宋《江氏家传》：江统，字应元。迁愍怀太子洗马。常上疏谏云："今西园卖醯、面、篮子、菜、茶之属，亏败国体。"

《宋录》：新安王子鸾、豫章王子尚诣昙济道人于八公山，道人设茶茗，子尚味之曰："此甘露也，何言茶茗？"

王微《杂诗》：寂寂掩高阁，寥寥空广厦。待君竟不归，收领今就槚。

鲍昭妹令晖著《香茗赋》。

南齐世祖武皇帝遗诏：我灵座上慎勿以牲为祭，但设饼果、茶饮、干饭、酒脯而已。

梁刘孝绰《谢晋安王饷米等启》：传诏李孟孙宣教旨，垂赐米、酒、瓜、笋、菹、脯、酢、茗八种。气苾新城，味芳云松。江潭抽节，迈昌荇之珍；疆埸擢翘，越葺精之美。羞非纯束野麕，裹似雪之驴；鲊异陶瓶河鲤，操如琼之粲。茗同食粲，酢颜望柑。免千里宿春，省三月种聚。小人怀惠，大懿难忘。

陶弘景《杂录》：苦茶轻换骨，昔丹丘子、黄山君服之。

《后魏录》：琅琊王肃仕南朝，好茗饮、莼羹。及还北地，又好羊肉、酪浆。人或问之："茗何如酪？"肃曰："茗不堪与酪为奴。"

《桐君录》：酉阳、武昌、庐江、晋陵好茗，皆东人作清茗。茗有饽，饮之宜人。凡可饮之物，皆多取其叶。天门冬、拔揳取根，皆益人。又巴东别有真茗茶，煎饮令人不眠。俗中多煮檀叶并大皂李作茶，并冷。又南方有瓜芦木，亦似茗，至苦涩，取为屑茶饮，亦可通夜不眠。煮盐人但资此饮，而交、广最重，客来先设，乃加以香芼辈。

《坤元录》：辰州溆浦县西北三百五十里无射山，云蛮俗当吉庆之时，亲族集会，歌舞于山上。山多茶树。

《括地图》：临遂县东一百四十里有茶溪。

山谦之《吴兴记》：乌程县西二十里，有温山，出御荈。

《夷陵图经》：黄牛、荆门、女观、望州等山，茶茗出焉。

《永嘉图经》：永嘉县东三百里有白茶山。

《淮阴图经》：山阳县南二十里有茶坡。

《茶陵图经》云：茶陵者，所谓陵谷生茶茗焉。

《本草·木部》：茗，苦荼。味甘苦，微寒，无毒。主瘘疮，利小便，去痰渴热，令人少睡。秋采之苦，主下气消食。注云：春采之。

《本草·菜部》：苦荼，一名荼，一名选，一名游冬，生益州川谷，山陵道旁，凌冬不死。三月三日采，干。注云："疑此即是今荼，一名荼，令人不眠。"《本草》注："按，《诗》云：'谁谓荼苦'，又云：'堇荼如饴'，皆苦菜也。陶谓之苦荼，木类，非菜流。茗，春采，谓之苦荼。"

《枕中方》：疗积年瘘，苦荼、蜈蚣并灸，令香熟，等分，捣筛，煮甘草汤洗，以末傅之。

《孺子方》：疗小儿无故惊蹶，以苦荼、葱须煮服之。

（4）茶之出

山南，以峡州上，襄州、荆州次，衡州下，金州、梁州又下。

淮南，以光州上，义阳郡、舒州次，寿州下，蕲州、黄州又下。

浙西，以湖州上，常州次，宣州、杭州、睦州、歙州下，润州、苏州又下。

剑南，以彭州上，绵州、蜀州次，邛州次，雅州、泸州下，眉州、汉州又下。

浙东，以越州上，明州、婺州次，台州下。

黔中，生恩州、播州、费州、夷州。

江南，生鄂州、袁州、吉州。

岭南，生福州、建州、韶州、象州。

其恩、播、费、夷、鄂、袁、吉、福、建、韶、象十一州未详，往往得之，其味极佳。

（5）茶之略

其造具，若方春禁火之时，于野寺山园，丛手而掇，乃蒸，乃舂，乃炙，以火干之，则又棨、朴、焙、贯、棚、穿、育等七事皆废。

其煮器，若松间石上可坐，则具列废。用槁薪、鼎枥之属，则风炉、灰承、炭挝、火筴、交床等废。若瞰泉临涧，则水方、涤方、漉水囊废。若五人已下，茶可末而精者，则罗合废。若援藟跻岩，引絙入洞，于山口炙而末之，或纸包合贮，则碾、拂末等废。既瓢、碗、竹筴、札、熟盂、鹾簋悉以一筥盛之，则都篮废。

但城邑之中，王公之门，二十四器阙一，则茶废矣！

（6）茶之图

以绢素或四幅,或六幅,分布写之,陈诸座隅,则茶之源、之具、之造、之器、之煮、之饮、之事、之出、之略目击而存,于是《茶经》之始终备焉。

第四节　茶事诗词

茶事诗词可分为广义和狭义两类:广义的是指包括所有涉及茶事的诗词;狭义的是单指主题是茶的诗词。通常所指的茶事诗词,多是以广义而言的。

1.茶事诗词的特点

（1）数量多、题材广

中国茶事诗词,不但数量多,而且题材广泛。历代众多的诗词家,爱茶、尚茶、写茶,把茶事渗透进诗词。在目前留存下来的众多茶事诗中,涉及茶文化的各个方面。据不完全统计,中国茶诗词至少在万首以上。在钱时霖等编著的《历代茶诗集成》唐代卷、宋金卷中,共收集茶诗6 097首,其中唐代茶诗665首,宋代茶诗5 315首,金代茶诗117首,茶诗作者共计1 157人。

写名茶:有李白的《答族侄僧中孚赠玉泉仙人掌茶》、有王禹偁的《龙凤茶》、范仲淹的《鸠坑茶》、梅尧臣的《七宝茶》、文同的《谢人寄蒙顶茶》、苏轼的《月兔茶》、苏辙的《宋城宰韩文惠日铸茶》、于若瀛的《龙井茶》等。

写名泉:有陆龟蒙的《谢山泉》、苏轼的《求焦千之惠山泉诗》、朱熹的《康王谷水帘》等。

写茶具:有皮日休和陆龟蒙分别作的《茶籯》《茶灶》《茶焙》《茶鼎》《茶瓯》等。

写烹茶:有白居易的《山泉煎茶有怀》、皮日休的《煮茶》、苏轼的《汲江煎茶》、陆游的《雪后煎茶》等。

写品茶:有钱起的《与赵莒茶宴》、白居易的《晚春闲居,杨工部寄诗、杨常州寄茶同到,因以长句答之》、刘禹锡的《尝茶》、陆游的《啜茶示儿辈》等。

写制茶:有顾况的《焙茶坞》、陆龟蒙的《茶舍》、蔡襄的《造茶》、梅尧臣的《答建州沈屯田寄新茶》等。

写采茶和栽茶:有姚合的《乞新茶》、张日熙的《采茶歌》、黄庭坚的《寄新茶与南禅师》、韦应物的《喜园中茶生》、杜牧的《茶山下作》、陆希声的《茗坡》、朱熹的《茶坂》、曹廷栋的《种茶子歌》等。

写颂茶:苏东坡在《次韵曹辅寄壑源试焙新茶》中"从来佳茗似佳人",将茶比作美女;周子充在《酬五咏》诗中,"从来佳茗如佳什",将茶比作美食;秦少游在《茶》诗中,"若不愧杜蘅,清堪拼椒菊",将茶比作名花;施肩吾在《蜀茶词》中,"山僧问我将何比,欲道琼浆却畏嗔",将茶比作琼浆。

写送茶:陆游以同族的"茶圣"陆羽自比,在《试茶》诗中称道:"难从陆羽毁茶论,宁和陶潜止酒诗",表示宁可舍酒取茶;沈辽在《德相惠新茶奉谢》诗中认为:"无鱼乃尚可,非此意不厌",则表示愿意取茶舍鱼,这些都充分反映了诗人对茶的爱好。

此外,还有很多是抒发情感、抨击时世的,在此不再一一枚举。

(2)别具匠心、体裁多样

由于诗词家匠心别具,情趣各异,风格不一,茶事诗词的体裁也变得丰富多彩,各有千秋。现将一些体裁具有典型性的茶事诗词,辑录如下。

①寓言茶文:用寓言形式写茶诗文,读来引人联想,发人深省。唐代王敷写的《茶酒论》,以拟人化对话辩答的形式,"暂问茶之与酒,两个谁有功勋?"茶首先出来"对阵",说自己是"百草之首,万木之花。贵之取蕊,重之摘芽。呼之敬草,号之作茶,贡五候宅,奉帝王家,时时献人,一世荣华。"哪知酒不服气,抢白道:"自古至今,茶贱酒贵,单醪投河,三军千醉。君王饮之,叫呼万岁;君臣饮之,赐卿无畏,和死定生,神明歃气。"这种写茶、酒"对阵"的诗词文笔,还发现在一本清代的笔记小说上,这些记述,饶有风趣。

②宝塔茶诗:唐代元稹写过一首宝塔诗,题名《一字至七字诗·茶》。这种体裁的诗,不但在茶诗中罕见,就是在其他诗中也不多见。整首诗,从一个字开始,以后每句依次增加一个字,而且要不失诗意。这样,一首诗写出来,其形式是上尖下宽,呈宝塔形,因此谓之宝塔诗。诗中写道:

茶

香叶,嫩芽。

慕诗客,爱僧家。

碾雕白玉,罗织红纱。

铫煎黄蕊色,碗转曲尘花。

夜后邀陪明月,晨前命对朝霞。

洗尽古今人不倦,将至醉后岂堪夸。

这首宝塔诗原为一种杂体诗,它是一字句到七字句,或选两句为一韵,每句或每两句字数依次递增。全诗从写茶的品质开始,说到人们对茶的喜爱,茶的煎煮,直至最后谈到茶的功用——"将至醉后岂堪夸"。看后,不但使人情趣横生,而且意味深长,更有新奇之感,堪称佳作。

③回文茶诗：北宋文学家苏轼，一生写过茶诗数十首，用回文写茶诗，也是茶诗一绝。在题名《记梦回文二首并叙》的"叙"中，苏轼写道："十二月十五日，大雪始晴，梦人以雪水烹小团茶，使美人歌以余饮。梦中为作回文诗，觉而记其一句云：'乱点余花唾碧衫'，意用飞燕唾花故事也。乃续之，为二绝句云。"

> 酡颜玉画捧纤纤，乱点金花唾碧衫。
> 歌咽水云凝静院，梦惊松雪落空岩。

> 空花落尽酒倾缸，日上山融雪涨江。
> 红焙浅瓯新火活，龙团小碾斗晴窗。

这两首回文茶诗，顺着读和倒着读，都成篇章，而且整首诗的含意相同。全诗充满着作者对茶的一片痴情。怪不得苏轼在"叙"中谈到自己在梦中也在饮茶作诗，也难怪苏轼在一首《试院煎茶》诗中写道："我今贫病长苦饥，分无玉碗捧蛾眉（茶）"。在作者"贫病"和"长苦饥"时，仍不忘"且学公家作茗饮，砖炉石铫行相随。"心中想的仍然是与茶"行相随"。

④联句茶诗：在茶事茶诗中，还有几个人共作一首诗的，称之为联句茶诗。联句诗虽几个人共作，但要诗意连贯，相辅相成。在中国茶事联句诗中，最负盛名的茶事联句诗，就是由唐代官至吏部尚书的颜真卿，以及同时代的浙江嘉兴县尉陆士修、史官修撰张荐、庐州刺史李萼、诗僧昼（即皎然）和崔万（生平不详）等六人合写的《五言月夜啜茶联句》。各人的诗句是：

> 泛花邀坐客，代饮引情言（士修）
> 醒酒宜华席，留僧想独园（荐）。
> 不须攀月桂，何假树庭萱（萼）。
> 御史秋风劲，尚书北斗尊（万）。
> 流华净肌骨，疏瀹涤心原（真卿）。
> 不似春醪醉，何辞绿菽繁（昼）。
> 素瓷传静夜，芳气满闲轩（士修）。

这首咏茶联句诗，为六人合写，其中陆士修作首尾两句，合计七句。诗中说的是月夜饮茶的情景，各人别出心裁，用了与饮茶相关的一些如"泛花""醒酒""流华""疏瀹""不似春醪""素瓷""芳气"等代用词，用这种方式作成的联句茶诗，在茶诗中也是不多见的。

⑤唱和茶诗：在数以万计的茶事诗词中，唐代皮日休和陆龟蒙两位文学家写的《茶中杂咏》唱和诗，即《茶坞》《茶人》《茶笋》《茶籝》《茶舍》《茶灶》《茶焙》《茶鼎》《茶瓯》和《煮茶》，可谓是一份十分珍贵的茶文化文献。皮日休在他的《茶中杂

咏甌·序》中写道:"茶之事,由周至于今,竟无纤遗矣。昔晋杜育有荈赋,季疵有茶歌,余缺然于怀者,谓有其具而不形于诗,亦季疵之余恨也,遂为十咏,寄天随子(即陆龟蒙)。"说他以诗的形式来表达茶事,为此写了十首五言古诗,寄给朋友陆龟蒙。

接到皮日休的《茶中杂咏》十首后,陆龟蒙随即作《奉和袭美茶具十咏》相和。陆氏的每首诗的题目,与皮日休相同,形成对应关系。

另外,还有"爱茶人"之称的大诗人苏东坡,与狮峰龙井茶开山鼻祖、龙井寿圣院辩才和尚二人作的唱和诗,也为茶人赞不绝口。元祐七年(1092年),朝廷召任杭州太守的苏轼回京。离开杭州前,苏轼去龙井寿圣院拜访辩才,并夜宿寿圣院。次日才依依相别。据说辩才因情忘了自己所定送客不过溪的规定,过了归隐桥,步下风篁岭。事后,二人还以诗相和。

诗中充分表达了二位挚友"煮茗款道论""永记二老游"的难舍难分的情结。后来,辩才还在老龙井旁建亭,以示纪念。后人称它为"过溪亭",也称"二老亭";并把辩才送苏东坡过溪经过的归隐桥,称为"二老桥"。

北宋元祐八年(1093年),辩才圆寂于龙井寿圣院,弟子为他在寿圣院旁的山坡上建立辩才墓塔,以便后人参谒。北宋散文大家、苏东坡之弟苏辙,亲自作墓志铭。

(3)影响深远、佳作连篇

中国的茶事诗词,茶人爱读,诗人爱诵,人们爱听。有的茶诗,影响深远,流传千古。最引人入胜的,则要数唐代卢仝的《走笔谢孟谏议寄新茶》,又称《七碗茶歌》。诗中除写谢孟谏议寄新茶,以及对辛勤采制茶叶的劳动人民的深切同情外,其余写的都是煮茶和饮茶的体会。诗中说由于茶味好,诗人一连饮了七碗,每饮一碗,都有一种新的感受:"一碗喉吻润。二碗破孤闷。三碗搜枯肠,惟有文字五千卷。四碗发轻汗,平生不平事,尽向毛孔散。五碗肌骨清。六碗通仙灵。七碗吃不得也,唯觉两腋习习清风生。"

卢仝描述的各种不同的饮茶感受,对提倡饮茶产生了深远的影响。唐以后,卢仝连同他的"七碗茶歌"一起,为后人所传颂,卢仝亦被后人称为茶中亚圣。宋代范仲淹的《和章岷从事斗茶歌》、梅尧臣的《尝茶与公议》、苏轼的《游诸佛舍,一日饮酽茶七盏,戏书勤师壁》、元代耶律楚材的《西域从王君玉乞茶,因其韵七首》等诗中,谈到了对卢仝茶歌的推崇。

另外,还有诗人依照卢仝七碗茶诗的意境,写了类似的诗句。如宋代沈辽的《德相惠新复次前韵茶奉谢》:"一泛舌已润,载啜心更惬",与卢仝七碗茶诗的头两句类同;刘秉忠的《尝云芝茶》:"待将肤凑浸微汗,毛骨生风六月凉",与卢仝七碗茶诗的四、五句相似；邵长蘅《愚山诗讲公贻敬亭绿雪茶》："细啜来清风,两腋清欲仙",与卢仝七碗茶的末句接近。又如,明代诗人潘允哲的《谢惠人茶》等,也有与卢仝七碗茶诗相同的说法。

继卢仝之后,唐代诗人崔道融的《谢朱常侍寄贶蜀茶剡纸二首》："一瓯解却山中醉,便觉身轻欲上天",认为茶可醒酒,使人轻健。宋代苏轼的《赠包安静先生茶二首》："奉赠包居士,僧房战睡魔",陆游的《试茶》："睡魔何止退三舍,欢伯直知输一等",都认为茶有"破睡之功";黄庭坚的《寄新茶与南禅师》："筠焙熟茶香,能医病眼花",认为茶可以治"眼花"。此外,历代如欧阳修的《茶歌》、陆游的《谢王彦光送茶》、刘禹锡的《西山兰若试茶歌》、高鹗的《茶》等,也都论及茶的功效。

2. 历代著名茶诗

(1)晋咏茶诗

杜育《荈赋》:我国最早专门咏茶的诗作是晋代的《荈赋》。《荈赋》中所说的生于高山的奇产"荈草"即是茶。杜育《荈赋》中的"沫沉华浮,焕如积雪,晔若春敷",形容的是茶汤形态色泽之美。

(2)唐代咏茶诗词

李白《玉泉仙人掌茶》:咏茶诗起始于唐代,在唐以前,只是在诗歌吟唱中咏及茶。唐代最早的咏茶诗应该是李白的《答族侄僧中孚赠玉泉仙人掌茶并序》诗。李白所指的玉泉仙人掌茶产于湖北当阳的玉泉寺。据李白在诗前的序言中说:玉泉寺真公常采而饮之,年80余,脸色如桃花。李白因得其宗侄僧中孚送的仙人掌茶,遂作一诗答谢。

皎然《饮茶歌诮崔石使君》:皎然是陆羽的好朋友,与陆羽多有茶诗酬唱。他的《饮茶歌诮崔石使君》诗中的"一饮涤昏寐""再饮清我神""三饮便得道",赞誉剡溪茶(产于今浙江嵊州、新昌一带)清郁隽永的香气,甘露琼浆般的滋味,并生动描绘了一饮、再饮、三饮的感受。与卢仝的《饮茶歌》有异曲同工之妙。

刘禹锡《西山兰若试茶歌》:诗中提到"斯须炒成满室香,便酌沏下金河水"。从诗中对采茶、炒茶、煎茶的描绘可知,那时除了用蒸青法制团饼茶外,也有用炒青法制成散茶的,并用散茶直接煎饮。

李郢《茶山贡焙歌》:这首诗主要写督办贡茶扰民,生动描述了这种劳役的繁重,诗人对服贡茶劳役者抱有深切的同情。诗中有云:"十日王程路四千,到时须及清明宴。"

（3）宋代咏茶诗

苏轼《汲江煎茶》:诗中提到"活水还须活火烹,自临钓石取深清"。诗人烹茶的水,还是亲自在钓石边从深处汲来,并用活火煮沸的。苏轼对烹茶时水的温度掌握十分讲究,不许有些许差池。

陆游《雪后煎茶》:诗中"雪液清甘涨井泉,自携茶灶就烹煎",描绘了诗人烹茶择水随时随地而宜的情趣。陆游爱茶嗜茶,是他生活和创作的需要。

（4）元代咏茶诗

虞集《次邓文原游龙井》:诗中名句"烹煎黄金芽,不取谷雨后"。虞集,是元代文学家。他的诗文和生平活动中与茶有关联的虽不多,但他的这首诗,却是赞颂龙井茶的奠基之作,在我国名茶史上值得记上一笔。

第五节　茶文化的传播

中国茶,很早以前就通过陆路与海路传播至世界各地。当今世界有60多个国家种茶、产茶,给世界人民带来了健康与幸福。

1. 茶的海外传播

相传公元前3世纪,西汉使臣张骞便在中亚发现了邛杖、蜀锦和茶叶等来自巴蜀的特产;韩国亦有传说,公元5世纪便有驾洛国王妃许黄玉从四川安岳带回茶种,在全罗南道种植,许黄玉陵墓至今仍完好保留在金海市。

通过使臣来访、人员交流、礼尚往来等非贸易渠道,中国茶叶传播海外已有近2 000年历史,但有文字可考的应在公元6世纪以后。茶叶首先传到朝鲜和日本;随后通过丝绸之路和茶马古道传到中亚、西亚和东欧;然后由海上丝绸之路传到西欧;18—19世纪英国东印度公司多次派员来华寻茶雇茶工,后又派罗伯特·福钧(Robert Fortune)来华,将茶种带到印度大吉岭一带种植,此后通过多种途径逐渐传播到全世界,从而使全世界有60多个国家实现人工种茶,160多个国家和地区饮茶,茶叶成了惠及30多亿人的大众化健康饮料。正如英国著名科学史专家李约瑟(Joseth Lee)博士所说:"茶是中国贡献给人类的第五大发明。"

由于地理位置靠近,民族风俗类同,国家交往频繁,中华文化的对外传播首先惠及周边国家和地区,尤其是出入较便利的东邻各国。据历史文献记载,茶文化的传播亦首先从朝鲜开始,然后才是日本、东南亚诸国、中亚及俄罗斯等。从茶字的发音可以证明这一点。如朝鲜:Chá,日本:Chà,越南:Cha,菲律宾:Cha,印度:Chai,

土耳其:cay,伊朗:Chay,俄罗斯:Chai,波兰:Chai,葡萄牙:Cha。

(1)韩国最早奉为"茶礼"

新罗真兴王五年(公元544年),也就是高丽三韩时代创建智异山华岩寺时,已有种茶记录,比茶树传入日本早200余年。又据韩国古籍《三国史记》卷十《新罗本记》记载,新罗二十七代善德女王时(公元623—647年),"茶已有之"。又载兴德王三年(公元828年),有遣唐使金大廉由中国带回茶籽,种于地理山(今智异山)下的华岩寺周围,后逐渐扩大到以双溪寺为中心的各寺院。但也有民间传说,韩国茶源于5世纪末。驾洛国首露王妃许黄玉从中国带回茶种。传说许王妃为中国四川安岳人,与驾洛国王首露在东海之滨相遇,两人一见钟情,结为夫妻。许黄玉出嫁时带去许多中国特产,包括茶籽,这些茶种撒播于全罗南道智异山华岩寺附近。《三国史记》中亦有山僧向国王献茶记录,又有公元四五世纪时代圣王饮茶故事等。许王妃在韩国备受尊重,死后葬于釜山市近郊的金海市,该市至今每年均举办茶会隆重祭拜。智异山和全罗南道河东郡花开村至今保存许多中国茶树遗种,生长繁茂,其中"花开绿茶"在韩国因品质优异,十分著名。韩国是一个尊孔崇儒的国家,十分重视家庭伦理道德教育,并以茶礼规范家庭秩序,传承传统文化之礼节。民间无论婚丧嫁娶、迎来送往、年节祭祀,均十分重视"茶礼"的应用,并以"茶礼"将禅宗思想和道德教育融为一体,成为一门综合艺术,使韩国茶文化成为道与艺的完美结合。

(2)"弘仁茶风"和日本茶道的形成

传说先秦时期(公元前3世纪),中国移民带着农作物种子、生产工具和生产技术源源不断地到达日本,如方士徐福以寻长生不老仙药为名带着3 000名童男童女,500名技工到达日本。茶叶传到日本则与佛教传入和日本长期向中国派遣遣唐使与留学僧制度有关,茶叶引入日本首先必须提到的便是最澄、空海和永忠三位高僧。

最澄(公元762—822年)为日本近江滋贺人。12岁出家,20岁在奈良东大寺戒坛院受戒。后在京都比睿山结庵修行。他在研读鉴真和尚从中国带去的天台宗章疏的过程中萌发了对天台宗的极大兴趣,奏请天皇要求来唐求法。天皇批准他到浙江天台山国清寺留学。

天台山盛产茶,早在三国时期,葛玄(公元164—244年)在天台山的主峰华顶修炼金丹时便开辟了葛仙茗圃,唐代天台山道士徐灵府的《天台山记》说,华顶上"松花仙药,可给朝食;石茗香泉,堪充暮饮"。葛仙茗圃至今仍见于华顶归云洞前。

公元805年春,最澄辞别天台山返回日本,台州刺史陆淳为最澄饯行,以茶代酒,是一次名副其实的茶会,从台州司马为此茶会撰写的《送最澄上人还日本国序》可得知。序中言:"三月初吉,遐方景浓,酌新茗以饯行,劝春风以送远。"序中所说的"三月"是指旧历三月,相当于阳历的 4 月,正是天台山采新茶的时节。以茶饯行既尊重佛教的戒规,又展示了天台山茶文化的风貌。

最澄于公元 805 年 5 月回到日本,向天皇上表复命,将带回的经书章疏 230 部共 460 卷、《金字妙法莲华经》、《金字金刚经》及图像、法器等献上,并创建了日本天台宗。同时还把从天台山带回的茶籽播种在位于京都比睿山麓的日吉神社旁,结束了日本列岛无茶的历史。至今,在日吉神社的池上茶园仍矗立着"日吉茶园之碑",碑文中有"此为日本最早茶园"之句。

与此同时,更重要的是最澄将饮茶文化也同时带回了日本,并借助他作为日本天台宗创始人的影响力,将饮茶导入到日本的寺院佛堂、上流社会。在传播中国佛教文化和茶文化的过程中,最澄得到了当时日本的最高统治者嵯峨天皇的大力支持。

嵯峨天皇(公元 786—824 年),是日本平安初期的诗人、茶文化的助推者。嵯峨天皇在位的弘仁年间(公元 810—824 年),日本饮茶活动最盛,形成"弘仁茶风"。

嵯峨天皇著有《和澄上人韵》诗一首,其中便涉及饮茶:

> 远传南岳数,夏久老天台。
>
> 枚锡凌溟海,蹑虚历蓬莱。
>
> 朝家无英俊,法侣隐贤才。
>
> 形体风尘隔,威仪律范开。
>
> 袒臂临江上,洗足踏岩限。
>
> 梵语飞经阁,钟声听香台。
>
> 经行人事少,宴坐岁华催。
>
> 羽客亲讲席,山精供茶杯。
>
> 深房春不暖,花雨自然来。
>
> 赖有护持力,定知绝轮回。

诗的主要部分是赞颂最澄上人为日本众僧灌顶传教,伴有饮茶、供茶的情景,说明最澄在回国后的传教活动中伴有饮茶的行为。

与最澄差不多同期来唐留学的还有一位高僧空海(公元 774—835 年)。空海回国后创立了日本真言宗,与最澄一起被誉为日本平安时代新佛教的双璧。最澄对空海的学识十分尊重,公元 812 年,最澄与弟子泰范一起,拜空海为师,接受了空海的灌顶。公元 806 年,空海回国带回了茶籽并献给了嵯峨天皇,至今在空海回国后住持的第一个寺院——奈良宇陀郡的佛隆寺里,仍保留着由空海带回的碾茶用的石碾及种茶的遗址。公元 809 年,空海在京都传教,得到了嵯峨天皇的大力支持;公元 816 年,空海在高野山辟真言宗道场。他经常应邀出入朝廷,奉敕举行求雨、攘灾等法事,与嵯峨天皇论经酌茶。由此嵯峨天皇著有《与公海饮茶送归山》诗一首:

> 道俗相分经数年,
> 今秋晤语亦良缘。
> 香茶酌罢日云暮,
> 稽首伤离望云烟。

最澄和永忠是在陆羽《茶经》问世后,传达中国唐代新兴文化信息使者。他们除了将当时新兴的密教文化带回日本弘扬之外,还带回了中国的茶籽、茶饼、茶具。另外,从弘仁饮茶对陆羽煎茶法模仿,从弘仁茶诗与中国茶诗词语雷同的表现上,可以推测出《茶经》一书与当时的中国饮茶诗文也由最澄、空海等人一并带回了日本。以嵯峨天皇为首的日本上层人士,对大唐的饮茶文化表现出了极大的关注与热情,特别是嵯峨天皇,不仅多次参与茶会,还在皇宫里特置茶园,下令在近畿地区种茶,以期饮茶文化在日本长久发展,形成一股"弘仁茶风"。

(3)茶由葡萄牙、荷兰引入欧洲

阿拉伯人早在 16 世纪以前就把茶叶经由威尼斯传到欧洲。不过将茶作为商品引进欧洲的,主要仍应归功于葡萄牙人和荷兰人。凭借发达的航海事业,1514 年,葡萄牙船只首先打通与中国的航路到达广东,并在中国澳门开始和中国进行海上贸易。

1557 年,葡萄牙在中国取得澳门地区作为贸易据点,与此同时,商人和水手已开始携带少量的中国茶回国。1559 年威尼斯作家拉穆斯奥所写的《航海旅游记》中曾记载中国茶,此为欧洲文学中首次出现"茶"的用语。

耶稣会教士在茶的传播上起了作用。他们来中国传教,见识了茶这种饮料的疗效,并如获至宝地带回葡萄牙。1560 年,葡萄牙传教士克鲁兹著文专门介绍中国茶,他认为"此物味略苦,呈红色,可治病"。而威尼斯教士贝特洛则说:"中国人以某种药草煎汁,用来代酒,能保健防疾,并且免除饮酒之害。"早期,茶从东方进入欧洲,是以药的身份现身的,价格昂贵异常,只有豪门富商才享用得起。由于英国皇室成员对茶的狂热吹捧,使其在英国居重要地位,更为饮茶者塑造了高贵的形象。

在欧洲茶风的弘扬中,首先须提到的是 1662 年嫁给英王查理二世的葡萄牙公主凯瑟琳,人称"饮茶皇后"。她虽不是英国第一个饮茶的人,却是带动英国宫廷和贵族饮茶风气的开创者。她陪嫁的中国茶叶和陶瓷茶具,以及她冲泡的茶和饮茶方式，在贵妇社交圈内形成重要话题并深获喜爱。在这样一位雍容高贵的王后以身示范下，饮茶成为风尚，并在英国上层阶级流行。

英国人饮茶崇尚的是中国茶，而非独喝红茶。至今英国人仍喜欢小种红茶、茉莉花茶、乌龙茶、祁门红茶、普洱茶等。

生活在19世纪初的第七代别克福特公爵夫人安妮公主（1788—1861年），也以爱饮茶著名。她不但在温莎堡的会客厅布置了茶室，邀请贵族共赴茶会，还特别请人制作银茶具、瓷器柜、小型易移式茶车等。这些器具优雅素美，呈现"安妮公主式"的艺术风格。英式"下午茶"的流行也与安妮公主的提倡有关。

1602年，荷兰东印度公司成立。1607年由荷兰海船自爪哇本土来中国澳门贩茶运回欧洲，正式开始为欧洲引进大批绿茶及陶瓷茶具。1610年，东印度公司将从中国及日本买的茶叶集中于爪哇，然后载回国。1650年，荷兰又将中国红茶输入欧洲。

茶叶初传入荷兰时，被放在药铺里和香料一起出售，商人们宣传它为灵丹妙药。饮茶在荷兰人的推动下日渐风行，茶叶也成为一项重要的商品。

1644年，英国东印度公司看好中国茶的市场，在厦门设立贸易办事处，开始与荷兰在茶叶生意上短兵相接进行竞争。1651年英国通过航海法，规定外国进口货物至英国及其属地，必须由英国船或出产国船只载运。航海法的通过，使英国、荷兰之间的贸易摩擦更加白热化，1652—1654年，英国、荷兰两国终于兵戎相见，英国赢得一连串的胜利，成为威胁荷兰海上势力的强大对手。

英荷之战后，英国茶叶进口渐增，茶开始在英国国内向大众贩售。1658年9月30日，英国《莫丘里斯》报刊出一家咖啡店为进口的中国茶叶所做的广告，这是全世界第一个有关茶的报纸广告。

1665—1667年爆发了第二次英荷之战，英国再度获胜，取得贸易上的优势，彻底摆脱荷兰人而渐渐垄断茶叶贸易权。1669年，英国政府规定茶叶由英国东印度公司专营，从此，英国东印度公司由厦门收购的武夷红茶，取代绿茶成为欧洲饮茶的主要茶类。

自中国从厦门向英国出口茶叶后，英国即依闽南语音称茶为"Tea"，又因为武夷茶茶色黑褐所以称为"Black Tea"。此后英国人关于茶的名词不少是以闽南话发音，如早期将最好的红茶称为"Bohea Tea"（武夷茶），以及后来的工夫红茶称为"Congou Tea"。

（4）从Tch'a到Tea的演变

18世纪以前，英国人在中国是以西欧人的形象出现的，但是，他们是茶的积极推广者。从14世纪开始，人们就在雷诺（Reinaud）翻译的《编年史系列》中读到：

"（中国的）皇帝在种类繁多的丰富矿产中,只在盐和一种需要在热水里泡了以后饮用的植物上给自己保留了特权。人们在所有的城市出售这种植物,获得巨额的利润,它被称为茶,叶子比三叶草多,闻起来很芳香,但是有一种苦味。水煮开了以后,人们把它倒在这种植物上。这种饮料在任何情况下都是有益的。"

茶在 17 世纪中期被引进英国,英国海军秘书佩皮斯在 1660 年 9 月 25 日的日记中写道:"我派人去找一杯叫'tea'的中国饮料,之前我从没喝过。"东印度公司职员威克汉(R·Wickham)于 1615 年 6 月 27 日在日本写给米阿考的伊顿先生,他在信中要"一包最醇正的茶叶",这是英国有关茶的较早记录。Tch'a 是俄罗斯人给茶的称呼,他们通过中国北方获知这个发音并且保存在自己的语言中。俄语是чай,希腊语是 Τδας。

（5）茶在法国引起轰动

茶是从荷兰运到法国的。

在一封 1648 年 3 月 10 日吉·帕坦写给里昂的斯邦博士的信中提到过茶,说茶可以让人感到舒坦,为此还引起一场学术争论。17 世纪下半期,法国又出现了大量介绍中国茶好处的宣传册。丹麦国王的御医菲利浦·西尔威斯·特迪福和佩奇兰,巴黎医生比埃尔·佩蒂都是主要的吹鼓手。很多的文章、论文和诗颂扬这种饮料的好处,一个崇拜者把它称为"来自亚洲的天赐圣物",是"能够治疗偏头痛、痛风和肾结石的灵丹妙药"。

（6）茶叶引发美国独立战争

英国东印度公司不但将茶运售国内,也积极销往欧洲各国及美洲殖民地。茶在 17 世纪中期传入欧洲各国后,商人们努力宣扬饮茶的好处,因此贵族及富豪都乐于饮茶,而且以拥有中国茶为荣。

1670 年,英国东印度公司开始将茶卖到美洲新大陆。不过,早在 1620 年,有一批来自英国的清教徒自美洲的马萨诸塞州登陆并定居下来,两年后他们向印第安人购买今日的曼哈顿岛,取名为新阿姆斯特丹城;当时他们即向荷兰东印度公司进口茶叶。1644 年,新阿姆斯特丹城为英军所占领,并改名为纽约,自此英国垄断了美洲的茶叶贸易,并使美洲人也承袭英国人喝茶的习惯。17 世纪末,波士顿的商店已贩卖起武夷茶和红茶。英国统治者为了获取更大利润,便趁机提高茶叶税,使当地居民不堪重负。为抗议英国提高"红茶税",1773 年 12 月 16 日,一群激进的波士顿茶党,乔装成印第安人,爬上停泊在波士顿港的英国东印度公司商船,将342 箱中国茶抛入海中,此举激怒了不可一世的不列颠王国,美国独立战争因此爆发,从而催生了另一个世界大国的独立。

(7)中国茶是如何种到印度大吉岭的

18 世纪中期以后,英国的茶叶需求激增,而英国与中国在通商上又有种种的限制,因此英国东印度公司致力在殖民地印度试种中国茶树。在此之前,积极与英国贸易竞争的荷兰,早已在殖民地印尼引入中国茶树试种,但成效不大。不过在印度,既得利益的东印度公司最初暗中阻挠在印度种茶,不使茶产量过多而影响茶叶售价,所以茶园推广有限;至 1833 年,英国开放国内市场以后,茶叶需求急剧上升,英国人眼看为买中国茶付出大笔银子,竟然在印度大量种植鸦片,源源出售给中国,借以平衡支出。

后来,东印度公司派人潜入中国,掌握了茶的种植与红绿茶加工技术,并从中国偷运茶种与条苗、聘用技术工人和技师,终于在印度大吉岭植茶成功。这里必须提到的就是英国皇家植物园温室部负责人,被世人讽为"在中国人鼻子底下窃取茶叶机密收获巨大"的冒险家罗伯特·福钧(Robert Fortune)。

福钧受东印度公司的派遣,于 1848 年 6 月 20 日前往香港。英国驻印度总督达尔豪西侯爵 1848 年 7 月 3 日根据植物学家詹姆森的建议发函福钧,命令说:"你必须从中国盛产茶叶的地区挑选出最好的茶树和茶树种子,然后由你负责将茶树和茶树种子从中国送到加尔各答,再运到喜马拉雅山。你还必须尽一切努力招聘一些有经验的种茶人和茶叶加工者,否则我们将无法进行在喜马拉雅山的茶叶生产。"

1848 年 9 月,福钧抵达上海。然后上了盛产绿茶闻名的黄山,并弄到了茶籽和茶苗。

1849 年 2 月 12 日,在途经香港时,福钧致函英国驻印度总督说,他想到著名的红茶区武夷山去考察一下。获准之后,他和随从又到了武夷山,住宿在寺庙里。他从寺庙的和尚那里打听到了一些茶道秘密,特别是泡茶对水质的要求。3 年后,福钧终于完全掌握了种茶、制茶和饮茶的知识和技术,并从四川雅安聘请 8 位茶工和技师,经康定、昌都、亚东,到达大吉岭。到达大吉岭后,天气转暖茶籽快要发芽,仓促之下便全部播在喜马拉雅山南坡。至今中国茶种在印度只有大吉岭才有,也是此因。

2. 中国岳茶文化的传播

中国岳茶文化源自湖南省的南岳衡山,体现了鲜明的地域特征。岳茶产量稳定、品质优良,早在唐代就已在海内外享有盛名。岳茶文化蕴涵了湖湘文化的特殊气质,通过历代湖湘文人的文学创作、佛道合一的宗教文化、五岳独秀的旅游文化等媒介,得以声名远播。李群玉、王夫之、齐己等文学大儒、思想名家、宗教名人,均对岳茶的传播起到了重要的推动作用。

南岳衡山是中国历史文化名山,素有"五岳独秀"之美誉,佛教和道教在同一山中长期共存,和谐共生。南岳衡山自古盛产高山绿茶,"禅茶一味"的文化氛围在此地极为浓厚。中国历史上各朝代在南岳衡山寓居停留的官宦隐士、出家修道的宗教人士、游山玩水的文人雅士,多在此以茶会友、以茶明志。因为他们的文化活动,南岳衡山保留下了丰富的岳茶文学作品,传承了大量的茶事茶俗、茶礼祭祀等传统文化基因。

(1)中国岳茶的产地、起源

中国是茶的故乡,湖南是农业大省,也是茶叶大省,历来产茶量大。中华五岳,唯有南岳产茶,中国岳茶就是指南岳衡山所产的南岳高山茶。岳茶的产地有鲜明的地域特质,南岳七十二峰首起衡阳市区的回雁峰,尾至长沙市区的岳麓峰,岳茶的产区主要集中在衡阳地区的南岳衡山群峰之中。岳茶产区平均海拔 800 米,以海拔 1 300 米的祝融峰为中心,延伸到附近的喜阳峰、金简峰、华盖峰、石廪峰、芙蓉峰、紫盖峰、毗卢洞等地,尤其是广济寺、铁佛寺、上封寺、方广寺等知名寺庙周边,现在仍然保留有大量古代茶园遗址,如唐代著名的毗卢洞贡茶园、铁佛寺茶园等。

因为时代久远,南岳衡山何时开始种植茶叶已无从考证,但南岳高山茶在唐宋时期作为"贡茶"享誉海内外,则有明确的记载。陆羽《茶经》载:"山南以峡州上,襄州、荆州次,衡州下,金州、梁州又下。"其中"衡州"原注"生衡山、茶陵二县山谷。"[①]唐代裴汶《茶述》称:"今宇内为土贡者实众,而顾渚、蕲阳、蒙山为上,其次则寿阳、义兴碧涧、滹湖、衡山,最下有鄱阳、浮梁。"[②]五代蜀毛文锡在《茶谱》中记载:"衡州之衡山,封州之西乡,茶研膏为之,皆片团如月。"[③]这些都体现了唐五代时期,岳茶生产、销售的兴盛局面。

岳茶兴于唐、盛于宋,宋太祖乾德二年(公元 964 年)实现了茶叶专卖制,促进了茶业的快速发展,饮茶习俗进一步推行到百姓日常生活中。宋代岳茶的产量依然很高,宋初太宗时淮南榷货务卖岳茶,一斤(1 斤=0.5 千克)卖一百五十钱,一年

---

① 郑培凯,朱自振.中国历代茶书汇编校注本:上册[M].香港:商务印书馆(香港)有限公司,2014:17.

② 郑培凯,朱自振.中国历代茶书汇编校注本:上册[M].香港:商务印书馆(香港)有限公司,2014:49.

③ 郑培凯,朱自振.中国历代茶书汇编校注本:上册[M].香港:商务印书馆(香港)有限公司,2014:56.

卖二十六万六千余斤。《宋史·李惟清传》载:

> 淮南榷货务卖岳茶,斤为钱百五十。主吏言陈恶者二十六万六千余斤,惟清擅减斤五十钱,不以闻。滁、泗、濠、楚州、涟水军亦以岳茶陈恶,减价市之。计亏钱万四千余贯,为勾院吏卢守仁所发,左授卫尉少卿,黜判官李琯为本曹员外郎,赐守仁钱十五万。①

茶是南北贸易的重要商品,由茶农种植加工,由官府收购销售,本利归官的方式叫作"榷","榷茶"起源于中唐,沿袭至宋,宋代茶依然属于国家控制的行业。大观元年(1107年)宋徽宗赵佶亲自著成《大观茶论》一书,将茶的历史地位提到了空前的高度,使茶文化呈现出一片欣欣向荣的景象。随着茶产区大面积南移,茶叶上市时间也随之提前,在好的大环境影响下,宋代的岳茶延续了唐代的繁盛局面。南宋时期,在其他茶产区茶叶产量锐减的情况下,荆湖的茶叶产量下降不多,《宋会要辑稿·食货》载衡州税茶数还有5 449斤10两5钱(约2 725千克)。

"岳茶"之名,最早见于五代。唐五代时期,诗僧贯休和齐己在诗中提及岳茶。贯休尝住南岳寺,唐裴说有《寄南岳贯休诗》,刘昭禹有《送贯休之南岳》诗。贯休的《题弘顗三藏院》:

> 仪清态淡雕琼瑰,卷帘潇洒无尘埃。岳茶如乳庭花开,信心弟子时时来。灌顶坛严伸福塞,三十年功苦拘束。梵僧梦里授微言,雪岭白牛力深得。水精一索香一炉,红莲花舌生醍醐。②

诗中"如乳"是写岳茶质感极佳,口感非常甘醇、润滑。诗人沉浸在清静淡泊的氛围中,看着庙堂苦学的弟子,赏着寺院独特的景致,构成了一幅充满禅意的画卷。诗僧齐己也有几首诗写到了岳茶,其一是《题真州精舍》:

> 波心精舍好,那岸是繁华。碍目无高树,当门即远沙。晨斋来海客,夜磬到渔家。石鼎秋涛静,禅回有岳茶。③

其二是《宿沈彬进士书院》:

> 相期只为话篇章,踏雪曾来宿此房。喧滑尽消城漏滴,窗扉初掩岳茶香。旧山春暖生薇蕨,大国尘昏惧杀伤。应有太平时节在,寒宵未卧共思量。④

齐己自号衡岳沙门,性耽吟咏,乐山水,不事干谒,不问政事。住过衡岳地区多个寺庙,与郑谷、沈彬、徐仲雅、廖凝友为友,互为诗文。

---

① (元)脱脱,等.宋史[M].北京:中华书局,1977:9217.
② 彭定求,等.全唐诗:增订本第十二册[M].北京:中华书局,1999:9398.
③ 彭定求,等.全唐诗:增订本第十二册[M].北京:中华书局,1999:9553.
④ 彭定求,等.全唐诗:增订本第十二册[M].北京:中华书局,1999:9606.

清朝进士李子茂在其《岳茶》中写道：

　　　　山茶遍地栽，岳产称佳种。旁连紫盖高，近接白云笪。青出三春芽，林壑蔽蓁莽。摘宜谷雨前，妇孺纷接踵。品征唐史推，字辨许书总。白露及昌明，颉颃靡轻重。曾读文山诗，压叠宝如珙。想当修道士，换骨配铅汞。频年问价昂，今岁益胜踊。已嗟饷给难，况值干戈动。弥冈少采撷，避难多流宂。城市致无由，梗阻行路恐。有客偶求售，顿令笑口唪。新得快新尝，白乳胜流湩。烦虑赖涮除，尘劳感怡愡。既欣良友诒，更待嘉宾奉。吟兴引瓷瓯，抽毫无纵史。会携明月团，往听灵泉涌。①

　　李子茂此诗以"岳茶"为诗题，从产地、品种、采摘等方面入手，进而涉及与岳茶相关的人事、典故，落笔在当下的饮茶感悟与人生思考。

　　（2）岳茶的品质与特点

　　南岳衡山的气候条件和地貌特别适合种茶，陆羽《茶经·茶之造》中所列举的气候、土质要求，岳茶产区均具备。"凡采茶在二月、三月、四月之间"②，唐历和现在的农历是近似的，相当于从公历3月下旬开始到5月下旬，都是可以采茶的时节。

　　南岳山高800米以下为中亚热带海洋性季风气候，年均气温为17.5 ℃，相对湿度80%。随着海拔增高，气温降低，雨水增加，云雾增多，光照强度减弱，漫射光增多，800米以上属于中亚热带山地凉爽气候。到山顶，年均气温11.3 ℃，年蒸发量近1 000毫米，终年云雾弥漫，相对湿度超过85%。岳茶随着海拔的升高，采茶时间据此从早到晚推移，能够很好地确保其产量的持续性。南岳衡山山脚和山顶的相对高度差达1 200米，例如山脚的低海拔茶，最早在3月底可以开始采摘，中部地区的茶可以在清明左右开园采摘，而山顶的茶因为气温低，回升慢，几乎每年都要到谷雨前后才能开采。这样的时间跨度，有利于茶农按期采制，产量相对稳定，不至于出现太过仓促的鲜叶积压，保证了岳茶质量的稳定。

　　满足气温、湿度、光照的自然因素之外，岳茶的土壤条件也是非常适合种植茶叶的，"茶之笋者，生烂石沃土，长四五寸，若薇蕨始抽，凌露采焉"。③南岳自然生态特殊，地貌特征以花岗岩断块为主体，山间随处可见各种不同大小的花岗岩石块。南岳土壤偏酸，属湿热气候条件，不仅有酸性花岗岩风化物质渗入土层，而且腐殖质中富里酸含量达24.6% ~36.6%，故土壤偏酸，且土层厚、储藏量大，整个自然肥力较高，氮、磷、钾丰富，典型的"烂石沃土"之地，适合茶树生长。

　　优厚的自然条件，是岳茶得天独厚的优势，经过衡山本地茶农传统制法生产出

---

① （清）李元度.南岳志[M].长沙:岳麓书社,2013:921.

②,③ 文轩,译注.茶经译注[M].上海:上海三联书店,2014:19.

来的岳茶,品质极佳,有外形美观、汤色透亮、香气高久、滋味甘爽四个显著的特征。

第一是岳茶外形美观。唐代的岳茶,主要有饼茶和团茶两种干茶形态,到宋代出现散茶、末茶,方式由唐代的煎茶煮饮,过渡为宋代风行的点茶法和泡茶法。"珪璧相压叠,积芳莫能加。碾成黄金粉,轻嫩逾松花。"①就是对其干茶外形的最好注解。紧压的团茶,经过磨粉之后置于茶器内,颜色金黄,轻嫩之态彰显品质之佳。清代以散茶冲泡法居多,王夫之写岳茶冲泡开的外形为"一枪才展二旗斜,万簇绿沉间五花。"②岳茶一芽二叶的基本形态,在水中冲泡时上下沉浮的动感,显示出岳茶的外形之美。

第二是岳茶汤色透亮。岳茶冲泡有讲究,因嫩毫较多,适宜定点注水,避免毫多浑汤。冲泡得当的岳茶,尤其高山岳茶呈现出流畅润滑的黄绿色泽,清亮透彻。南岳有多处名泉,用山泉水泡岳茶,尤其能激发出茶的优良内质,使色、香、味达到锦上添花的效果。铁佛寺的童子泉、福严寺的卓锡泉和虎跑泉均有禅茶相益的盛名。

第三是岳茶香气高久。岳茶鲜叶香,王夫之的"山中茶赛马兰香"③说的是茶叶采摘时,满山都弥漫着清香。其《莲峰志》亦云"弥望新粲,异香拂人。"④岳茶冲泡后更香,唐代诗僧齐己《咏茶十二韵》写岳茶香气"嗅觉精新极""角开香满室",⑤这是对岳茶冲泡时茶香浓郁的直观写照。

第四是岳茶滋味甘爽,茶汤入口乳香明显,回甘迅速。齐己在《咏茶十二韵》中说岳茶的感受是"甘传天下口""尝知骨自轻"⑥清代彭龄师在炎炎夏日里饮岳茶解暑,写下"老僧馈茗碗,齿颊余芬芳"⑦之句,说岳茶入口后甜爽怡人、齿颊留香的感受。

(3)岳茶传播的媒介与途径

一是借助茶的文学创作传播:

南岳涉茶文学以诗词为盛。唐李群玉的《龙山人惠石廪方及团茶》诗曰:

> 客有衡岳隐,遗余石廪茶。自云凌烟露,采撷春山芽。珪璧相压叠,
> 积芳莫能加。碾成黄金粉,轻嫩逾松花。红炉爨霜枝,越儿斟井华。滩声
> 起鱼眼,满鼎漂清霞。凝澄坐晓灯,病眼如蒙纱。一瓯拂昏寐,襟鬲开烦

---

① 彭定求,等.全唐诗:增订本第九册[M].北京:中华书局,1999:6636.
② (清)李元度.南岳志[M].长沙:岳麓书社,2013:721.
③ (清)李元度.南岳志[M].长沙:岳麓书社,2013:722.
④ (清)李元度.南岳志[M].长沙:岳麓书社,2013:720.
⑤,⑥ 彭定求,等.全唐诗:增订本第十二册[M].北京:中华书局,1999:9588.
⑦ (清)李元度.南岳志[M].长沙:岳麓书社,2013:901.

挈。顾渚与方山,谁人流品差?持瓯默吟味,摇膝空咨嗟。①

诗歌分别就岳茶的产地、采摘、制作、外观、取水、火候、煮饮、品鉴和回味等方面,进行了诗意的描绘,这是第一首专题歌咏的南岳茶诗,李群玉此诗后,更多的文人将关注的目光放在了岳茶之上,以茶会友、借茶言志的情感多有表述。

明末清初王夫之的《衡岳摘茶词十首》是岳茶文学的集大成之作:

深山三月雪花飞,折笋禁桃乳雀饥。昨日刚传过谷雨,紫茸的的赛春肥。

湿云不起万峰连,云里闻他笑语喧。一似洞庭烟月夜,南湘北浦钓鱼船。

晴云不采意如何? 带雨捎云摘倍多。一色石姜蕉笠子,不须绿箬衬青蓑。

一枪才展二旗斜,万簇绿沉间五花。莫道风尘飞不到,鞋尖队队满洲靴。

琼尖新炕凤毛毸,玉版兼蒸龙子胎。新化客迟六岗远,明朝相趁出城来。

小筑团瓢乞食频,邻僧劝典半畦春。偿他监寺帮官买,剩取筛馀几两尘。

丁字床平一足雄,踏云稳坐似凌空。商羊能舞晴天雨,底用劳劳百脚虫。

清梵木鱼渐放松,圆圆锯齿绿阴浓。揉香按翠三更后,刚打乌啼半夜钟。

山下秧争韭叶长,山中茶赛马兰香。逐队上山收晚茗,奈何布谷为人忙。

沙弥新学唱皈依,板眼初清错字稀。贪听姨姨采茶曲,家鸡又逐野凫飞。②

通过这十首摘茶词,可窥见明末清初南岳茶叶产销的盛况,也能反映岳茶文化传播的条件和方式。当时南岳衡山一带对云雾茶有大量的人力物力投入,包括寺庙的和尚都要争分夺秒去采茶,"清梵木鱼暂放松,圆圆锯齿绿阴浓。揉香按翠三更后,刚打乌啼半夜钟"这种全民皆茶的氛围,使岳茶产量非常可观,从而保证了岳茶的大量外供。岳茶除直供皇宫,寄售京师之外,甚至于出口至交趾。词中"鞋尖队队满洲靴"说明还有大量的满洲人常来南岳运茶。岳茶的外销,将岳茶文化带到了各地,从而促使了岳茶文化的传播。

王夫之的摘茶词真实反映了当时南岳普通茶农的辛酸。农民们辛苦采摘的南岳云雾茶,多是供达官贵人们享用的珍品,自己依然处于水深火热中。好的茶叶全部出售了,茶农自己却只能"剩取筛馀几两尘",喝一点筛剩的茶末。文学反映生活,高于生活,带着历史的印记,岳茶文化以管中窥豹的方式,再现了王夫之当时几乎避无可避的匿居处境。

岳茶文化还通过歌谣吟唱得以传播,王夫之摘茶词中"沙弥新学唱皈依,板眼初清错字稀。贪听姨姨采茶曲,家鸡又逐野凫飞"就是岳茶文化口耳相传的现实写照,采茶女在山间劳作时,哼唱起悦耳的采茶歌,唱得家鸡都跟野鸭子飞了,小和尚

① 彭定求,等.全唐诗:增订本第九册[M].北京:中华书局,1999:6636.

② (清)李元度.南岳志[M].长沙:岳麓书社,2013:721-722.

的思绪也早就被吸引到茶园里去了。通过歌谣传播的岳茶文化,无疑是有巨大的吸引力的。

二是借助南岳宗教文化传播:

岳茶文化从一开始就有佛教、道教二教合一的宗教特性,在此起彼伏的宗教文化碰撞、融合中,岳茶文化伴随宗教文化的发展得以传播。

首先,佛教文化的繁荣为岳茶传播提供了条件,早在唐代已经基本具备。岳茶文化和佛教禅宗有着密切的联系,"唐高宗、武后、中宗时期,禅宗渐兴,玄宗开元时传至大江南北。坐禅务于不寐,又不夕食的习惯,使得禅众在坐禅修禅过程中对茶的需求量大增。携大运河南北货物流通的便利,坐禅修禅的倡导,茶饮在北方中国极大地推行开来,成为全社会各阶层的通用饮品。人自怀挟,到处煮饮,从此转相效仿,遂成风俗,并流于塞外。"①南北交流的与日俱增,生活习惯的互相借鉴,禅宗信仰的不断推进,成为岳茶文化传播的物质基础和思想基础。

南岳的佛教寺庙成为茶诗产生的土壤。诗僧齐己的《咏茶十二韵》:"百草让为灵,功先百草成。甘传天下口,贵占火前名。出处春无雁,收时谷有莺。封题从泽国,贡献入秦京。嗅觉精新极,尝知骨自轻。研通天柱响,摘绕蜀山明。赋客秋吟起,禅师昼卧惊。角开香满室,炉动绿凝铛。晚忆凉泉对,闲思异果平。松黄干旋泛,云母滑随倾。颇贵高人寄,尤宜别匮盛。曾寻修事法,妙尽陆先生。"②表现了茶与禅之间的关系以及他对陆羽的崇敬之情。元朝李滴在《春日谒庙》中云:"香茗啜馀清兴发,新诗哦就好怀开。"③说明茶是写诗的灵感来源。以南岳清凉寺为例,清代彭龄师有《避暑清凉寺》诗,写他在炎炎夏日里饮岳茶解暑,"老僧馈茗碗,齿颊余芬芳"④。在汗流浃背的途中,进入寺内歇脚,衍生一段学而思的故事。郑阜康的《游清凉寺和韵》中有"汲鼎僧烹茶乳活,镇山人解带围宽"⑤,也体现了禅茶一味的境界。南岳寺庙极多,李郁的《铁佛寺》更为直接地表达了与僧人谈佛论禅的乐趣,"老僧如旧识,煮茗且谈禅"⑥。在铁佛寺后面有一眼非常清冽的山泉,称铁佛泉,一名童子泉,泡茶异常甘美。加之铁佛寺的海拔高度和气候条件,极其适合种植高山云雾茶,长期的禅茶熏染,便形成了今天南岳衡山景区中的烟霞茶院,声名远播。

---

① 刘枫.新茶经[M].北京:中央文献出版社,2015:30.
② 彭定求,等.全唐诗:增订本第十二册[M].北京:中华书局,1999:9588.
③ (清)李元度.南岳志[M].长沙:岳麓书社,2013:979.
④ (清)李元度.南岳志[M].长沙:岳麓书社,2013:901.
⑤ (清)李元度.南岳志[M].长沙:岳麓书社,2013:925.
⑥ (清)李元度.南岳志[M].长沙:岳麓书社,2013:915.

其次,道教的长生信仰和修炼需求,促进了岳茶的产销和传播。姜夔尝游南岳,有《昔游诗三章》,皆追叙游岳时事,自云丙午岁登祝融,得其祀神之曲曰《黄帝盐》。音节古雅,不类今曲,感此古音,乃作中序一阕传于世。其中写道士邀约步入深林,远至一茅屋,发现"老烹茶味苦,野琢琴形丑。叟云司马仙,学道此居久。"①可见,在道家修炼的过程中,茶已经成为必需品,融入了道家文化的深层意蕴。

岳茶是道家从朝政募求支持的媒介,南岳道士的施茶、奉茶之举,使岳茶文化得以传播。唐道士李冲昭撰的《南岳小录·九真观》载:"九真观,按碑文,晋太康中邓真人建置徐真人祠。唐开元年中,有王天师仙乔。初,天师为行者,道性冲昭,有非常之志。因将岳中茶二百余串,直入京国,每携茶器,于城门内施茶。忽一日,遇高力士,见而异之。问其所来,乃曰:'某是南岳行者,今为本住九真观殿宇破落,特将茶来募施主耳。'于是力士上闻,玄宗召见,嘉叹久之,问曰:'尔有愿否?'对曰:'愿郁郁家国盛,济济经道兴。'上深加礼焉,俾于内殿披度,厚与金帛,建置令归岳中,修创观宇。不数年而完全,道行逾高,声流上国,寻有诏命,封为天师。乾元二年三月三十日得道。"②

道家重养生,炼药是其重要的修炼内容,而茶则被道家普遍认为是具有药用功效的佳品。"道士、僧徒皆饮茶,茶成为道教徒炼丹服药以求脱胎换骨、羽化成仙的首选之物。"③唐道士李冲昭在《南岳小录》中的《王氏药院》载:"王氏药院,咸通间,有术士王生居之。有茂松修竹,流水周绕,及多榧树茶园,今基址存焉。"④在药院中专门保留茶园,是南岳道教的一大特色。

三是借助南岳旅游文化传播:

南岳的自然风景极为秀美,素有"五岳独秀"之称。岳茶文化伴随旅游的发展而得以传播。《南岳志卷四·形胜二》载:"晚茗早萐,屑云蔽日。紫笋绿枪,鹿茸荷蒻。乃令又品新泉,鸿渐浣琖。"⑤茶是南岳衡山中富有灵性的植物,加之优质的山泉众多,随处都有品茗休闲的条件和场所,游人香客能在山中找到精神的寄托和交流的媒介。好山有好水,南岳好茶也因名泉而声名远播。宋宋祁就在《衡山福严寺卓锡泉虎跑泉记》中写道:"凡沦者、烹者、饪者、茗者取焉,香以甘故也。"⑥人们

---

① (清)李元度.南岳志[M].长沙:岳麓书社,2013:385.
② (唐)李冲昭.南岳小录[M]//景印文渊阁四库全书.台北:台湾商务印书馆,1985,585:5-6.
③ 刘枫.新茶经[M].北京:中央文献出版社,2015:28.
④ (唐)李冲昭.南岳小录[M]//景印文渊阁四库全书.台北:台湾商务印书馆,1985,585:8.
⑤ (清)李元度.南岳志[M].长沙:岳麓书社,2013:113.
⑥ (清)李元度.南岳志[M].长沙:岳麓书社,2013:223.

对于好泉的向往和喜爱,带动了岳茶文化的传播。

成规模的南岳茶园是旅游的胜地,优美的景色有助于岳茶文化的传播。王夫之在《莲峰志》记录了南岳衡山大片的茶园春季异常美妙的景色。文载:"沿山皆茶,冬雪初霁,吐百花,满川谷。弥望新粲,异香拂人。寒蝶冻馀,迎距宛转。如春日雨前采笋芽明焙,以峰泉试之,浮乳甘香,不在徽歙下矣。"①足见岳茶与旅游的交相辉映、互荣互生之美。

友人交游,岳茶相伴。明钱邦芑在《南岳游记》这一篇文章中,就三次写到在南岳登山喝茶的情形,堪称名副其实的茶文化之旅。先是初到南岳衡山,登山之始"予与语嵩顾而乐之,命弟子古道、杓云煮茗共酌"②。登山途中,亦不忘煮茗之乐,"再上,至半山亭,亭圮废不可居,煮茶啜之"③。游后,作者与友人僧侣静坐谈禅,更少不了与茶相伴,"忽罗克生同智林携茶蔬就山房夜话,因共谈禅,访山中逸事"④。岳茶成为这篇游记中,沟通人与自然的载体,是丰富旅行、怡情养性的媒介。

清代嘉庆年间欧阳厚垣《九日携友游岳麓》诗中云:"兴阑聊向松关憩,煮茗泉浇白鹤清。"⑤岳麓是南岳的尾峰,以风景秀美、书院文化深厚而独树一帜,岳茶文化传播至此,形成了大南岳七十二峰绵延的文化旅游景观。

(4)中国岳茶文化传播的广度与效果

中国茶很早以前就通过陆路和海路传播到世界各地。全球现有60多个国家种茶、产茶。韩国的"茶礼"、日本的"茶道"、欧美的茶饮习惯、印度大吉岭的茶树栽种,无一不是源自中国古代发达的茶业。岳茶是中国大量外销茶的一种,岳茶文化的传播有清晰的时间脉络,上至神农氏的传说,到唐代贡茶的官方肯定,及至宋代以后走进寻常百姓家,可以说,岳茶参与了中国茶业发展的全部过程。

岳茶的传播遍及各国,岳茶曾作为边销茶,远销海外。唐人杨晔的《膳夫经手录》载:"衡州衡山,团饼而巨串,岁取十万。自潇湘达于五岭皆仰给焉,其先春好者,在湘东甘味好,及至湖北,滋味悉变,虽然远至交趾之人,亦常食之,功亦不细。"⑥说明衡山团饼茶年产10万串,往西南、西北方向的销售及外贸出口,远至交

---

① (清)李元度.南岳志[M].长沙:岳麓书社,2013:720.

② (清)李元度.南岳志[M].长沙:岳麓书社,2013:72.

③ (清)李元度.南岳志[M].长沙:岳麓书社,2013:73.

④ (清)李元度.南岳志[M].长沙:岳麓书社,2013:75.

⑤ (清)李元度.南岳志[M].长沙:岳麓书社,2013:655.

⑥ (唐)杨晔.膳夫经手录[M]//续修四库全书·1115子部·谱录类.上海:上海古籍出版社,2002:524.

趾,今天的越南地区。

晚清官员、近代洋务思想家、湘军创建者之一的郭嵩焘在其《山行杂咏》十首中,写冬季南岳饮茶之景象:"三百栖禅寺,雪山胜业开。楼台天影过,桔柚雨声来。吸水泉鸣涧,烹茶雪满罍。业森无半亩,欹侧坐莓苔。"[1]这是作者在南岳山间游历时所作。作为中国职业外交家先驱人物、中国首位驻外使节,郭嵩焘多次出访欧洲,他的作品成为外国人了解中国、了解岳茶的窗口,因为这份特殊的职业,使他成为岳茶走向海外传播的使者。

近年来,国际上茶的流行趋势是消费者更加重视茶的健康养生功能,国内则在此基础上,更加重视对传统文化教育的培育,对茶文化的宣传和普及日益增多。茶文化作为中华瑰宝,理应受到相当的礼遇。如今,南岳云雾茶作为湖南十大名茶之一,正承担着复兴岳茶的重任。

---

① （清）李元度.南岳志[M].长沙:岳麓书社,2013:146.

第二章

茶礼：大学生礼仪素养

礼仪是在人们长期共同生活和相互交往中逐渐形成的道德行为规范,以人们约定俗成的方式、律己敬人的表现,从仪容仪表、交往技巧、情商沟通等方面践行,体现出一个人内在修养和素质的外在展示。茶艺礼仪是指在茶艺活动与茶艺服务过程中,应该遵从的礼节和仪式,是对他人表示尊重的各种方式,是思想道德水平、文化修养、交际能力的具体表现。早在先秦时期,《周礼·春官·肆师》就认为:"凡国之大事,治其礼仪,以佐宗伯。"《诗·小雅·楚茨》也记载:"献酬交错,礼仪卒度。"茶艺礼仪虽然以"细节""小事"表露,却关系着茶艺整体和茶艺服务的水准、大局。

第一节　茶艺礼仪标准

1. 茶艺仪容

仪容指的是人的外表,包括外貌、服饰等各个方面。端庄、美好、整洁的仪表在接待过程中能使客人产生好感,从而有利于提高工作效率。从泡茶上升到茶艺,泡茶的人与泡茶的过程、所冲泡的茶叶已融为一体,这时泡茶者的服装、仪容、心态应与环境相配合。

（1）得体的着装

服装,大而言之是一种文化,反映着一个民族的文化素质、精神面貌和物质文化发展的程度;小而言之,又是一种"语言",能反映出一个人的职业、文化修养、审美意识,也能表现出一个人对自己、对他人以及对生活的态度。着装的原则是得体和谐。

在泡茶的过程中,如果茶艺服务人员的服装颜色、式样与茶具环境不协调,"品茗环境"就不会是优雅的。茶艺服务人员在泡茶时服装不宜太鲜艳,要与环境、茶具相匹配。品茗需要安静的环境、平和的心态。如果茶艺服务人员的服装颜色太鲜艳,就会破坏和谐优雅的气氛,使人有躁动不安的感觉。另外,服装式样以中式为宜,袖口不宜过宽、过长,否则会沾到茶具或茶水,给人一种不卫生的感觉。服装要经常清洗,保持整洁。

（2）整齐的发型

作为茶艺服务人员,发型的要求与其他岗位的要求有一些区别。如果主持茶艺的操作,茶艺服务人员的头发应梳洗干净整齐,避免头部向前倾时头发散落到前面来,否则会挡住视线,影响操作。同时,还要避免头发掉落到茶具或操作台上,客人会感觉很不卫生。

发型原则上要适合自己的脸型和气质,要按泡茶时的要求进行梳理。如果是短发,要求在低头时,头发不要落下挡住视线;如果是长发,泡茶时应将头发束起,否则会影响操作。

（3）优美的手型

作为习茶之人,如果是女士,要有一双纤细、柔嫩的手,平时注意适时保养,随时保持清洁;如果是男士,则要求手部干净。因为在泡茶的过程中,客人的目光始终停留在你的手上以观看泡茶的全过程,因此茶艺人员的手极为重要。

习茶时,手上不要佩戴太烦琐或颜色鲜艳的首饰。太烦琐的首饰容易敲击茶具,发出不协调的声音,甚至会打破茶具;太艳丽的首饰会给人喧宾夺主的感觉,显得不够高雅。指甲要及时修剪整齐,不留长指甲,保持干净,也不要涂上颜色,否则给人一种夸张的感觉。茶艺操作过程中,茶艺人员的双手处于主角的地位,进行操作时,拿茶壶或其他茶具,如果手没洗干净,很可能污染茶叶与茶具。在茶艺比赛的时候,常听到评审老师提到哪个杯子有化妆品的味道,哪个杯子有肥皂的味道,这都是洗手时没把异味彻底冲掉,或是泡茶之前用手托腮,沾上了面部化妆品的味道所致。

（4）干净的面部

茶是淡雅的物品。茶艺人员,如果是女士,为客人泡茶时,可化淡妆,不要浓抹脂粉,也不要喷洒味道浓烈的香水,否则,茶香会被破坏。茶艺人员如果是男士,泡茶前要将面部修饰干净,不留胡须,以整洁的姿态面对客人。

茶艺服务人员平时要注意面部的护理与保养,保持清新健康的肤色。在为客人泡茶时面部表情要平和放松,面带微笑。

2. 茶艺仪态

茶艺仪态是指茶艺服务人员在服务过程中表现出来的仪容姿态,包括举止、站姿、坐姿、走姿和蹲姿等,是一种身体的表象和语言。而这种仪态的显现,体现出茶艺服务人员的精神风貌和修养。

（1）优雅的举止

举止是指人的动作和表情,日常生活中人的一举手一投足、一颦一笑都可概括为举止。举止是一种不说话的"语言",反映了一个人的素质、受教育的程度及能够被人信任的程度。

对于茶艺服务人员来讲,为客人泡茶过程中的一举一动尤为重要。就拿手的动作来说,如果左手趴在桌上,右手泡茶,看起来就显得懒散;右手泡茶,左手不停地动,会给人一种紧张的感觉;一手泡茶,一手垂直放在身旁,从对方看来,就像缺了一只手的样子,不进行操作的手最好自然地放在操作台上。

在放置茶叶时,为了看清茶叶放了多少,如果把头低下来往壶里看,显得不够从容;有时担心泡过头,放着客人不管,盯着计时器看,也是不好的动作;弯着身体埋头苦干,个性显得不够开朗,待客不够亲切。泡茶时身体尽量不要倾斜,以免给人失重的感觉。

一个人的个性很容易从泡茶的过程中表露出来,也可以借着姿态动作的修正,潜移默化地陶冶一个人的心情。当客人看见一个笑眯眯、端端正正地冲着最好的春茶时,还没有喝茶就已经感受到了茶艺服务人员健康、可爱的气息。

开始练习泡茶的时候,一个动作、一个动作地背出来,只求正确,打好基础;慢慢地各项动作会变得纯熟。这时就要注意两件事:第一,将各种动作组合的韵律感表现出来;第二,将泡茶的动作融入与客人的交流中。

泡茶时,茶的味道虽最为重要,但泡茶人得体的服装、整齐的发型、姣好的面容和优雅的动作也会给人一种赏心悦目的感觉,使品茶成为一种真正的享受。

（2）正确的站姿

优美而典雅的站姿,是体现茶艺人员自身素养的一个方面,是体现个人仪表美的起点和基础。站姿的基本要求是:站立时直立站好,从正面看,左脚位于右脚前,两脚尖呈45°~60°。身体重心线应在两脚中间向上穿过脊柱及头部,双脚并拢直立、挺胸、收腹、梗颈。双肩平正,自然放松,双手自然交叉于腹前,双目平视前方,面带笑容。

站姿要领:站立时精神饱满、心情放松、脖颈挺直、头顶上悬、气往下压、自然伸展,身体有向上之感,表情要温文尔雅。腹肌、臀大肌微收缩并向上提,臀、腹部前后相夹,髋部两侧略向中间用力。

茶艺人员的站姿:女性站立时,双脚呈"V"字形,两脚尖开度为45°~60°,膝和脚后跟都要靠紧;如果双脚叉开,就很不雅观。男性双脚叉开的宽度窄于双肩,双手可交叉放在背后。

身体不要东倒西歪、耸肩歪脑。双手不要叉腰,不要抱在胸前,不要插入衣袋,不要放在身后。身体重心主要支撑于脚掌、脚弓上。站累了双脚可暂作"稍息"状,但上体仍须保持正直,其要求是身体重心偏移到左脚或右脚上,另一条腿微向前屈,使腿部肌肉放松。

站立时应留意周围客人或同事的招呼。站立时间过长时,在不影响"阵容"的情况下要"寻找事做"。另外,站立时要观察客人的动态,注意客人的需求,但不可

"眼睁睁"地直盯着客人,应灵活应变。

(3)端庄的坐姿

由于茶艺人员在工作中经常要为客人沏泡各种茶叶,大多数时间需要坐着进行,因此良好的坐姿显得尤为重要。

正确的坐姿是:泡茶时,挺胸、收腹、头正肩平,肩部不能因为操作动作的改变而左右倾斜,双腿并拢。双手不操作时,平放在操作台上,面部表情轻松愉悦,自始至终面带微笑。

为客人沏茶或表演茶艺是茶艺人员的主要工作,不论是在客人的桌前冲泡或在台上表演,坐姿都是一种静态造型,坐姿不正确会显得懒散无礼,有失高雅。端庄优美的坐姿,会给人以文雅、稳重、大方、自然、亲切的美感。

正式坐姿:茶艺人员入座时,略轻而缓,但不失朝气,走到座位前面转身,右脚后退半步,左脚跟上,然后较稳地坐下,最好坐在椅子的一半或2/3处,穿长裙的女性要用手把裙子向前拢一下。坐下后上身正直,头正目平,嘴巴微闭,脸带微笑,小腿与地面基本垂直,两脚自然平落地面。两膝间的距离视茶艺人员的性别而定,男性以松开一拳为宜;女性双脚并拢,与身体垂直放置,或者左脚在前右脚在后交叉成直线,要注意两手、两腿、两脚的正确摆法。

侧点坐姿:侧点坐姿分左侧点式和右侧点式,采取这种坐姿,也是很好的动作造型。根据茶椅、茶桌的不同造型,坐姿也应发生变化,比如茶桌的立面有面板或茶桌有悬挂的装饰物,无法采取正式坐姿,可选用左侧点式或右侧点式坐姿。左侧点式坐姿要双膝并拢,两小腿向左斜伸出,左脚跟靠于右脚内侧中间部位,左脚脚掌内侧着地,右脚跟提起,脚掌着地。右侧点式坐姿则相反。

跪式坐姿:跪式坐姿即日本人所称的"正坐",坐下时将衣裙放在膝盖底下,显得整洁端庄,手臂腋下留有一个品茗杯大小的余地,两臂似抱圆木,五指并拢,手背朝上,重叠放在膝盖上,双脚的大拇指重叠,臀部坐在其上,臀部下面像有一纸之隔,上身如站立姿势,头顶有挺拔之感,坐姿安稳。

盘腿坐姿:这种坐姿一般适合于穿长衫表演宗教茶道的男性茶艺人员。坐时用双手将衣服撩起(佛教中称提半把)徐徐坐下,衣服后层下端铺平,右脚放置在左脚下,用两手将衣服前面的下摆稍稍提起,不可露膝,再将左脚置于右腿下,最后将右脚置于左腿上。

在进行茶艺表演时,无论哪一种坐姿,都要自然放松,面带微笑。优雅的坐姿对茶艺人员来讲,是非常重要的。一般在进行茶艺表演时,较多的操作是坐着冲泡茶叶,遗憾的是在很多茶艺表演中,有的茶艺人员提壶时,肩膀一边高一边低,是不好看的;有的下巴没收,感觉脊梁不挺;有的凳子太低,桌子不高,看不出美感;有的身体离桌子太近,显得很不自然。有的茶艺人员甚至在参加一些国际性的茶艺表演时也有类似情况发生,如在高处或舞台上表演时,敞开膝盖及腿,显得很不礼貌。

(4)得体的走姿

人的走姿是一种动态的美,茶艺人员在工作时经常处于行走的状态中。茶艺人员由于诸多方面的原因,在生活中形成了各种各样的行走姿态,或多或少地影响了人体动态美。因此,要通过正规训练,掌握正确优美的走姿,并运用到工作中去。

走姿的基本方法和要求是:上身正直,目光平视,面带微笑;肩部放松,手臂自然前后摆动,手指自然弯曲;行走时身体重心稍向前倾,腹部和臀部要向上提,由大腿带动小腿向前迈进;行走线迹为直线。

行走的要领:行走时,重心落在双脚掌的前部,腹部和臀部要上提,同时抬腿,注意伸直膝盖。全脚掌着地,后脚跟离地时,要以脚尖用力蹬地,脚尖应指向前方,不要左歪或右偏,形成八字脚。行走时,身体的重心向前倾3°~5°,抬头,肩部放松,上身正直,收腹、挺胸,眼睛平视前方,面带微笑,手臂伸直放松,手指自然微弯,两臂自然地前后摆动,摆动幅度为35厘米左右,双臂外开不要超过30°。行走时,脚步要轻而稳,切忌摇头晃肩,身体左右摇摆,腹和臀部居后。行走时,还要尽可能保持直线前进。挺胸时,绝不是把胸部硬挺起来,而是从腰部开始,通过脊骨到颈骨尽量上伸。这样就自然会显出一个平坦的腹部和比较美观的胸部。

步速和步幅也是行走姿态的重要方面,茶艺馆服务人员在行走时要保持一定的步速,不要过急,否则会给客人不安静、急躁的感觉。步幅是每一步前后脚之间的距离,一般为30厘米,步幅不要过大,否则会给客人带来不舒服的感觉。流云般的轻盈走姿,体现了茶艺服务人员的温柔端庄,大方得体。款款轻盈的步态,给客人以动态美。

舞台茶艺表演走姿:茶艺人员根据茶艺表演的主题、服饰的造型、情节的配合、音乐的节奏来确定走姿。走姿应随着主题内容而变化,或矫健轻盈,或精神饱满,或端庄典雅,或缓慢从容,可谓千姿百态,没有固定的模式。不管哪一种走姿都要让客人感到优美高雅、体态轻盈。在出场时,以融入自己的思想、情感和走的不同方式,将信息传递给客人,使客人感到茶艺人员的肢体语言同茶艺表演的主题、服饰、情节、音乐等吻合。

茶艺服务中的走姿:茶艺服务中如两人并肩行走时,不要用手搭肩;多人一起行走时,不要横着一排,也不要有意无意地排成队形。茶艺人员在茶艺馆内行走,一般靠右侧。与客人同走时,应让客人先行(除迎宾服务人员外);遇通道比较狭窄有客人从对面走来时,茶艺人员应主动停下来靠在边上,让客人通过,但切不可背对着客人。茶艺人员如遇有急事,可加快步伐,但不可慌张奔跑。如果手提重物或托有茶具,急需超越行走在前面的客人时,应彬彬有礼地征得客人同意,并表示歉意。茶艺人员的走路步伐要灵活,"眼观六路"(并不是东张西望)。要注意停让转侧,勿发生碰撞,做到收发自如。

优美的变向走姿:在行走中,茶艺人员需要转身改变方向时,要掌握正确优美的转身法。错误的转身,会让客人感到茶艺人员没有修养,给人不礼貌的感觉。如果茶艺人员想转身就转身,会有甩身之感,或会背向客人等。尤其是在进行茶艺表演的时候,茶艺人员要采用简捷合理的方式转身,方能体现出步伐的规范和优美。

前行步:向前行走时,要保持身体直立挺拔。行进中与客人或同事相互问候时要伴随着头和上体向左或向右的转动,并微笑点头致意,配以恰当的语言,切忌用眼睛斜视别人。茶艺表演中的前行步,目光正视前方,向客人微笑致意。

后退步:当点单结束或奉上茶后离开客人或与客人告别时,扭头就走是很不礼貌的。应该是先向后退步,再转身离去。一般情况下退两三步为宜。退步时脚轻擦地面,勿抬高小腿,后退的步幅要小,两腿之间的距离不宜大。转体时腰身先转,头稍后一些转。如果是未转身先转头,或是头与身同时转,均为不妥。在茶艺表演结束时或离开表演台时,都应后退一至两步,方法同上。

侧行步:当走在前面引领客人时,要尽量走在客人的左侧前后。髋部朝着前行的方向,上身稍向右转体,左肩稍前,右肩稍后,侧身向着客人,保持两三步的距离。可边走边向客人介绍环境,需做手势时尽量用左手。侧身转向客人不仅可以显示对客人的尊重,同时还可留心观察客人的意愿,及时为客人提供满意的服务。

当在路面较窄的走廊或楼道中与人相遇时,也要采用侧行步,两肩一前一后,要将胸转向茶客,而不是将后背转向茶客。

前行转身步:前行转身步分为前行左转身步和前行右转身步两种。前行左转身步:在行进中,当要向左转体时,要在右脚迈步落地时,以右脚掌为轴心,向左转90°,同时迈左脚。前行右转身步:与前行左转身步相反,在行进中要向右转体时,应在左脚迈步落地时,以左脚掌为轴心,向右转体90°,同时迈右脚。

后退转身步:后退转身步分为后退左转身步、后退右转身步和后退后转身步三种。

后退左转身步:当后退向左转体走时,如左脚先退,要在后退两步或四步时,以右脚为轴心向左转体,同时向左迈左脚。

后退右转身步:当后退向右转体走时,如左脚先退,要在后退一步或三步时,赶在左脚后退时,以左脚为轴心,向右转体90°,同时向右迈右脚。

后退后转身步:要向后转体走时,如左脚先退,要在后退一步或三步时,赶在左脚后退时,以左脚为轴心,向右转体180°,再迈右脚;如向左转体,要赶在右脚后退时,再左转体180°。

以上是不同方向的转身行走法,不论向哪个方向转体走,都要注意身体先转,头随后转,同时可伴随着告别、祝愿、提醒等礼貌用语。

不同着装与不同鞋型的走姿:茶艺馆的风格不同,茶艺人员会穿着不同的服饰和鞋子,有的着旗袍、有的着长裙、有的着短裙;有的穿平底鞋、有的穿高跟鞋。不同的着装和不同的鞋型,有不同的走路方式,相互呼应才会更协调、更优美。

着旗袍的走姿:中国的旗袍,能反映东方女性柔美的风韵,富有曲线韵律美。茶艺馆的迎宾小姐及女茶艺人员在进行茶艺表演时,身着旗袍较为适宜。着旗袍时要求身体挺拔,胸微含,下颌微收,不要塌腰撅臀。着旗袍无论是配以高跟鞋,还是平底鞋,走路的幅度都不宜大,两脚跟前后要走在一条线上,脚尖略外开,两手臂在体侧摆动,幅度不宜大。髋部可以随着脚步和身体重心的转移,稍左右摆动。站立时两手可合握于腰部或一屈一直。

着长裙的走姿:穿着长裙使人显得修长,由于长裙的下摆较大,更显飘逸潇洒。穿长裙行走时要平稳,步幅可稍大些。转动时,要注意头和身体协调配合。尽量不使头快速地左右转动。注意调整头、胸、髋三轴的角度,强调整体造型美,保持微笑。站立时可两手合握于体前,走动时可一手提裙。

着短裙的走姿:穿着短裙(指裙长在膝盖以上),要表现出轻盈、敏捷、活泼、洒脱的特点。步幅不宜大,走路在速度上可稍快些。要笑口常开,保持活泼灵巧的风格。

穿平底鞋的走姿:穿平底鞋走路,要脚跟先着地,注意由脚跟到脚掌的过渡。茶艺馆中服务时间较长,来回走路较多,茶艺人员的工作鞋一般是平底鞋。走路时用力均匀适度,身体重心的推送过程要平稳。穿平底鞋比穿高跟鞋的步幅略大,可根据自己的身高、腿长调整步幅大小。穿平底鞋容易产生不标准姿态,即抬腿过高,脚落地时,小腿的腓肠肌、比目鱼肌张力差,不能积极地使身体的重心向前脚转移,而使脚跟接触地面的时间略长,脚趾抓地感觉差。这种步态看上去像是往前甩小腿,用脚跟走路,给人一种懈怠的感觉。

穿高跟鞋的走姿:穿高跟鞋行走的要领是昂首、挺胸、收腹、上体正直、两眼前视、双臂自然摆动、步姿轻盈,以显示女性温柔、文静、典雅的窈窕之美。穿高跟鞋由于脚跟提高,而使身体重心前移,为了保持身体的平衡,要求身体的感觉是直膝立腰,收腹收臀,挺胸略抬头。穿高跟鞋能够使人挺拔,感觉胸部挺起,腹部内收,整条腿向后倾斜,腰明显要塌下去,臀部明显高翘起,小腿也要饱满起来,脚背呈漂亮的方形,脚好像小了许多,连走路的步子也变小了。所以穿高跟鞋,要注意将裸关节、膝关节、髋关节挺直,立腰挺胸要有一种挺拔向上的形体感觉。而行走时步幅不宜大。膝盖不要太弯,两腿并拢,不强调脚跟到脚掌的推送过程,要走柳叶步,即两脚跟前后踩在一条线上,脚尖略外开,走出来的脚印跟柳叶一样。

(5)合适的蹲姿

在茶艺馆服务中,茶艺人员经常处于动态,因此动作的优美是值得注意培养的,身体各躯干的动作都要讲究端庄优雅、动静相济、灵活得体。取低处物品或拾起落在地上的东西时,不要弯下身体翘起臀部,这是不优雅又不礼貌的。要利用下蹲和屈膝动作。具体的做法是脚稍分开,站在要拿或拾的东西旁边,屈膝蹲下,不要低头,也不要弯背,要慢慢弯下腰部拿取,以显文雅。若遇物较重还可利用腿力以免扭伤腰部。在茶艺馆服务中或茶艺表演中奉茶时,要考虑茶桌的高度,依茶桌高矮,采用以下几种优美的蹲姿。

交叉式蹲姿:下蹲时右脚向前,左脚在后,右小腿垂直于地面,全脚着地。左腿在后与右腿交叉重叠,左膝由后面伸向右侧,左脚跟抬起脚掌着地。两腿前后靠紧,合力支撑身体。臀部向下,上身稍前倾。

高低式蹲姿:下蹲时左脚向前,右脚在后(不重叠),两脚靠紧向下蹲,左脚全脚着地,小腿基本垂直于地面,右脚脚跟提起,脚掌着地。右膝低于左膝,右膝内侧靠于左小腿内侧,形成左膝高右膝低的姿态,臀部向下,基本上以右脚支撑身体。

男性茶艺人员可选用第二种蹲姿,两脚之间可有适当距离;而女性茶艺人员无论采用哪种蹲姿,都要注意将腿靠紧,臀部向下。如果头、胸和膝关节不在同一角度上,这样的蹲姿就更典雅优美。

第二节　茶艺常用礼节

人们所拥有的精神、思想、学识、修养等均可从得体的言语和动作中体现出来,这些表示尊敬的形式和仪式即为礼仪。礼仪动作贯穿于整个茶艺活动,表达出宾主之间互尊互重、优美和谐的情感。茶艺基本礼仪一般不采用动作幅度过于夸张的动作,而采用含蓄、温文尔雅的动作来表达谦逊与诚挚的情感。习茶第一要静,尽量用微笑、眼神、手势、姿势等示意,不主张用太多语言客套。习茶还要求稳重,因此调息静气是关键。一个小小的伸掌礼,动作轻柔而又表达清晰,观者并不觉得有用力感,其实行礼者必须掌握好用力分寸,气韵凝于手掌心,含而不露,不然的话也就是随便一甩手而已,既不美观也不尊重。下面简单介绍茶艺活动中的一些基本礼仪动作。

1. 鞠躬礼

　　茶道表演开始和结束,主客均要行鞠躬礼。有站式和跪式两种,根据鞠躬的弯腰程度可分为真、行、草三种。"真礼"用于主客之间,"行礼"用于客人之间,"草礼"用于说话前后。

　　站式鞠躬:"真礼"以站姿为预备,然后将相搭的两手渐渐分开,贴着两大腿下滑,手指尖触至膝盖上沿为止,同时上半身由腰部起倾斜,头、背与腿呈近90°的弓形(切忌只低头不弯腰,或只弯腰不低头),略作停顿,表示对对方真诚敬意,然后,慢慢直起上身,表示对对方连绵不断的敬意,同时手沿腿上提,恢复原来的站姿。鞠躬要与呼吸相配合,弯腰下倾时作吐气,身直起时作吸气,使人体背中线的督脉和脑中线的任脉进行小周天的循环。行礼时的速度要尽量与别人保持一致,以免尴尬。"行礼"要领与"真礼"相同,仅双手至大腿中部即可,头、背与腿约呈120°的弓形。"草礼"只需将身体向前稍作倾斜,两手搭在大腿根部即可,头、背与腿约呈150°的弓形,余同"真礼"。

　　坐式鞠躬:若主人是站立式,而客人是坐在椅(凳)上的,则客人用坐式答礼。"真礼"以坐姿为准备,行礼时,将两手沿大腿前移至膝盖,腰部顺势前倾,低头,但头、颈与背部呈平弧形,稍作停顿,慢慢将上身直起,恢复坐姿。"行礼"时将两手沿大腿移至中部,余同"真礼"。"草礼"只将两手搭在大腿根部,略欠身即可。

　　跪式鞠躬:"真礼"以跪坐姿为预备,背、颈部保持平直,上半身向前倾斜,同时双手从膝上渐渐滑下,全手掌着地,两手指尖斜相对,身体倾至胸部与膝间只剩一个拳头的空当(切忌只低头不弯腰或只弯腰不低头)。身体呈45°前倾,稍作停顿,慢慢直起上身。同时行礼时动作要与呼吸相配,弯腰时吐气,直身时吸气,速度与他人保持一致。"行礼"方法与"真礼"相似,但两手仅前半掌着地(第二手指关节以上着地即可),身体约呈55°前倾;行"草礼"时仅两手手指着地,身体约呈65°前倾。

2. 寓意礼

　　茶艺活动在民间发展中,逐步形成了不少带有寓意的礼仪动作。茶人们不用语言描述,相互之间就能明白对方的意思,这些动作被称为"寓意礼"。

　　寓意礼之一:凤凰三点头。右手提起水壶,靠近茶杯口注水,再提腕使水壶提升,接着再压腕将水壶靠近茶杯口继续注水,高冲低斟反复三次之后,恰好是茶杯的七分满所需水量,马上提腕旋转收水。这样的"三点头"寓意是向来宾三鞠躬,欢迎客人的到来。

寓意礼之二:双手内旋。在泡茶过程中,当进行回旋注水、斟茶、温杯、烫壶等动作时,如果要用到单手回旋,右手必须按逆时针方向、左手必须按顺时针方向动作,类似于招呼手势"来!来!来!"寓意是对客人表示欢迎;反之则表示挥斥,寓意是请客人赶紧离开。两手同时回旋时,按主手方向动作。

寓意礼之三:放置茶壶。茶壶表面的图案对着客人,表示对客人的欢迎与尊重。壶嘴不能正对他人,否则表示请人赶快离开。斟茶时七分满即可,"七分满"便于端杯啜饮,暗寓"七分茶三分情"之意,切不可太满,因为有"酒满敬人,茶满欺人"的说法。

另外,点茶有"主随客愿"的敬意。有杯柄的茶杯在奉茶时要将杯柄放置在来宾的右手面,所敬茶点要考虑取食方便,总之,应处处为他人考虑。

3.伸掌礼

这是茶艺活动中用得最多的示意礼。当主泡与助泡之间协同配合时,主人向来宾敬奉各种物品时都采用此礼。伸掌礼主要表示:"请"和"谢谢"。当两人面对面时,可均伸右手掌对答表示;若侧对时,右侧方伸右掌、左侧方伸左掌对答表示。

伸掌时,将手斜伸在所奉物品的旁边,四指自然并拢在一起,拇指自然内收,手掌略向内凹,手心中要有托着一个小气团的感觉。手腕要含蓄有力,行伸掌礼的同时也要欠身微笑点头,动作和谐,一气呵成。

4.奉茶礼

茶艺师端杯奉茶体现了对茶汤和对客人的尊敬,也是茶艺作品的最后呈现,这是关键的一个步骤。在日常生活中,即便是沏泡普通的一杯茶,也要体现茶艺精神和规矩要求,这一点尤其体现在奉茶礼上。奉茶礼因为有茶汤呈现,第一要务是安全的完美,茶汤安全地递送给饮者,并关注品饮过程的安全;第二要务是礼节的完美,使主宾之间的情感交流与默契达到恰好的气氛。

在奉茶时有下列几项要领要注意:

(1)距离

茶盘离客人不要太近,以免有压迫感,也不要太远,否则给人不易端取之感。客人端杯时,手臂弯曲的角度小于90°时,表示太近了;手臂必须伸直才能拿到杯子,表示太远了。

(2)高度

茶盘端得太高,客人拿取不易,端得太低,自己的身体会弯曲得太厉害,让客人能以45°俯角看到茶杯的汤面是适合的高度。

(3)稳度

奉茶时要将茶盘端稳,给人很安全的感觉。客人稳妥把茶杯端离盘面后才可以移动盘子。容易发生的错误是:客人才端到杯子就急着要离开,这时若遇到客人尚未拿稳,或想再调整一下手势,容易打翻杯子;另一个现象是走到客人面前,客人刚要伸手取杯,茶艺师突然鞠躬行礼,并说"请喝茶",连带茶盘也跟着往下降,害得客人拿不到杯子。

(4)位置

要考虑客人拿杯子的方便性,一般人惯用右手,从客人的正前方奉茶,要注意放在客人右手边,如果从客人的侧面奉茶,要从客人左侧奉茶,客人比较容易用右手拿起杯子,若杯子不是客人自取,而是奉茶者放置的,则在客人的右侧进行。如果知道他是惯用左手的,则反之。持茶盅水壶给客人加茶添水,在侧面进行,一般从客人的右侧,右手持壶盅添加;若需要取出客人的杯子添加,则左手持壶盅、右手取杯添加较妥。若用左手,手臂容易穿过客人的面前,或是太靠近客人的身体。

(5)饮者

客人要注意到有人前来斟茶而给予关注,对方斟完要行礼表示谢意,还要留意自己的杯子要放在易续茶的位置。

(6)礼节

奉茶时,走向客人后先行礼,再前进半步奉茶,起身时先退后半步,再行礼或说:"请喝茶"。奉茶时应该留意将头发束紧、不多说话、妆饰合理等礼节,还要注意奉茶时身体会不会妨碍到旁边的客人。

第三节　中国民间茶礼

1.民间茶礼

茶礼,又叫"茶银",是聘礼的一种。清代孔尚任《桃花扇·媚座》中有"花花彩轿门前挤,不少欠分毫茶礼",这说的是以茶为彩礼的习俗。明许次纾在《茶疏考本》中说:"茶不移本,植必子生。"古人结婚以茶为识,以为茶树只能从种子萌芽成株,不能移植,否则就会枯死,因此把茶看成是一种至性不移的象征。所以,民间男女订婚以茶为礼,女方接受男方聘礼,叫"下茶"或"茶定",有的叫"受茶",并有"一家不吃两家茶"的谚语。同时,还把整个婚姻的礼仪总称为"三茶六礼"。"三茶",就是订婚时的"下茶"、结婚时的"定茶"、同房时的"合茶"。"下茶"又有"男茶女酒"之称,即订婚时,男家除送如意庚帖外,还要送几缸绍兴酒。举行婚礼时,还要行三道茶仪式。三道茶者,第一道百果,第二道莲子、枣儿,第三道方是茶。吃的方式,第一道,接杯之后,双手捧之,深深作揖,然后向嘴唇一触,即由家人收去。第二道亦如此。第三道,作揖后才可饮。这是最尊敬的礼仪。在拉祜族婚俗中,男女双方确定成婚日期后,男方要送茶、盐、酒、肉、米、柴等礼物给女方,拉祜人常说:"没有茶就不能算结婚。"婚礼上必须请亲友喝茶。白族男女订婚、结婚都要送茶礼。云南中甸(香格里拉)一带的藏族青年,在节日和农闲时,打好酥油茶带到野外聚会,遇到姑娘们便邀请入座,如看中对方,可借敬茶的机会,抢过对方的帽子,然后离开人群,进行商谈;如不同意做配偶,就将帽子拿回。侗族在解除婚约时,采用"退茶"的礼仪。

茶礼的另一层意思是以茶待客的礼仪。我国是礼仪之邦,客来敬茶是我国人民传统的、最常见的礼节。早在古代,不论饮茶的方法如何简陋,茶也成为日常待客的必备饮料,客人进门,敬上一杯(碗)热茶,表达主人的一片盛情。在我国历史上,不论富贵之家或贫困之户,不论上层社会或平民百姓,莫不以茶为应酬品。

2. 细茶粗吃,粗茶细吃

在华北、东北,老年人来访,宜沏上一杯浓醇芬芳的优质茉莉花茶,并选用加盖瓷杯;如来客是南方的年轻妇女,宜冲一杯淡雅的绿茶,如龙井、毛尖、碧螺春等,并选用透明玻璃茶杯,不加杯盖;如来访者嗜好喝浓茶,不妨适当加大茶量,并拼以少量茶末,可做到茶汤味浓,经久耐泡,饮之过瘾;如来客喜啜乌龙茶,则用小壶小杯,选用安溪铁观音和武夷岩茶招待贵客;如家中只有低级粗茶或茶末,那最好用茶壶泡茶,只闻茶香,只品茶味,不见茶形。以上就是所谓"细茶粗吃,粗茶细吃"的道理。

3. 浅茶满酒

我国有"浅茶满酒"的讲究,一般倒茶或冲茶至茶具的 2/3 到 3/4,如冲满茶杯,不但烫嘴,还寓有逐客之意。泡茶水温也要因茶而异,乌龙茶需用沸水冲泡,并用沸水预先烫杯;其他茶叶冲泡水温为80~90℃;细嫩的茶末冲泡水温还可再低点。敬茶要礼貌。一定要洗净茶具,切忌用手抓茶,茶汤上不能漂浮一层泡沫或焦黑黄绿的茶末或粗枝大叶横于杯中。茶杯无论有无柄,端茶一定要在下面加托盘。敬茶时温文尔雅、笑容可掬、和蔼可亲,双手托盘至客人面前,躬腰低声说"请用茶";客人应起立说"谢谢",并用双手接过茶托。做客饮茶,也要慢啜细饮,边谈边饮,并连声赞誉茶叶鲜美和主人手艺,不能手舞足蹈,狂喝暴饮。主人陪伴客人饮茶时,在客人已喝去半杯时即添加开水,使茶汤浓度、温度前后大略一致。饮茶中,也可适当佐以茶食、糖果、菜肴等,达到调节口味的功效。总之,我们待客敬茶所遵循的就是一个"礼"字,我们待人接物所取的就是一个"诚"字。让人间真情渗透在一杯茶水里,渗透在每个人的心里。

4.谢茶的叩指礼

　　当别人给自己倒茶时,为了表示谢意,将食指和无名指弯曲后以指甲压着桌面似两膝跪在桌上,似叩头。这在我国的社交场合中是一种常见的礼节。传说乾隆微服南巡时,到一家茶楼喝茶,当地知府知道了这一情况,也微服前往茶楼护驾。到了茶楼,知府就在皇帝对面末座的位置上坐下。皇帝心知肚明,也不去揭穿,就像久闻大名、相见恨晚似的装模作样寒暄一番。皇帝是主,免不得提起茶壶给这位知府倒茶,知府诚惶诚恐,但也不好当即跪在地上来个"谢主隆恩",于是灵机一动,忙用手指作跪叩之状,以"叩手"来代替"叩首"。之后逐渐形成了现在谢茶的叩指礼。

5.敬茶的平等心

　　相传,清代大书法家、大画家郑板桥去一个寺院,方丈见他衣着俭朴,以为是一般俗客,就冷淡地说了句"坐",又对小和尚喊"茶"。一经交谈,顿感此人谈吐非凡,就引进厢房,一面说"请坐",一面吩咐小和尚"敬茶"。又经细谈,得知来人是赫赫有名的"扬州八怪"之一的郑板桥时,急忙将其请到雅洁清静的方丈室,连声说"请上坐",并吩咐小和尚"敬香茶"。最后,这个方丈再三恳求郑板桥题词留念,郑板桥思忖了一下,挥笔写了一副对联。上联是"坐,请坐,请上坐";下联是"茶,敬茶,敬香茶"。方丈一看,羞愧满面,连连向郑板桥施礼,以示歉意。实际上,敬茶是要分对象的,但不是以身份地位,而是应视对方的不同习俗。如果是北方人特别是东北人来访,与其敬上一杯上等绿茶,倒不如敬上一杯上等的茉莉花茶,因他们一般喜欢喝茉莉花茶。

第三章

茶知：大学生理论素养

依据加工方法及其茶多酚类物质的氧化程度不同,中国现代生产的茶叶从初制的角度可分为绿茶、白茶、黄茶、乌龙茶(青茶)、红茶和黑茶6个大类。

第一节　中国现代基本茶类及其品质特征

1. 绿茶

绿茶是一种不发酵茶类。绿茶加工工序是:杀青→揉捻→干燥。

它是利用高温(锅炒或蒸汽)杀青,钝化了酶的活性,制止多酚类物质的酶性氧化,保持清汤绿叶的特色。在一般情况下,绿茶的品质在杀青工序中已基本形成,以后的工序只不过在杀青的基础上进行造型、蒸发水分、发展香气。因此,杀青工序是绿茶品质形成的基础。绿茶类的品质特征是清汤、绿叶,俗称三绿——干茶绿、茶汤绿、叶底绿。在内质上要求香气高爽、滋味鲜醇。但不同的花色品种,品质上仍有各自特色。

由于杀青和干燥方法不同,绿茶分为蒸青绿茶、炒青绿茶、烘青绿茶和晒青绿茶4类。

（1）蒸青绿茶

蒸青绿茶是最古老的茶类。唐代出现的蒸青散茶延续至今仍在不少地方保留着类似的制法。如湖北省的恩施玉露、江苏宜兴的阳羡茶等。如今日本生产的玉露茶、煎茶以及茶道惯用的"抹茶"等都是蒸青茶。

蒸青茶制法:除少量手工炒制外,目前以机制为主。其制作工艺流程是:鲜叶→蒸汽杀青→粗揉→中揉→精揉→烘干→成品。

蒸青绿茶的品质特点:干茶呈棍棒形,色泽绿,茶汤浅绿明亮,叶底青绿,香气鲜爽,滋味醇和清鲜。日本人称这种蒸青绿茶为具有真色、真香、真味的天然风味茶。

（2）炒青绿茶

炒青绿茶在我国为产量最多、分布最广的一种茶,起始于明代(蒸变炒)。因成品的外形不同又分为以下4种:①长炒青:如江西婺源的婺绿炒青,安徽屯溪、休宁的屯绿炒青,浙江淳安、遂昌的遂绿炒青,浙江温州的温绿炒青等。精制加工后的产品统称为眉茶,主要用于外销。②圆炒青绿茶:即珠茶,是浙江特产。特点是外形浑圆紧结,香高味浓耐冲泡。主销西北非国家。③扁炒青绿茶:如龙井、大方等。产于浙江、安徽等省。④卷曲炒青绿茶:如碧螺春等,产于江苏省。

炒青类绿茶有长条形、圆形、扁形、卷曲形等不同形状,这些都是在杀青以后用各种不同造型手法制成。其基本工艺是:杀青→揉捻(或不揉捻,只在锅中进行造型)→炒干。

炒青类绿茶因为是在炒锅中完成,所以有以下品质特点。

外形:色泽绿润,呈条、圆、扁或卷曲。要求紧结匀整。

内质:栗香居多,也有清香型。要求香气持久、滋味浓醇爽口、汤色绿亮、叶底黄绿明亮。

(3)烘青绿茶

烘青绿茶简称烘青。通常直接饮用者不多,常用作窨制花茶的茶坯。另外,也可采摘细嫩芽叶制成毛峰茶,如黄山毛峰、太平猴魁、华顶云雾、永川秀芽等,都属此类。

烘青绿茶的基本制法:杀青→揉捻造型→烘干。

烘青绿茶的品质特点:一般是条索细紧完整,显峰毫;色泽深绿油润,细嫩者茸毛特多;香气清香,滋味鲜醇;汤色清澈明亮;叶底匀称,嫩绿明亮。

(4)晒青绿茶

晒青绿茶主产于云南、四川、湖北、广西、陕西等省、自治区。除部分作散形茶饮用外,大部分晒青茶原料粗老,多用于制紧压茶。如青砖、康砖、沱茶等。晒青绿茶中,质量以云南大叶种所制的滇青为最好。以滇青茶为例,其制法是:杀青→揉捻(特别粗老者不揉捻晒干)→晒干。

滇青茶品质特点:外形条索粗壮肥硕,白毫显露,色泽深绿油润,香味浓醇,富有收敛性,耐冲泡,汤色黄绿明亮,叶底肥厚。

2.白茶

白茶属于微发酵茶,是我国的特产,其他产茶国家都不产白茶。最早是福建省的福鼎于1885年生产银针;而生产白牡丹是福建省建阳的水吉,至今白茶只在福建的福鼎、福安、政和、松溪、建阳等部分地区生产。

白茶大部分用于外销。银针过去销往俄罗斯、德国、法国和爱尔兰等地;白牡丹销往我国香港地区和东南亚国家。

白茶品质特点:白茶多用细嫩的大白茶芽叶为原料。成茶外表为白毫所披覆,呈白色,故称白茶。在初制技术上不炒不揉,只晾晒或结合烘干,以保持茶叶之原型。

白茶有芽茶和叶茶之分,共有4个花色品种。单芽制成称银针,叶片制成称寿眉或贡眉,芽叶不分离的称白牡丹。

白茶的品质特征以白牡丹为代表,外形芽叶连枝,叶态自然,叶背垂卷。两叶合抱心,绿叶夹银芽,形似牡丹花朵,故称白牡丹。由于白牡丹的芽呈银白色而芽毫显露,叶面是灰绿色,叶背满披白毫,故以"青天白地"来形容;白牡丹的外形要求芽叶完整连枝、肥壮,叶面波纹隆起,切忌断碎;内质香气清鲜,毫香显,滋味鲜醇;汤色杏黄,清澈明亮;叶底嫩绿或淡绿,叶脉微红。

以大白茶品种与水仙品种分别制成的白牡丹称大白或水仙白。两种产品特征有所差别。大白茶芽叶肥壮,叶色黛绿,香味清鲜甘醇;水仙白叶张肥厚,毫心长,叶色墨绿,香味清芬甜醇。

贡眉外形比白牡丹瘦小,白毫少,叶灰绿带黄色。寿眉不带毫芽,叶灰绿带黄色,香较低,味较淡,汤色浅,叶底较粗硬。

白茶的加工,由萎凋、烘焙两道工序完成。虽然白茶工艺简单,但鲜叶通过长时间的自然萎凋及加工处理,在适宜的温、湿、气、热条件下,其形态发生了深刻的物理与化学变化,形成了白茶特有的外形与内质品质特征。

(1)白毫银针的制法与品质特点

白毫银针在福鼎、政和两地制法不同。福鼎银针,亦称北路银针。特点是茶芽肥大、茸毛厚、水色晶莹。制法简单,将鲜叶置于强日光下晒至七成干,然后文火烘至足干。政和所产银针亦称西路银针。其特点是茶芽瘦长,茸毛略厚,外形较福鼎差,但香气芬芳,滋味较好。其制法是将芽叶薄摊于筛子上,每筛半斤(250克),在通风处(或太阳下)晾晒至七八成干,然后在烈日下晒至足干。

(2)白牡丹和寿眉的制法与品质特点

白牡丹用水仙品种,采用一次性全阴干或半阴干半烘干法制成。它不揉、不炒,因此白牡丹的叶色灰绿带黄,稍呈银白光泽,夹以银白毫心,形如牡丹花的花朵。水色橙黄清澈,清香微甜。寿眉用银针采后留下的单片或短小芽叶制成,制法与银针相同,只是原料不同而已。

3.黄茶

黄茶属轻微发酵茶。黄茶有黄芽茶、黄大茶、黄小茶等花色品种。黄茶产于安徽、四川、湖南、浙江等地。由于鲜叶原料老嫩程度不同而分为以下几种:以单芽制成的黄茶有君山银针、蒙顶黄芽等黄芽茶,以1芽2叶制的黄茶叫黄小茶或黄汤,以1芽4~5叶制的称黄大茶。

黄大茶主销山东、苏北;黄小茶、黄汤主销华北、辽宁营口,天津、北京次之。

黄茶共同的品质特点:黄汤黄叶,香气清悦,滋味醇厚。黄大茶是叶大梗长,成茶有自然金黄色,具有焦糖香气,色黄绿,叶尖呈黑绿色,开汤后叶底黄红色。黄小茶为黄汤,汤色黄而鲜亮,品质细嫩,叶底嫩黄。

黄大茶、黄小茶的制造:黄茶的制造工艺与绿茶基本相似,只是多了一个焖黄过程,即杀青→揉捻→堆积焖黄→干燥。

4. 乌龙茶(青茶)

乌龙茶属半发酵类茶,是介于不发酵(绿茶)或全发酵(红茶)之间的一类茶叶,因其外形色泽青褐,因此也称青茶。乌龙茶冲泡后叶片上有红有绿。典型的乌龙茶叶片中间呈绿色,叶缘呈红色,素有"绿叶红镶边"之美称。这是由于乌龙茶制造过程中的摇青做青工序,使叶缘碰撞破损红变所致。

乌龙茶成品外形紧结重实,干茶色泽青褐,香气馥郁,有天然花香味;汤色金黄或橙黄,清澈明亮,滋味醇厚,鲜爽回甘。高级乌龙茶具有特殊的韵味,如武夷岩茶具有"岩韵"、铁观音具有"观音韵"、台湾冻顶乌龙具有"风韵"等品质风格。

乌龙茶产于福建、广东和台湾地区。在福建崇安县武夷山被称为闽北乌龙,多数是一种条形乌龙茶;产于福建安溪一带的,称闽南乌龙,多数呈半球形;产于广东潮州一带的,称潮州乌龙,呈条形,又称单枞乌龙等。台湾生产的乌龙茶,有半球形的,如冻顶乌龙;也有呈条形的,如文山包种茶。

乌龙茶加工的基本工艺:鲜叶→晒青→做青(摇青、晾青)→杀青→揉捻→烘焙→毛茶。

做青是乌龙茶加工最关键的工艺(过去的做青过程是在水筛上进行,用手转动筛子同时两手搓叶,使叶缘相互摩擦,叶细胞破碎而红变;现在改用摇青机,转动摇青机使叶缘摩擦损伤)。乌龙茶的品质特征主要是在晒青、摇青的过程中形成的。

乌龙茶因产地不同,加工工艺可分为三种类型。

闽北与广东乌龙茶加工工艺基本相似,重晒青(或室内加温萎凋)、重摇青,即发酵程度相对较重;没有包揉造型工艺。

传统的闽南乌龙茶加工工艺晒青(加温萎凋)、摇青较轻,即发酵程度比闽北乌龙茶轻;有包揉造型工艺,即杀青→揉捻(热揉)→包揉→复包揉,包揉反复进行数次。

台湾和闽南仿台式(轻发酵)乌龙茶晒青(加温萎凋)、摇青较轻,即发酵程度轻,基本上保持绿叶绿汤的品质特征;有包揉造型工艺,即杀青→揉捻(冷揉)→包揉→复包揉,包揉反复进行多次。主要是在日晒、做青过程形成,通过晒青发生生化转化的结果。

5.红茶

红茶是全发酵茶类。红茶的鲜叶原料与绿茶基本相同,只是不经高温杀青,而是采用萎凋、揉捻,然后经过发酵,使叶子变红后烘干而制成。

红茶加工工序:萎凋→揉捻(或揉切)→发酵→干燥。红茶品质特征:红汤红叶。红茶可分为:小种红茶、工夫红茶和红碎茶三大类。

(1)小种红茶

小种红茶是福建省特有的一种条形红茶,是红茶历史上最早出现的一个茶类,因为制法特殊,在烘干时采用松柴明火烘干,因此成茶有松烟香味。著名的小种红茶有正山小种、外山小种和烟小种。正山小种产于福建崇安县桐木关、星村;外山小种产于武夷山以外的福建省坦洋、政和、屏南、古田等地;烟小种为工夫红茶的粗老茶,经烟熏加工而成。

正山小种红茶的品质特征:外形叶色乌黑,条索紧直粗壮;内质香气高,微带松烟香;汤色红浓,滋味浓而爽口,活泼甘醇,似桂圆汤味。

正山小种红茶的制法:萎凋→揉捻→发酵→过红锅→复揉→烟焙。

(2)工夫红茶

工夫红茶是细紧条形红茶。产于全国 10 余个省、自治区,是中国传统出口红茶类,远销东、西欧等 60 多个国家和地区。著名的工夫红茶有安徽的祁红、云南的滇红、广东的英红、福建的闽红、江西的宁红、湖北的宜红等。

工夫红茶原料细嫩,制工精细,外形条索细嫩紧直、匀齐,色泽乌润,香气馥郁,滋味醇和而甘浓,汤色叶底红艳而明亮,具有形、质兼优的品质特征。

工夫红茶的制法:鲜叶→萎凋→揉捻成条→发酵→烘干。

(3)红碎茶

在加工时经切碎而制成颗粒形的红茶。印度、斯里兰卡主产这种茶叶,中国是20 世纪 60 年代以后才开始大量生产的,是国际市场上的主产品。红碎茶冲泡时茶汁浸出快、浸出量大,适宜于一次性冲泡加糖加奶饮用,是国际上"袋泡茶"的主要原料。

红碎茶的基本制法:鲜叶萎凋→揉切→发酵→烘干。

红碎茶按外形形状分为茶叶(OP,FOP)、碎茶(FBOP,BOP)、片茶(BOPF,F)和末茶(D)四大花色。叶茶呈短条状显毫,碎茶呈颗粒状,片茶呈皱折状,末茶呈沙粒状。红碎茶的品质要求是:叶色乌润(红而不枯),汤色红亮,滋味浓、强、鲜。中国的红碎茶因产区、茶树品种、初制工艺上的区别,品质风格也有明显差异。

中国的红碎茶有四套标准样,一、二套样为大叶种地区生产,三、四套样为中、小种地区生产。

大叶种产区的红碎茶,一般干茶成品壮实,紧结匀齐显毫,汤色红艳,香气鲜浓(鲜爽),叶底红亮,滋味浓强,富刺激性。中小叶种茶区的红碎茶,干茶成品香气清香,滋味尚浓爽,但浓强度较差。

6. 黑茶

黑茶是一种后发酵茶。因初制成黑毛茶后,在再加工成紧压茶时仍有发酵,故称后发酵茶。

黑茶是我国主要茶类之一,因茶叶颜色呈黑色,故称为黑茶。

黑茶产制历史悠久。四川在 11 世纪时就用绿毛茶做色制成黑茶销往西北。湖南安化黑毛茶起始年代不明。但在安化县第五区苞藏园一家姓张的茶园里,现在还竖立着雍正八年(1730 年)黑茶禁碑。按此推算,安化黑茶已有将近 300 年的历史了。

现在黑茶产地有湖南的安化、新化、桃园、常德、汉寿、益阳、武陵、宁乡,湖北的咸宁、蒲圻、通山、通城,四川的灌县、彭县、崇庆、汶川、安县、绵阳、北川,云南的凤庆、勐库、景东、景春、昌宁、临沧和下关以及广西苍梧等地。

黑茶一般原料较粗老,分为散茶和紧压茶两类。散叶茶有天尖、贡尖、生尖和普洱散茶、六堡茶等;紧压茶是黑毛茶的再加工产品,有花卷、茯砖、黑砖、青砖、沱茶、七子饼茶等。黑毛茶的品质特点一般是色泽乌黑油润;滋味醇厚,香气持久;汤色黄褐或橙黄;条索粗卷欠紧结。

黑茶的制造工艺分初制和压制两个部分。压制属紧压茶压制技术,本节不加论述。这里只介绍黑茶的初制。黑茶虽然产地不同,其种类繁多,但都有共同特点,即鲜叶原料较粗老,都有渥堆变色工序,这是形成黑茶的关键工艺。有的在杀青以后渥堆,如四川南路边茶的做庄茶;有的在揉捻以后湿坯渥堆,如湖南黑毛茶、广西六堡茶;也有的在晒干以后再加水发酵渥堆,如普洱茶。现以湖南黑毛茶和云南普洱茶为例,将其初制工艺和品质特点说明如下。

(1)湖南黑毛茶

湖南黑毛茶原产于安化,现在已扩大到益阳、桃江、宁乡、汉寿、临湘等地。

黑毛茶原料以青梗新梢为对象,一般要长大到 1 芽 4~5 叶或对夹叶时才开采。黑茶采摘标准较粗老,故常用半月形的采茶刀套在手指上割采。

湖南黑毛茶初制工序:杀青→揉捻→渥堆→复揉→干燥。

湖南黑毛茶品质特点：外形叶张肥大，条索卷折，色泽油黑；汤色橙黄，香味醇厚，有松烟香味；叶底黄褐色。

（2）云南普洱茶

普洱茶是以云南大叶种茶树鲜叶为原料制造而成。制造工艺是先经杀青→揉捻→晒干制成晒青毛茶，称滇青；而后经洒水渥堆→晾干→筛分制成普洱茶。

渥堆是普洱茶加工的关键工序。晒青毛茶在泼水后，经若干天堆积发酵，形成普洱茶的品质特征：汤色浓，明亮（褐红色或棕红色）；滋味甘滑醇厚，香气独特陈香；叶底呈猪肝色。

第二节　茶叶的地理特征

1.茶树原产地

茶树原产地是茶树最初形成的渊源地。中国的西南部和南部沿北回归线两侧是山茶科植物的主要分布区域，也是茶树的原产地。1753 年瑞典的林奈（C. Linnaeus）将茶树定名为"Theasznenszs"，意为中国茶树。1824 年英国的布鲁士（R. Bruce）在印度发现野生茶树后，原产地问题便为植物学家们关注。先后形成四种论点。

①原产中国说。中国发现和利用茶树已有 2 000 余年历史，秦汉成书的《尔雅·释木篇》中已有"梗，苦荼也"的记载；唐代陆羽《茶经》中已有"两人合抱"的大茶树。至 20 世纪 90 年代，中国 11 个省（自治区）200 多处发现有野生大茶树；中国的西南部是茶资源遗传多样性中心，生长有各种类型的茶树，如云南省镇沅、景东、勐海、澜沧、师宗等地都有树龄近千年、树高 20 多米、干径超过 1 米的古茶树；中国西南具有特殊的地理环境，有寒温热三带气候，在复杂的地形中有未遭受过冰川侵袭的地区，自古便是许多古老植物或新生孤立类群的发源地。

②原产印度说。英国和日本的少数学者主此说，以 19 世纪和 20 世纪初发现的野生大茶树为根据。

③原产东南亚说。以 1958 年英国艾登《茶》一书为代表观点，认为中印边境的伊洛瓦底江发源地是原产地。

④二元说。大叶茶原产在中国的四川、云南和越南、缅甸、泰国、印度等地，小叶茶原产中国的东部和东南部。1949 年后，中国茶树种质资源研究工作进展显著，遗传多样性、形态特征、生化成分、细胞结构、染色体、同工酶、分子生物学等各

项研究,均支持中国是茶树原产地的论点。

茶树起源中心是指茶树最初形成的中心地区。学术界尚有争论。中国学者多数认为滇、桂、黔毗邻区为起源中心,因该地区积集丰富的初级基因源,即具有多种原始性状的茶树,如大厂茶、广西茶、厚轴茶、大理茶等。在由起源中心向外传播的过程中,由于变异的增加和积累,又会形成次生中心或第二起源中心,如滇西南、川南黔北毗邻区以及鄂西三峡区。

2.绿茶生产区域

(1)绿茶生产区域

①华南茶区。华南茶区位于大樟溪、雁石溪、梅江、连江、浔江、红水河、南盘江、无量山、保山、盈江以南、福建南部、台湾地区、广东中南部、海南、广西南部、云南南部等地区。该区域气温高、湿度大,冬暖夏长,年平均气温在18～22℃,年降雨量多在1 500～2 000毫米,全年采茶期长达9个月,绿茶品种丰富,品质优良。

②江南茶区。江南茶区包括福建中北部、广东北部、广西北部、浙江、湖南、江西、湖北南部、安徽南部以及江苏南部。该区域年平均温度在15～18℃,年降雨量在1 400～1 600毫米。由于该茶区冬季受到北方冷气团侵袭,温度多降至0℃以下,不适宜种植大叶种茶树,但适合栽种中型圆叶种及小叶种茶,尤其适制绿茶。

③西南茶区。西南茶区位于米仓山、大巴山以南,红水河、南盘江、盈江以北,神农架、巫山、方斗山、武陵山以西,大渡河以东,包括贵州、重庆、四川、云南中北部和西藏东南部地区。该区域地形复杂,产茶种类也有差异。除四川东南部与云南西南部气温较高外,其他地区适宜栽种绿茶。四川盆地和云贵高原气候温和,无强风烈日,冬暖夏凉,年平均气温在15～19℃,年降雨量在1 000～1 700毫米,土层深厚,排水良好,沿河密布高大的野生茶树,已被公认为世界茶树的原产地。

④江北茶区。江北茶区南起长江,北至秦岭、淮河,西起大巴山,东至山东半岛,包括甘肃南部、陕西南部、河南南部、湖北北部、安徽北部、江苏北部、山东东南部等地区,是我国最北的茶区。该区域地形复杂,气温在12～15℃,冬冷夏热、温差大,年降水量常在1 000毫米以下。土壤多为黄棕土,不少茶区酸碱度略偏高,以种植耐寒、抗旱的小叶茶树为主。

(2)各省绿茶

①浙江省。绿茶有杭州的西湖龙井、莲芯、雀舌、莫干黄芽,天台的华顶云雾,嵊县的前岗辉白、平水珠茶,兰溪的毛峰,建德的苞茶,长兴的顾渚紫笋,景宁的金奖惠明茶,乐清的雁荡毛峰,天目山的天目青顶,普沱的佛茶,淳安的大方、千岛玉

叶、鸠坑毛尖,象山的珠山茶,东阳的东白春芽、太白顶芽、桐庐的天尊贡芽,余姚的瀑布茶、仙茗,邵兴的日铸雪芽,安吉的白茶,金华的双龙银针,婺州的举岩、翠峰,开化的龙顶,嘉兴的家园香茗,临海的云峰、蟠毫,余杭的径山茶,遂昌的银猴,盘山的云峰,江山的绿牡丹,松阳的银猴,仙居的碧绿,泰顺的香菇寮白毫,富阳的岩顶,浦江的春毫,宁海的望府银毫,诸暨的西施银芽等。

②安徽省。绿茶有休宁、歙县的屯绿,黄山的黄山毛峰、黄山银钩,六安的瓜片、齐山名片,太平的太平猴魁,休宁的休宁松萝,泾县的涌溪火青、泾县特尖,青阳的黄石溪毛峰,歙县的老竹大方、绿牡丹,宣城的敬亭绿雪、天湖凤片、高峰云雾茶,金寨的齐山翠眉、齐山毛尖,舒城的兰花茶,桐城的天鹅香茗、桐城小花,九华山的闵园毛峰,绩溪的金山时茶,休宁的白岳黄芽、茗洲茶,潜山的天柱剑毫,岳西的翠兰,宁国的黄花云尖,霍山的翠芽,庐江的白云春毫等。

③江西省。绿茶有庐山的庐山云雾,遂川的狗牯脑茶,婺源的茗眉、大鄣山云雾茶、珊厚香茶、灵岩剑峰、梨园茶、天舍奇峰,井冈山的井冈翠绿,上饶的仙台大白、白眉,南城的麻姑茶,修水的双井绿、眉峰云雾、凤凰舌茶,临川的竹叶青,宁都的小布岩茶、翠微金精茶、太沽白毫,安远的和雾茶,兴国的均福云雾茶,南昌的梁渡银针、白虎银毫、前岭银毫,吉安的龙舞茶,上犹的梅岭毛尖,永新的崖雾茶,铅山的苦甘香茗,遂川的羽绒茶、圣绿,定南的天花茶,丰城的罗峰茶、周打铁茶,高安的瑞川黄檗茶,永修的攒林茶,金溪的云林茶,安远的九龙茶,宜丰的黄檗茶,泰和的蜀口茶,南康的窝坑茶,石城的通天岩茶,吉水的黄狮茶,玉山的三清云雾等。

④四川省。绿茶有蒙山的蒙顶茶、蒙山甘露、蒙山春露、万春银叶、玉叶长春,雅安的峨眉毛峰、金尖茶、雨城银芽、雨城云雾、雨城露芽,灌县的青城雪芽、邛崃的文君绿茶,峨眉山的峨芯、竹叶青,雷波的黄郎毛尖,达县的三清碧兰,乐山的沫若香茗。

⑤江苏省。绿茶有宜兴的阳羡雪芽、荆溪云片,南京的雨花茶,无锡的二泉银豪、无锡毫茶,溧阳的南山寿眉、前峰雪莲,江宁的翠螺、梅花茶,苏州的碧螺春,金坛的雀舌、茅麓翠峰、茅山青峰,连云港的花果山云雾茶,镇江的金山翠芽等。

⑥湖北省。绿茶有恩施的玉露,宜昌的邓村绿茶、峡州碧峰、金岗银针、随州的车云山毛尖、棋盘山毛尖、云雾毛尖,当阳的仙人掌茶,大梧的双桥毛尖,红安的天台翠峰,竹溪的毛峰,宜都的熊洞云雾,鹤峰的容美茶,武昌的龙泉茶、剑毫,咸宁的剑春茶、莲台龙井、白云银毫、翠蕊,保康的九皇云雾,蒲圻的松峰茶,隆中的隆中茶,英山的长冲茶;麻城的龟山岩绿,松滋的碧涧茶,兴山的高岗毛尖,保康的银芽等。

⑦湖南省。绿茶有长沙的高桥银峰、湘波绿、河西园茶、东湖银毫、岳麓毛尖,

郴县的五盖山米茶、郴州碧云,江华的毛尖,桂东的玲珑茶,宜章的骑田银毫,永兴的黄竹白毫,古丈的毛尖、狮口银芽,大庸的毛尖、青岩茗翠、龙虾茶,沅陵的碣滩茶、官庄毛尖,岳阳的洞庭春、君山毛尖,石门的牛抵茶,临湘的白石毛尖,安化的安化松针,衡山的南岳云雾茶、岳北大白,韶山的韶峰,桃江的雪峰毛尖,保靖的保靖岚针,慈利的甑山银毫,零陵的凤岭容诸笋茶,华容的终南毛尖,新华的月牙茶等。

⑧其他省份。福建省绿茶有南安的石亭绿,罗源的七境堂绿茶,龙岩的斜背茶,宁德的天山绿茶,福鼎的莲心茶等。云南省绿茶有勐海的南糯白毫、云海白毫、竹筒香茶,宜良的宝洪茶,大理的苍山雪绿,墨江的云针,绿春的玛玉茶,牟定的化佛茶,大关的翠华茶等。广东省绿茶有高鹤的古劳茶、信宜的合箩茶等。广西壮族自治区绿茶有桂平的西山茶,横县的南山白毛茶,凌云的凌云白毫,贺县的开山白毫,昭平的象棋云雾,桂林的毛尖,贵港的覃塘毛尖等。河南省绿茶有信阳的信阳毛尖,固始的仰天雪绿,桐柏的太白银毫等。山东省绿茶有日照的雪青、冰绿等。贵州省绿茶有贵定的贵定云雾,都匀的都匀毛尖,湄潭的湄江翠片,遵义毛峰,大方的海马宫茶,贵阳的羊艾毛峰,平坝的云针等。陕西省绿茶有西乡的午子仙毫,南郑的汉水银梭,镇巴的秦巴雾毫,紫阳的紫阳毛尖、紫阳翠峰,平利的八仙云雾等。

3.白茶生产区域

白茶主要产于福建福鼎、建阳、政和、松溪等地,包括"白芽茶""白叶茶"两类。"白芽茶"产于福建的福鼎、政和、建阳等地,浙江泰顺也有少量生产。产于福鼎的采用烘干方式,亦称"北路银针";产于政和的采用晒干方式,亦称"南路银针"。"白牡丹"是叶状白芽茶,产于福建建阳、政和、松溪、福鼎等县。"贡眉"亦称"寿眉",产于福建建阳、建瓯、浦城等地。"太姥银针"产于福建省福鼎县太姥山。此外,还有产于广西桂林的"漓江春白茶",广西百色市凌云县的"月芽白茶",江西上饶周圩茶场的"仙台大白",广东省韶关市的"水墨幽兰"。

4.黄茶生产区域

茶树原生长在亚热带地区,具有喜温暖、好湿润的特性,所以世界上绝大多数茶区(产茶国)处于亚热带和热带气候区域,分布于南纬33°以北和北纬49°以南的五大洲上,尤以南纬16°至北纬20°的茶区,最适于茶树生长。我国黄茶主要出产于湖南、湖北、四川、安徽、浙江和广东等省,其他省份也有少量生产。黄茶是我国独有的茶类,其按鲜叶老嫩和芽叶大小又分为黄小茶、黄大茶和黄芽茶。

（1）黄小茶的主要产区

黄小茶是采摘细嫩芽叶加工而成,主要包括湖南岳阳的"北港毛尖"、湖南宁乡的"沩山白毛尖"、湖北远安的"远安鹿苑"、安徽的"皖西黄小茶"和浙江省平阳一带的"平阳黄汤"。"北港毛尖"属于黄茶里的一种上等茶叶,是我国的特产,也是古代的皇室专用黄茶。

（2）黄大茶的主要产区

黄大茶是采摘1芽2~3叶甚至1芽4~5叶为原料的茶树鲜叶制作而成。主要包括安徽霍山的"霍山黄大茶",安徽金寨、六安、岳西和湖北英山所产的"黄大茶"和广东韶关、肇庆、湛江等地的"广东大叶青"。安徽的"霍山黄大茶"中又以霍山大化坪金鸡山的金刚台所生产的黄大茶最为名贵;"广东的大叶青"为广东的特产,其产地为广东省韶关、肇庆、湛江等县市。

（3）黄芽茶的主要茶区

黄芽茶是采摘芽1~2叶初展为原料的茶树鲜叶制作而成。主要有"君山银针""蒙顶黄芽""霍山黄芽"和"莫干黄芽",其中最名贵的是产于湖南省岳阳市君山岛的"君山银针"和四川省名山县蒙山的"蒙顶黄芽","君山银针"清代纳入贡茶,而蒙顶茶自唐开始,直至明、清皆为贡品,为我国历史上最有名的贡茶之一。

5.乌龙茶生产区域

乌龙茶按产地有福建乌龙茶、广东乌龙茶和台湾乌龙茶之分,其中,福建乌龙茶又可分为闽北乌龙茶和闽南乌龙茶。

闽北乌龙茶主要产于福建北部武夷山一带,主要有产于武夷山岩壑中的"武夷岩茶",武夷山九龙窠高岩峭壁上的"大红袍"、武夷山慧苑内鬼洞(一说在竹窠岩)的"铁罗汉"、武夷山慧苑洞火焰峰下外鬼洞(一说为武夷山文公祠后山)的"白鸡冠"、原植于武夷山杜葛寨峰下天心寺庙的"水金龟"并称"四大名丛"。闽北乌龙茶还有分布在武夷山水帘洞、三仰峰、马头岩、桂林岩及九曲溪畔的"武夷肉桂",福建政和的"白毛猴",福建武夷山市及建瓯的"八角亭龙须茶",福建建瓯、建阳水吉、武夷山等地的"莲心茶",福建建瓯、建阳、武夷山的"闽北水仙",建瓯、建阳等地的"闽北乌龙"。

闽南乌龙茶主产于福建南部安溪、永春、南安、同安等地。主要有原产于福建安溪西坪乡的"铁观音",福建安溪虎邱乡(一说罗岩乡)的"黄金桂",福建永春的"永春佛手",福建安溪福美乡的"毛蟹",福建漳州平和一带的"白芽奇兰",福建安溪芦田三洋村的"梅占",福建安溪长坑蓝田一带的"大叶乌龙",福建南部及广东潮汕一带的"八仙茶",福建明溪雪峰农场的"雪峰佛手",还有闽南色钟和本山等。

广东乌龙茶主产于广东东部地区。主要有广东潮安凤凰乡乌崇山的"凤凰单丛",广东潮安凤凰乡的"凤凰水仙",广东饶平的"岭头单丛",广东潮安凤凰乡石古坪村及大质山脉一带的"石古坪乌龙",广东饶平的"饶平色种",广东饶平平溪乡岭头、大团和饶洋镇西岩山的"大叶奇兰",广东兴宁茶林场的"兴宁奇兰",广东梅州白宫镇明山嶂的"白叶单丛"。

台湾乌龙茶源于福建。主要有台湾台北、宜兰、桃园、新竹、苗栗、嘉义、南投、花莲、台东、屏东等市、县的"台湾包种",台湾地区新北市坪林、石碇、新店、汐止、深坑等地的"文山包种",台湾地区南投县鹿谷乡的"冻顶茶",台湾地区台北市木栅区(现为文山区)的"木栅铁观音",台湾地区中部、东部嘉义、南投、台东等县海拔 800 米以上高山新茶区的"高山乌龙",台湾地区桃园、新竹、苗栗等县的"白毫乌龙",台湾地区新竹县北浦乡、峨嵋乡的"东方美人",台湾地区新竹县北浦乡、峨嵋乡以及苗栗县头屋、头份、三湾一带的"香槟乌龙",新竹茶区的"膨风茶",台湾地区新北市石门乡的"石门铁观音",台湾地区台北市木栅区和新北市石门乡的"浓味乌龙茶",台湾地区苗栗县头屋、头份、三湾一带的"福寿茶",台湾地区南投县名间乡松柏岭一带的"松柏长青茶",台湾地区南投县竹山镇及台湾各新茶区的"竹山金萱",台湾地区桃园县龟山乡的"寿山茶",台湾地区嘉义县阿里山乡、竹崎乡的"阿里山珠露茶",台湾地区苗栗县头屋乡的"明德茶"。

6.红茶生产区域

茶树原生长在亚热带地区,具有喜温暖、好湿润的特性,所以世界上绝大多数茶区(产茶国)处于亚热带和热带气候区域,分布于南纬33°以北和北纬49°以南的五大洲上,尤以南纬16°至北纬20°的茶区最适于茶树生长。20 世纪,地球上已有58 个国家引种了茶树,并在不同程度上发展了红茶生产。其中,亚洲20 个国家,包括中国、印度、斯里兰卡、印度尼西亚、日本、土耳其、孟加拉国、伊朗、缅甸、越南、泰国、老挝、马来西亚、柬埔寨、尼泊尔、菲律宾、朝鲜、韩国、阿富汗和巴基斯坦;非洲21 个国家,包括肯尼亚、马拉维、乌干达、坦桑尼亚、莫桑比克、卢旺达、马里、几内亚、毛里求斯、南非、埃及、刚果、喀麦隆、布隆迪、扎伊尔、罗得西亚、埃塞俄比亚、留尼汪岛、摩洛哥、阿尔及利亚和津巴布韦;美洲12 个国家,包括阿根廷、巴西、秘鲁、哥伦比亚、厄瓜多尔、危地马拉、巴拉圭、牙买加、墨西哥、玻利维亚、圭亚那和美国;大洋洲3 个国家,包括巴布亚新几内亚、斐济和澳大利亚;欧洲的产茶国为葡萄牙和俄罗斯。

我国是红茶的发源地,始创于 16 世纪末,福建省武夷山发明小种红茶,在小种红茶的基础上创制出工夫红茶。20 世纪中叶,我国又在印度发明红碎茶的基础上研制、加工红碎茶。小种红茶、工夫红茶和红碎茶这三大类红茶的生产区域分布非常广阔,东起浙江省宁波市舟山群岛和台湾地区东岸,西至云南省腾冲市盈江茶区,南起海南省五指山区南麓的通什茶场,北至湖北神农架以南茶区,涉及云南、四川、重庆、湖北、湖南、福建、广东、广西、海南、江西、浙江、安徽、江苏、台湾 14 个省、自治区和直辖市。

工夫红茶根据产地分为:云南的滇红、安徽的祁红、福建的闽红、湖北的宜红、江西的宁红和浮红、四川的川红、浙江的越红、湖南的湘红、广东和海南的粤红、英红及江苏的宜兴红茶等,其中具代表性的工夫红茶为大叶种的滇红与英红和中小叶种的祁红与闽红。

我国红碎茶有四套样之分:第一套适用于云南省采用云南大叶种生产的红碎茶,计 8 个标准样;第二套适用于广东、广西、四川等地除云南大叶种以外的大叶种红碎茶,计 7 个标准样;第三套适用于贵州、四川、湖北、湖南部分地区中小叶红碎茶,计 7 个标准样;第四套适用于浙江、江苏、湖南、安徽等小叶种红碎茶,计 6 个标准样。

相对于绿茶,我国的红茶则需适度发展,要为我国红茶发展提供必要的外部环境。根据生态环境条件,确定云南、广西、广东、海南等适宜红茶生产的区域作为红茶主产区,形成优质、特色红茶产区。此外,在江南茶区,选择历史上红茶有声誉、红茶产业有基础的地区发展红茶。国内红茶生产要扬长避短,突出中国红茶产品的特色与优势,尽可能有别于国外红茶产品的品质风格。如研制不同形状、不同风味的名优特色红茶。其次,要利用独特的资源条件,加强地理标志产品的保护,如滇红、祁红及正山小红茶等。

7. 黑茶生产区域

黑茶主产湖南、湖北、广西、云南等地,主要有湖南黑茶、湖北老青茶、四川黑茶和滇桂黑茶。

湖南黑茶主产于安化、益阳,桃江、宁乡、汉寿、沅江等地也有一定数量的生产,黑毛茶主产于湖南安化、桃江、沅江、汉寿、宁乡、益阳和临湘等地。

湖北黑茶主产于赤壁、咸宁、通山、崇阳、通城等地,典型代表"老青茶"产于赤壁、咸宁、通山、崇阳等地。

四川黑茶分南路边茶和西路边茶两类,南路边茶主产雅安、天全、荥经等地,西路边茶主产都江堰、崇庆、大邑等地,还有主产于四川宜宾等地的"四川普洱茶"。

滇桂黑茶是云南、广西黑茶的统称,云南产有云南思茅,西双版纳和昆明、宜良的"云南普洱茶",广西产有广西苍梧六堡乡的"六堡茶",广西荔浦的"修仁茶",广西临桂宛田、茶洞一带的"宛田茶"。

第三节 茶叶采摘与制茶工艺

1.茶叶采摘

(1)茶叶采摘

茶叶采摘亦称"摘山""摘茶""采茶",从茶树上采收鲜叶的作业。由于中国茶区气候、生态条件差异明显,茶树品种繁多,茶类丰富,茶区广大,采摘习惯不一,从而形成了采摘方法的多种多样。按采摘方式可分为:手工采、机采、铗采。按采摘部位分:打顶养蓬、留顶养标、留叶采等。按采摘嫩度可分为:嫩采、中采、开面采、粗采、割采等。按采摘手法可分为:双手采、提手采、强采等。中国茶区采摘多有季节性,根据茶芽生长与休止时间可分为春茶、夏茶、秋茶,华南茶区还有冬茶;按新梢萌发轮次可分为头轮茶、二轮茶、三轮茶。全年采摘茶叶时间长短取决于气候条件,江北茶区全年可采 5~6 个月,中部的江南、西南茶区可采 7~8 个月,华南茶区的滇南、粤南、闽南等地可采 9~10 个月,海南几乎全年可采摘。

(2)采摘标准

采摘标准是根据茶树生育和茶类要求对新梢实行采摘的技术标准。依茶类要求,鲜叶应从适制品种的茶树上采摘嫩梢,芽叶完整,符合芽叶嫩度、匀净度、含水率等指标。中国茶类丰富,鲜叶采摘标准差异较大,可归纳为四种类型:①高级名茶的"细嫩采",采摘一芽一叶及一芽二叶初展,如高级西湖龙井、洞庭碧螺春、黄山毛峰的采摘;②大宗茶类的"适中采",如大宗红、绿茶的采摘;③边销茶类的"成熟采",待新梢基本成熟时,采摘一芽四五叶与对夹三四叶,如茯砖茶等边销茶的采摘;④特种茶类的开面采,待新梢长到三至五叶快成熟开面时,采摘二至四叶梢,如乌龙茶的采摘。对不同类型茶树的采摘标准应有区别,幼年茶树及衰老改造后 1~2 年的茶树,只能打顶轻采,多留少采,以培养树冠为主;对成年投产茶树应按标准采,采留结合。因此,制定采摘标准,应考虑树龄、长势和气候生态条件等因素。制订采摘标准主要根据茶叶有效化学成分的含量、新梢的形态、芽叶数量的机械组成。

（3）合理采摘

合理采摘指按照保障鲜叶质量和茶树长势的规范采摘。手采茶园合理采摘要求：按标准、适时、分批、留叶采。严格按采留标准采摘，可提高品质，维持树势，获得长期高产优质效益；适时分批采，能维持同样嫩度和品质；及时分批采摘达到采留标准的芽叶与对夹叶，可使下轮芽萌发、生育有充裕的时间；留叶采是下一轮次或下一茶季茶树发芽的基础。采下的鲜叶能适应不同茶类对鲜叶原料的不同要求，达到量质兼顾；对不同品种、树龄、茶类及立地条件的茶树，应按不同的采留标准采摘。

（4）开采期

开采期指茶树年生长周期中，第一批鲜叶的采摘日期。开采期的确定关系到每季、每年的茶叶产量和品质，开采期提早，则细嫩的鲜叶比重高，品质好，产值上升，但产量低；推迟，则效果相反。开采期受茶树品种、气候条件、肥培管理水平等因素影响较大。茶园开采期一般早芽种早于迟芽种，低山早于高山，阳坡早于阴坡，沙土园早于黏土园，投产园早于幼龄或更新养蓬茶园。一般手工采的大宗红、绿茶产区，春茶新梢有 10% ~15%，夏秋茶有 5% ~10% 达到采摘标准时就要开采。江南、江北茶区多采制名优茶，采用塑料大棚和遮阳网覆盖技术，以诱导茶树早发芽，早开采，提高经济效益。

（5）春茶

春茶亦称"头茶"，其一意为鲜叶原料名，有越冬芽生长的春季头轮新梢。越冬芽经过冬春季休眠和发育，根茎内贮藏大量营养物质，发芽时有充足的有机物质，尤以含氮物质为多。春季日生长量小，昼夜温差大，光合积累大于呼吸消耗，水分充裕，粗纤维含量低，新梢持嫩性强，构成春茶品质优越的物质基础。采摘时间受气候生态条件影响较大，长江中下游茶叶主产区，一般从 3 月中旬开始至 5 月中下旬结束。华南茶区在 2—3 月开采。春茶前期鲜叶品质优，是采制名优茶的好原料，量质均好。气温高新梢易老化，农谚曰："早采三天是个宝，迟采三天便是草。"春茶中后期可用机采代替手采。其二意为采制成的茶叶。春茶新梢内含物丰富，氨基酸含量比夏秋茶高，茶多酚与氨基酸比值高，水浸出物、果胶、维生素 C 等均高于夏秋茶，成品茶色、香、味、形俱佳，是全年茶叶生产的基础。产量占全年的 40% ~50%，产量变异系数小，产量稳定。

（6）夏茶

夏茶其一意为夏季生长的新梢。因夏季日照强，气温高，易受干旱影响。夏茶新梢芽内叶原基在水分、养分不足时，常被迫停止生育，易形成对夹叶，易产生纤维木质化，故应适时采摘。采摘时间受气候生态环境影响，各地不一致，长江中下游茶叶主产区一般在 6 月上旬至 7 月下旬,于春茶结束后间隔 10 天左右开采。其二意为夏季采制成的茶叶。夏茶因新梢体内合成多酚类物质多,加工绿茶滋味苦涩,宜制红茶。产量占全年的 10% ~ 30% ,低于春茶。

(7)秋茶

秋茶其一意为秋季生长的新梢。秋季气温前期高,后期低,昼夜温差大,雨量少,江南茶区常有"夹秋旱",故秋茶产量、品质的决定因素是水分。秋茶与夏茶之间无明显间隔,采摘时间为 8 月上旬至 10 月上中旬。秋茶后的封园期由当地的气候、地势、管理水平和采摘习惯决定,各茶区不一致。在高山茶园或江北茶区,因冬季气温低、霜期早、施肥少、树势差,多应在 8 月上中旬停采,至 9 月底前打顶采,提早封园,以使茶树叶面积指数保持在 3 ~ 4,保证翌年春茶优质、高产。其二意为立秋后采制成的茶叶。秋茶品质优于夏茶,茶叶鲜爽,回味甘甜,但不如春茶。各茶区产量差异较大,占全年产量的 20% ~ 40% ,不稳定。

(8)冬茶

冬茶也称冬片或秋芽冬采,多见于乌龙茶产区,如我国台湾、福建武夷岩茶。采摘时间在 10 月下旬到 11 月上旬。由于气候逐渐转冷,天气干燥,新芽生长缓慢,内含物质逐渐增加,茶叶水分含量少,制成的茶叶具有干茶颜色翠绿、汤色橙黄偏绿、香气高扬的特点。采收冬茶的茶园应加强栽培管理,注意补充养分,调养树势,为翌年春茶优质高产作好准备。

(9)机采

机采指用采茶机械采摘茶叶的采茶方法。采茶机械有往复切割式、螺旋滚切式和水平旋勾刀式三种。以第一种采摘质量效果较好。机采茶园树冠表层新梢密度增加,展叶减少,叶层薄,树势衰弱快,经修剪与肥培措施可以恢复;机采对茶叶产量的影响主要是漏采,初期影响较大,经机采一二年后,树冠已形成采摘面,影响较小;对春茶影响较大,对夏秋茶反而有增产效果;机采鲜叶质量大多比手采差,主要是因芽叶破碎、混杂和茎梗率增加,但要比粗放手采质量高,经济效果更合算。一般制大宗红、绿茶的茶园,均可实行机采。与机采相配套的栽培技术措施:留蓄秋梢,增厚叶层,使树高达到 80 厘米左右,增强树势;选用良种,芽叶性状一致;增施肥料,使芽叶生长快,发芽多;重视修剪,控制树冠面高、幅度与形状,不断恢复生长势。

(10)手工采

手工采简称"手采",是用手工采摘茶叶的采茶方法。我国茶区地域广阔,气候条件、茶树品种、茶类要求及民族习惯不同,形成了丰富多样的手工采茶方法。易于按照采摘制度、采摘标准、留叶标准掌握,从而达到合理采摘的要求,具有灵活机动的采摘特点。采摘手法有双手采、提手采、强采等。手工采精细、批次多、采期长,质量好,有利于树冠培养和延长经济年限;缺点是用工多、工效低,若管理不善,用强采方法采摘,有损茶树树势和鲜叶质量。

2. 制茶工艺

制茶,亦称"茶叶加工",是茶鲜叶经过各道制茶工序被加工成各种半成品茶或成品茶的过程。可分为初制、精制、再加工。初制对茶叶品质影响最大,是形成优良品质的基础。由于制茶工艺不同而形成了绿茶、白茶、黄茶、乌龙茶、红茶、黑茶六大茶类。

(1)古代制茶

唐代制茶:中国唐代的茶叶制作以蒸青团茶为主。前期,饮茶如同喝菜汤,制法粗糙,唐代皮日休《茶中杂咏》:"称茗饮者,必浑而烹之,与夫渝蔬而啜者无异也。"中唐以后,饮者讲究,制茶方法求精。唐代陆羽《茶经·三之造》:"晴采之、蒸之、捣之、拍之、焙之、穿之、封之,茶之干矣。"先将采下的鲜叶在甑釜中蒸,再用杵臼捣碎,而后拍制成团饼,最后将团饼茶穿起来焙干、封存。拍制有一定规承:规为铁制,或方或圆;承又称臼或砧,常以石为之,即为制团茶或饼茶之法。《茶经·六之饮》:"饮有粗茶、散茶、末茶、饼茶者。"唯以团饼茶为主,少数地方也有蒸而不捣或捣而不拍的散茶和末茶,个别地方还有炒青茶。唐代刘禹锡《西兰若试茶歌》:"宛然为客振衣起,自傍芳丛摘鹰嘴。斯须炒成满室香,便酌沏下金沙水。"

宋代制茶:宋代茶类及制茶方法与唐代基本相同,但制法有所改进,贡茶和斗茶制度逐渐形成,并造出各种大小不同的龙团和凤饼茶,名目繁多。元代马端临《文献通考》:"宋制榷务货六……凡茶有二类:曰片曰散。片茶蒸之,实卷模中串之。惟建剑则既蒸而研,编竹为格,置焙室中,最为精洁,他处不能造。"片茶,实为唐代团茶和饼茶。散茶,即为唐代蒸青和炒青之类,唯片茶制作技术有改进和发展。唐代碎茶用杵臼手工捣舂,宋代改杵臼为碾,甚至用水力碾磨加工。宋代熊蕃《宣和北苑贡茶录》:五代十国时,后蜀"词臣毛文锡作茶谱,亦第言建有紫笋,而蜡面乃产于福。五季之季,建属南唐,岁率诸县民,采茶北范,初造研膏,继造蜡面,既又制其佳者,号曰京铤。圣朝开宝末,下南唐。太平兴国初,特置龙凤模,遣使即北苑造团茶,以别庶饮,龙凤茶盖世于此"。拍制工艺较唐代精巧,"饰面"图案有大发展,图文并茂,龙腾凤翔。宋代中期后,由于片茶追求精细,销路日窄,适合民间饮用的散茶兴起,至宋代后期,散茶替代片茶,居主导地位。

元代制茶:元代基本沿袭宋代后期生产格局,以制造散茶和末茶为主。宋代散茶、末茶,尚未形成单独完整的工艺,实为团茶制作工艺的省略。元代,出现了类似近代蒸青的生产工艺。元代王祯《王执农书》:"采讫,以甑微蒸,生熟得所。蒸已,用筐箔薄摊,乘湿略揉之,入焙匀布火,烘令干,勿使焦,编竹为焙,裹蒻覆之,以收火气。"即将采下的鲜叶,先在釜中稍蒸,再放到筐箔上摊凉,而后趁湿用手揉捻,最后入焙烘干。我国蒸青绿茶的制造工艺在元代已基本定型。

明代制茶:明代制茶技术有较大发展。以散茶、末茶为主,唯贡茶沿袭宋制,饮茶保持烹煮习惯,团饼茶仍占相当比例。明洪武初,诏罢贡茶,团饼茶除易边马外,不再生产。时散茶独盛,制茶时杀青由蒸改为炒。明代张源《茶录》:"造茶。新采,拣去老叶及枝梗碎屑。锅广二尺四寸,将茶一斤半焙之,候锅极热,始下茶急炒,火不可缓,待熟方退火,撒入筛中,轻团数遍,复下锅中,渐渐减火,焙干为度。"饮茶逐渐由煮饮改为开水冲泡。明代陈师《茶考》:"杭俗烹茶,用细茗置茶瓯,以沸汤点之,名为撮泡。"由于散茶发展,末茶不断减缩,使炒青绿茶制造达到相当水平。明代屠隆《茶说》:焙茶"戒其搓摩,勿使生硬,勿令过焦,细细炒燥,扇冷。方贮罂中"。明代闻龙《茶笺》:"炒时须一人从傍扇之,以祛热气,否则色香味俱减。"此法仍为当今炒制高档绿茶时采用。明代炒青绿茶兴起,新兴和创立起来的还有黑茶、熏花茶、乌龙茶、红茶等。自此,中国由单一的绿茶类向多茶类发展。

清代制茶:清代制茶工艺发展迅速,茶叶品类已从单一的炒青绿散茶发展到品质特征各异的绿茶、黄茶、黑茶、白茶、乌龙茶、红茶、花茶等多类茶,制茶工艺也有了空前的发展和创新,此时的中国已成为世界上制茶工艺最精湛和茶类最丰富的国家。

微蒸:是高档名茶杀青专用术语,是按高温、瞬时、急冷的原则,进行杀青的方法。采用极细嫩的单芽,剥去开展的苞片、外叶,微蒸后,拣去外面小叶,置于泉水中,再蒸制成饼茶。现代制茶中,玉露茶的杀青仍采用此法,瞬时即体现微蒸的作用。其原理在于高温蒸汽穿透力强,能瞬时杀灭多酚氧化酶活性,防止多酚类物质氧化和叶绿素破坏。

炒:把茶叶放在锅里加热并随时翻动炒熟的制茶方法。明代许次纾《茶疏》:"炒茶,生茶初摘,香气未透,必借火力,以发其香。然性不耐劳,炒不宜久。多取入铛,则手力不均。久于铛中,过熟而香散矣,甚且枯焦,不堪烹点。"说明中国古代炒茶技术在500多年前已成熟。

焙:其一意为制茶工序,即"烘焙"。将待干茶团、茶饼用木炭文火烘烤至干。不同历史时期烘焙技术不同,唐代饼茶当中穿孔,用竹条串起烘干;宋代建安制作贡茶,将茶团茶片放在竹席上烘焙;明代以后散茶匀摊于竹簟(竹席)上进行焙制。其二意为制茶场所,宋代建安(今福建建瓯)制茶场所称"焙",有官焙、私焙之分。

（2）现代制茶

茶叶初制：亦称"鲜叶加工"，经过各道制茶工序将鲜叶加工成毛茶的过程。主要工序有杀青、萎凋、揉捻（揉切）、发酵、渥堆、焖黄、做青、干燥等。由于制茶工艺的不同组合，形成不同的茶类和茶制品。

摊放：将采摘下的茶鲜叶均匀地摊放在篾垫、摊青筛或摊青机上的作业过程。目的是散热、失水、挥发青草气和促进鲜叶内含成分的转化，使叶片变软，便于杀青。大量的研究和生产实践表明，绿茶加工时鲜叶摊放的最佳含水量是70%左右。

贮青：鲜叶在专用的室内或设施上进行贮存保鲜的方法。鲜叶从入厂到付制前须经贮青。将鲜叶置于阴凉无阳光直射、通风良好、室温在15℃以下的室内或设施上暂时摊放，一般不超过12小时。摊放中保持鲜叶呼吸作用正常进行。为防止水分蒸发，贮青室内应有加湿和通风装置，降低室内温度。大型贮青室鲜叶摊放厚度可达1米，时间可达24小时，而鲜叶品质不致产生劣变。

杀青：绿茶、黑茶、黄茶等茶类茶叶初制的第一道工序。目的是利用高温破坏酶活性，防止多酚类物质的酶性氧化；除去青草气，并发生一定的热化学反应，为茶叶品质的形成奠定基础；蒸发部分水分使叶质软化，便于塑造美观的外形。分手工杀青和机械杀青，后者采用锅式、槽式、筒式杀青机或蒸汽杀青机、热风杀青机等。影响杀青质量的因素主要是温度、时间、投叶量和机具。杀青的技术要点：高温杀青，先高后低；投叶适度，嫩叶老杀、老叶嫩杀；抖焖结合，杀匀杀透，忌红梗红叶、生青叶和焦边焦叶。当叶质柔软、青气消失、香气显露时，即为杀青适度。

揉捻：在人力或机械力的作用下，使叶子卷成条并破坏叶组织的作业，是各类茶成形的重要工序，其作用是初步造型和使茶汁附于叶表，促进叶子内含物的化学变化。操作中掌握嫩叶轻揉、老叶重揉的原则。揉捻程度用"组织破损率""成条率""碎茶率"表示。

萎凋：红茶、乌龙茶、白茶初制工艺的第一道工序。鲜叶摊在一定的设备和环境条件下，使其水分蒸发、体积缩小、叶质变软，其酶活性增强，引起内含物发生变化，促进茶叶品质的形成。主要工艺因素有温度、湿度、通风量、时间等，关键是掌握好水分变化和化学变化的程度。包括物理萎凋和化学萎凋，两者在工艺上须协调进行。萎凋方法有日光萎凋、室内自然萎凋和人工控制萎凋（槽式萎凋、萎凋机萎凋）。萎凋程度以白茶为最重，其次是红茶，再次是乌龙茶。

发酵：茶叶进行酶性氧化、形成有色物质的过程。例如红茶发酵从揉捻（揉切）后开始。此时叶组织损伤，细胞膜透性增大，茶多酚经酶促氧化形成茶黄素、茶红素和其他深色物质，为色、香、味物质的形成创造条件。发酵多在能控制温度、湿度的专用室内进行。影响因素有温度、湿度、通氧量、时间和叶的含水量等。

干燥:是让多余的水分汽化,破坏酶活性,抑制酶促氧化,促进茶叶内含物发生热化学反应,提高茶叶香气和滋味,形成外形的过程。茶叶初制最后一道工序,精制后也要进行干燥。干燥的温度、投叶量、时间、操作方法,是保证产品质量的技术指标。茶类不同,干燥方法也不同,一般属炒青类茶都用炒干,烘青、红茶、部分名优茶都用烘干。

湿热作用:茶叶加工过程中利用湿度和温度使叶子产生物理化学变化的过程。在高温高湿条件下,茶叶中茶多酚、色素物质等发生氧化、聚合、降解、转化等变化,能促进茶叶色香味的形成。利用湿热作用的加工工艺主要有黑茶渥堆、黄茶焖黄。此外,在杀青、干燥工序中亦有湿热作用的影响。调控方法是控制茶坯温度、含水率、作用时间以及外界环境的温、湿度等因素。

绿茶初制(green tea primary processing):初制工艺分杀青、揉捻和干燥三大工序。加工的关键是利用高温破坏酶的活性,抑制多酚类物质的酶性氧化,形成清汤绿叶的品质特征。绿茶初制过程多酚类物质保留量为85%左右。

白茶初制(white tea primary processing):中国传统茶类制法之一。传统白茶制法只有萎凋、干燥两道工序。萎凋过程是形成白茶品质的关键,伴随着长时间的萎凋,鲜叶发生一系列的化学变化,形成遍披银毫,香气清鲜,滋味甘爽,汤色黄亮的品质特征。

黄茶初制(yellow tea primary processing):分为湿坯焖黄(以君山银针为代表)和干坯焖黄(以霍山黄大茶为代表)两种。前者主要工序是杀青、摊放、初烘、摊放、初包(焖黄)、复烘、摊放、复包(焖黄)、干燥、熏烟分级。后者主要工序是杀青、揉捻、初烘、堆积(焖黄)、烘焙、熏烟。

乌龙茶初制(oolong tea primary processing):初制工艺为萎凋(晒青)、做青(晾青、摇青)、杀青、揉捻、干燥等。工艺特点:闽北乌龙掌握重萎凋、轻摇青,发酵较重;闽南乌龙掌握轻萎凋、重摇青,发酵较轻;广东乌龙接近闽南乌龙;台湾乌龙发酵较重。由于萎凋、做青工艺不同,产地在具体掌握上有所不同,形成的品质也有差异。乌龙茶的制造要特别注意采用适制的茶树品种和特殊的采摘标准,才能发挥制茶工艺的效应,获得优质的产品。

红茶初制(black tea primary processing):包括萎凋、揉捻(揉切)、发酵、干燥四道工序。通过萎凋、揉捻工序,增强酶的活性;再经过发酵工序,以茶多酚酶性氧化为中心,完成一系列生化变化过程,形成红叶红汤的品质特征。多酚类化合物的氧化程度因种类而异,工夫红茶氧化程度重,茶多酚保留量为50%左右,红碎茶氧化程度轻,茶多酚保留量为55%～65%。

黑茶初制(dark green tea primary processing):初制分为杀青、初揉、渥堆、复揉、干燥等工序。制成的黑毛茶为紧压茶的原料。

第四节　茶叶感官审评

茶叶感官审评(tea sensory evaluation),指审评人员用感觉器官来鉴别茶叶品质的过程。即按照国家标准《茶叶感官审评方法》规定的方法,审评人员运用正常的视觉、嗅觉、触觉、味觉的辨别能力,参照实物样或实践经验对茶叶产品的外形、汤色、香气、滋味与叶底等因子进行审评,从而达到鉴定茶叶品质的目的。

1. 外形

外形:指人的触觉、视觉能判断的茶叶形态,包括形状、色泽、整碎、净度、级别、老嫩等内容。通过外形既能区别花色品种又可区分等级,是感官审评中不可缺少的一项。各种商品茶都有特定的外形,与制茶方法密切相关,同一种鲜叶因加工技术不同而制成形态各异的茶叶,如通过揉捻工序的改变,即可形成针形、扁形、圆形等不同的外形。品种和季节对茶叶外形也有影响,如大叶种茶较小叶种肥壮,春茶较夏秋茶油润等。审评外形,各种茶的共同之处在于要求形态一致,以规格零乱,花杂为次;在依据实物标准样划分等级时,尤其强调嫩度、整碎和净度。审评各类茶也有不同的侧重点,如绿茶类中的眉茶以嫩度、净度为主;而青茶类以形态、色泽为主;各种名优茶还强调有特色的造型。同一种形状或色泽出现在不同的茶中时,因要求的不同可能褒贬不一,如茸毫丰富是碧螺春茶必须具备的外形要求,而对要求光洁的西湖龙井茶而言则是弊病。又如绿茶绿润的色泽若出现在红茶外形中,则表明红茶品质低次。在感官审评各项目中,外形的评分系数为10%~25%,是衡量茶叶质量的重要标准之一。

茶叶外形主要有:条形、眉形、浓眉形、钩曲形、卷曲形、拳曲形(蜻蜓头)、螺形、颗粒形、细沙形、粉末(状)形、朵形、兰花形、凤形(凤尾形、剪刀形)、玉兰花形、剑形、扁平形、雀舌形、碗钉形、梭形、瓜片形、松针形、针芽形、月牙形(弯月形)、饼形、砖形、碗臼形(臼形)、方形、柱形、球形、珠形、菊花形、牡丹形、枕形、枣核形、贝壳形。

2. 色泽

茶叶色泽(干茶色泽)主要有:金毫、银毫、绿、嫩绿、鲜绿、翠绿、墨绿、黄绿、银绿、灰绿、青绿、嫩黄、黄、乌黑、红棕、青褐、黄褐、起霜、猪肝色、五彩色、砂绿、糙米色、银白、银绿、褐红、黑润、黑褐。

3.汤色

汤色指人视觉判断的茶汤色泽,包括颜色和光泽度。六大茶类汤色各不相同,如绿茶汤色以嫩绿、绿为主,红茶汤色以红为主。不同等级的茶叶汤色也不同,如不同等级的龙井茶汤色可以是嫩绿、杏绿、绿、黄绿等,光泽度也有清澈明亮、明亮、暗等区别。审评汤色,虽然颜色不同,但是光泽度均以清澈明亮为最佳。同一种汤色出现在不同的茶中时,因要求的不同可能褒贬不一,如嫩黄的汤色出现在绿茶中,可能是微陈的茶叶汤色,但是在黄茶中则是较好的汤色。在感官审评各项目中,汤色的评分系数为5%~20%。

汤色(茶水色泽)主要有:浅白、嫩白、浅绿、杏绿、黄绿、嫩黄、黄、蜜绿、蜜黄、金黄、橙黄、橙红、金红、红艳、浅红、红浓(红深)、灰白。

4.香气

香气,指人的嗅觉能感受辨别的茶叶香气,包括香气的香型、浓度、纯异等内容。香气是茶叶感官审评的主要检验项目。茶叶的香气主要是茶叶的芳香物质散发出来的,目前鉴定得到的茶叶芳香物质已经超过了700种。茶叶的香气,直接受茶树品种、生长条件、季节、采摘、制作等因素的影响。如云南的大叶种的花香就是品种香,绿茶的嫩香主要受原料的影响,乌龙茶的花香主要是摇青工艺产生的。不同茶类所具有的特征香气各有特点,要根据具体的情况加以嗅辨。除了茶叶本身具有的香气,再加工茶类中的花茶也通过茶花拌和吸附鲜花中的香气制成不同类型的花茶。由于茶叶具有极强的吸附香气的能力,除了加工花茶时可以吸附花香,茶叶在加工和储存过程中也可吸附环境中的异味,如加工过程的烟味,包装袋的异味等,这都会对茶叶的香气品质造成影响。在各审评项目中,香气的评分系数为25%~30%。

茶叶的香气种类主要有:板栗香、嫩香、清香、清鲜、毫香、玫瑰香、甜香、花香、果香、乳香、火工香(足火、高火、老火)、松烟香、炭香、橘香、蜜桃香、干果香、兰花香、蜜兰香、音韵、岩韵、青豆香、陈香、枣香、糯米香、参香、品种香、地域香、山韵。

5. 滋味

茶叶滋味,亦称"茶味""汤味",指人的味觉能感受辨别的茶汤味道,包括汤质的滋味类型、浓淡、纯异等内容。茶叶的饮用价值主要体现在茶汤中有效物质的含量和呈味物质的组合是否符合人们的要求,即滋味的好坏。所以滋味是茶叶感官审评的重要检验项目。构成茶汤滋味的物质有多种,主要是茶多酚、咖啡因、氨基酸、糖类等。不同的物质各有滋味特征,通过相互配合,形成了滋味的综合感觉,其中尤以茶多酚的含量表现最明显:茶多酚含量高,滋味浓;反之则滋味淡。茶叶的各种呈味物质组分,直接受茶树品种、生长条件、季节、采摘、制作等因素的影响。如以茶树品种而言,大叶种茶滋味较浓,小叶种茶滋味较淡;以制茶季节而言,春茶滋味较醇和,夏秋茶相对较浓涩;以采摘论,正常嫩度的茶叶滋味醇爽,粗老茶则呈粗青味;因加工技术的不同,使茶叶内含成分变化不一,亦形成了茶叶滋味的不同风格。审评不同的茶类,对滋味的要求也有所不同,如名优绿茶要求鲜爽,而红碎茶强调滋味浓度等,但各类茶的口感都必须正常,无异味。茶叶滋味中的异味多因制作与贮运不当所致,如机制绿茶杀青温度过高,会产生烟焦味,贮运中被杂异物质污染,可能吸附不愉快的"怪味"等,有严重异味的茶叶属劣变茶。在各审评项目中,滋味的评分系数为30% ~35%。

茶叶的滋味审评术语主要有:收敛性、鲜醇、嫩鲜、清爽、醇和、甘和、醇厚、蜜味、甘滑、浓爽、浓醇、涩味。

6. 叶底

叶底:指冲泡后的叶态和色泽。色泽又包括颜色和光泽度。在感官审评各项目中,叶底的评分系数为10%。

叶底审评术语主要有:芽叶成朵、全芽(单芽)、单片、细嫩、嫩厚、肥厚、厚实、绿叶红边。

第四章

茶艺：大学生艺术素养

茶艺是对整个品茶过程美好意境的高度概括，其过程体现形式和精神的相互统一，是饮茶活动过程中形成的文化现象。它起源久远，历史悠久，文化底蕴深厚，与宗教结缘。茶艺包括：选茗、择水、烹茶技术、茶具艺术、环境的选择创造等一系列内容。茶艺背景是衬托主题思想的重要手段，它渲染茶性清纯、幽雅、质朴的气质，增强艺术感染力。

第一节　冲泡技巧

泡茶基本手法是茶艺师必须掌握的基本操作技能，练习正确熟练之后，就为学习成套泡茶技艺奠定了基础。茶艺人员担负着推广茶艺、普及茶文化等责任，因此，在练习各项泡茶技艺时应从严把握，一招一式皆有法度。个人习茶者不必拘泥于书本，自创个人的冲泡风格未尝不可。另一方面，对基本知识的掌握要求也不尽相同。在校大学生有了习茶后的从容心态，便有了一个比较踏实的做人态度，无论今后做什么都容易开展。就个人习茶者而言，原则上对相关基础知识以了解为主。一旦成为爱茶之人，自然会对有关茶的一切充满兴趣并不断学习。诚为孔老夫子所说："知之者不如好之者，好之者不如乐之者。"

1.绿茶冲泡

（1）备具

准备无刻花透明玻璃杯（根据品茶人数而定）、茶叶罐、随手泡（煮水器）、茶荷、茶匙、茶巾、水盂。

（2）赏茶

用茶匙从茶叶罐中轻轻拨取适量茶叶入茶荷，供客人欣赏干茶外形及香气，根据需要，可用简短的语言介绍一下即将冲泡的茶叶品质特征和文化背景，以引发品茶者的兴趣。因绿茶干茶细嫩易碎，所以，从茶叶罐中取茶入荷时，应用茶匙轻轻拨取，或轻轻转动茶叶罐，将茶叶倒出。禁用茶则盛取，以免折断干茶。

（3）洁具

将玻璃杯一字摆开，或呈弧形排放，依次注入1/3杯的开水，然后从左侧开始，右手握住杯身，左手托杯底，逆时针缓慢倾斜并旋转杯身，使开水均匀接触杯壁，再将杯中的开水依次倒入水盂。当面清洁茶具既是对客人的礼貌，又可以让玻璃杯预热，避免冲泡时杯子骤热炸裂。

（4）置茶

用茶匙将茶荷中的茶叶一一拨入茶杯中待泡。每50毫升容量用茶1克。

（5）温润泡

将随手泡中适度的开水注入杯中，水温控制在80~85℃，注水量为茶杯容量的1/4左右，注意水流不要直接浇在茶叶上，应打在玻璃杯的内壁上，以避免烫坏茶叶。此泡时间掌握在15秒以内。

（6）冲泡

执随手泡以"凤凰三点头"方式高冲注水，使茶杯中的茶叶上下翻滚，有助于茶叶内含物质浸出，茶汤浓度达到上下一致。一般冲水入杯至七分满为止。

（7）奉茶

右手轻握杯身（注意不要捏杯口），左手托杯底，双手将茶送到客人面前，放在方便客人端取品饮的位置。茶放好后，向客人行伸掌礼，做出"请"的手势，并说"请用茶"。

（8）品茶

先端杯闻香，观察茶汤颜色，再端杯小口品啜，尝茶汤滋味，缓慢吞咽，让茶汤与味蕾充分接触，领略名优绿茶的风味。品尝"第一泡"时，重在体验绿茶的鲜爽，品尝"第二泡"时，重在体验绿茶的回甘。

（9）收具

将冲泡用的茶具收入茶盘，撤回。

2.白茶冲泡

白茶的冲泡方法与绿茶基本相同，但因其未经揉捻，茶汁不易浸出，冲泡的水温应较高，冲泡时间宜稍长，方能品味白茶的本色、真香和全味。

（1）备具

准备透明玻璃杯、杯托、茶叶罐、茶匙、茶荷、随手泡。

（2）赏茶

用茶匙拨取出白茶适量，置于茶荷中，供宾客欣赏干茶的外观。

（3）置茶

每次拨取白茶2克左右，投入玻璃杯。

（4）浸润

冲入少量开水，让杯中茶叶浸润10秒左右。

（5）冲泡

以"凤凰三点头"方式，往杯中注入开水，一般七分满为宜。因为白茶加工时未经揉捻，茶汁不易浸出，所以冲泡时间较长。冲泡开始时，茶叶会浮于水面，之后慢慢沉落杯底，茶汤呈杏黄色。

（6）奉茶

有礼貌地用双手端杯托，奉给宾客饮用。

（7）品饮

白茶汤色杏黄明亮，香气清悠鲜嫩。

（8）收具

3. 黄茶冲泡

黄茶属于轻微发酵茶，黄茶的生产加工工艺与绿茶很相似，只是多了一道"焖黄"的工艺，使得黄茶具有黄汤黄叶、香气清悦、滋味醇爽的品质特点。在冲泡品饮时，可参照绿茶的方法。君山银针、蒙顶黄芽等均由单芽加工制成，属于黄芽茶类，宜用玻璃杯泡饮。

（1）备具

准备直筒形透明玻璃杯、杯托、茶荷、茶叶罐、茶匙、随手泡。

（2）赏茶

用茶匙取出适量黄茶，置于茶荷中，供宾客观赏。

（3）置茶

每杯取黄茶约3克，拨入茶杯中待泡。

（4）高冲

用随手泡将90 ℃以上的开水注入茶杯1/3处，使茶芽湿透。稍后，再冲至七分满。冲泡后的黄茶，在水和热的作用下，茶芽渐次直立，上下沉浮，令人赏心悦目。

（5）品饮

（6）收具

4. 乌龙茶冲泡

冲泡乌龙茶宜用紫砂壶、闻香杯和品茗杯组合，器温和水温要双高，才能使乌龙茶的内质发挥得淋漓尽致。在冲泡前先要用开水淋壶温杯，以提高茶具的温度。

乌龙茶适合"旋冲旋啜",即要边冲泡边品饮。浸泡的时间过长,茶汤失味且苦涩;出汤太快则色浅、味薄、失韵。三泡后,每次冲泡均应比前一泡延长10秒左右。好的乌龙茶"七泡有余香,九泡不失茶真味"。

（1）备具

紫砂壶、闻香杯、品茗杯、双杯茶托、随手泡、茶叶罐、茶荷、茶匙、茶巾、水盂。

（2）洁具

用随手泡向紫砂壶注入开水,执壶逆时针缓慢旋转后,将水依次注入闻香杯、品茗杯。

（3）赏茶

用茶匙从茶叶罐中拨取适量茶叶入茶荷,供宾客欣赏干茶的外形及香气。

（4）置茶

用茶匙拨取茶叶入壶,也称"乌龙入宫"。投放量为1克干茶20毫升水,接近壶的三分满。

（5）温润泡

温润泡也称洗茶。用随手泡以"高冲"的方式注水,直至水满壶口,用壶盖由外向内轻轻刮去茶汤表面的泡沫,合盖后,立即将茶水倒入水盂。温润泡既可以使茶叶清洁,又可以使外形紧结的乌龙茶有一个舒展的过程,避免"一泡水,二泡茶"的现象。

（6）冲泡

用随手泡注水,将紫砂壶注满开水后,如产生泡沫,要用壶盖刮沫,并合盖保温。

（7）淋壶

用随手泡在壶身外以逆时针方向均匀淋上沸水,避免紫砂壶内热气快速散失,同时可以清除黏附于壶外的茶沫。

（8）温杯

在冲泡好之后,依次将品茗杯和闻香杯中的热水弃入水盂,再分别摆放成两排"一字形"。

（9）斟茶

将紫砂壶口靠近闻香杯,把泡好的茶汤巡回注入闻香杯中,俗称"关公巡城"。将壶中剩余茶汁,一滴一滴地分别点入各闻香杯中,俗称"韩信点兵"。之后,依次将品茗杯倒扣在闻香杯上保香。

（10）翻转

迅速将品茗杯和闻香杯整体翻转,放置在茶托上。

（11）奉茶

有礼貌地将茶托奉到宾客面前。

（12）闻香

请宾客轻旋闻香杯，徐徐提起，使茶汤顺势留在品茗杯内，将闻香杯靠近口鼻处闻香。

（13）品茶

宾客闻香后，再以"三龙护鼎法"端品茗杯品饮。

（14）续泡

乌龙茶壶泡法可重复上述动作，多次冲泡。

（15）收具

5.红茶冲泡

冲泡红茶可用盖碗。

（1）备具

盖碗、公道杯、品茗杯、随手泡、茶针、茶匙、茶荷、茶叶罐、水盂、茶巾。盖碗的盖反面朝上，近泡茶者处略低，盖与碗内壁留出一小隙。

（2）赏茶

从茶叶罐中拨取适量红茶到茶荷内，双手捧取茶荷，以逆时针方向展示给来宾欣赏。赏毕复位。

（3）温盖碗

①注水：执随手泡以逆时针方向向反放的盖上注开水，待开水顺小隙流入碗内约1/3容量后断水，随手泡复位。

②翻盖：右手如握笔状取茶针插入缝隙内，左手手背向外护在盖碗外侧，随即将翻起的盖正盖在碗上。

③温碗：开盖后，右手虎口分开，大拇指与中指搭在内外两侧杯沿，左手托住碗底，双手执碗呈逆时针运动，令盖碗内各部位充分接触热水后弃水。

④弃水：右手端盖碗平移于水盂上方，将盖碗内热水弃入水盂，复位。

（4）温公道杯、品茗杯

将开水注入公道杯约1/3容量，逆时针转动一周后，将热水依次注入品茗杯，再以同样的方式温品茗杯后，弃水。

（5）置茶

用茶匙将茶荷内红茶拨入盖碗，通常150毫升容量的盖碗投茶量2~3克。

（6）温润泡

冲泡红茶水温宜控制在95 ℃左右。向盖碗内注入约1/4 容量的开水,加盖。

（7）摇香

注水后左手托碗右手扶碗,逆时针摇香,令茶叶充分吸水浸润,面向宾客开盖1/3,让来宾闻香。

（8）冲泡

闻香后,注开水七分满,合盖。

（9）出汤

右手执盖碗将茶汤注入公道杯,盖碗内不要留茶汁。

（10）分茶

将公道杯中的茶汤依次注入品茗杯,七分满即可。

（11）奉茶

双手将茶托上的品茗杯依次敬给来宾,行伸掌礼请来宾用茶,来宾宜点头微笑或答以叩手礼表示谢意。

（12）品饮

以"三龙护鼎法"端品茗杯,观汤色、闻茶香、饮红茶。

（13）续泡

盖碗冲泡红茶可多次续泡。

（14）收具

6.黑茶冲泡

（1）备具

紫砂壶、公道杯、品茗杯、茶叶罐、茶匙、茶荷、茶巾、随手泡、水盂。

（2）温具

将沸水注入紫砂壶,温壶后,将紫砂壶中的水注入公道杯,温公道杯后,将热水依次注入品茗杯中,温品茗杯后,弃水入水盂。

（3）赏茶

从茶叶罐中拨取适量黑茶到茶荷内,双手捧取茶荷,以逆时针方向展示给来宾欣赏。赏毕复位。

（4）置茶

用茶匙从茶荷中拨入适量茶叶到紫砂壶内,一般用茶量为5～8克。

（5）洗茶

将沸水注入紫砂壶后,合盖,迅速将第一遍冲泡的茶汤弃入水盂。

（6）泡茶

再次将沸水注入紫砂壶。冲泡时间分别为:第一泡 10 秒,第二泡 15 秒,第三泡 20 秒,此后每泡依次增加 5 秒。若是陈年熟普,至第十泡时,茶汤依然红浓甘滑。

（7）出汤

将壶内茶汤注入公道杯中,壶内不留茶汁。

（8）分茶

将公道杯中的茶汤依次注入品茗杯中,以七分满为宜。

（9）奉茶

依次将品茗杯放在茶托上,双手奉给宾客饮用。

（10）品饮

（11）收具

第二节　习茶手法

泡茶程序指茶叶冲泡必要的顺序。程序因茶类和茶具而异,有名茶、高级绿茶无盖杯泡法;普通绿茶、条红茶、花茶盖杯泡法;普通绿茶、条红茶、花茶壶泡法;红碎茶壶泡法;红碎茶及绿碎茶冷饮法;乌龙茶广东潮州工夫泡饮法;乌龙茶福建式泡饮法等。一般都有备茶、赏茶、备具、置茶、备水、冲泡、奉茶、品赏等程序。用壶泡茶还有温具、分茶程序。

1. 取用器物手法

（1）捧取法

以女性坐姿为例。搭于胸前或前方桌沿的双手慢慢向两侧平移至肩宽,向前合抱欲取的物件(如茶样罐),双手掌心相对捧住基部移至需安放的位置,轻轻放下后双手收回;再去捧取第二件物品,直至动作完毕复位。多用于捧取茶样罐、茶匙筒、花瓶等立式物件。

（2）端取法

双手伸出及收回的动作同前法。端物件时双手手心向上,掌心下凹作"荷叶"状,平稳移动物件。多用于端取赏茶盘、茶巾盘、扁形茶荷、茶点、茶杯等。

2. 提壶手法

（1）侧提壶

大型壶:右手中指、无名指勾住壶把,大拇指与食指相搭;左手食指、中指按住壶纽或盖;双手同时用力提壶。

中型壶:右手食指、中指勾住壶把,大拇指按住壶盖一侧提壶。

小型壶:右手拇指与中指勾住壶把,无名指与小拇指并列抵住中指,食指前伸呈弓形压住壶盖的盖纽或其基部提壶。

（2）飞天壶

右手大拇指按住盖纽,其余四指勾握壶把提壶。

（3）握壶把

右手大拇指按住盖纽或盖一侧,其余四指握壶把提壶。

（4）提梁壶

右手除中指外四指握住偏右侧的提梁,中指抵住壶盖提壶（若提梁较高,则无法抵住壶盖。此时五指握提梁右侧提壶）。大型壶（如开水壶）亦用双手法——右手握提梁把,左手食指、中指按壶的盖纽或壶盖。或者左手上托折叠茶巾,托于下方壶底。

（5）无把壶

右手虎口分开,大拇指与中指平稳握住茶壶口两侧外壁（食指亦可抵住盖纽）提壶。

3. 握杯手法

（1）大茶杯

无柄杯:右手虎口分开,握住茶杯基部。女士需用左手指尖轻托杯底。

有柄杯:右手食指、中指勾住杯柄,大拇指与食指相搭。女士用左手指尖轻托杯底。

（2）闻香杯

右手虎口分开,手指虚拢成握空心拳状,将闻香杯直握于拳心;也可双手掌心相对虚拢做合十状,将闻香杯捧在两手间。

（3）品茗杯

右手虎口分开,大拇指、食指握杯两侧,中指抵住杯底,无名指及小指自然弯曲,称"三龙护鼎法"。女士可以将小指微外翘呈兰花指状,左手指尖可托住杯底。

（4）盖碗

右手虎口分开,大拇指与中指扣在杯沿两侧,食指屈伸按在盖钮下凹处,无名指及小指自然弯曲。

4.翻杯手法

（1）无柄杯

右手虎口向下,手背向左(即反手),握前面茶杯的左侧基部。左手位于右手手腕下方,用大拇指和虎口部位轻托在茶杯的右侧基部。双手同时翻杯成手相对捧住茶杯,轻轻放下。对于很小的茶杯如乌龙茶泡法中的品茗杯,可用单手动作左右手同时翻杯,即手心向下,用大拇指与食指、中指三指扣住茶杯外壁,向内转动手腕成手心向上,轻轻将翻好的茶杯置于茶盘上。

（2）有柄杯

右手虎口向下,手背向左(即反手),食指插入杯柄环中,用大拇指与食指、中指三指捏住杯柄;左手手背朝上,用大拇指、食指与中指轻扶茶杯右侧基部;双手同时向内转动手腕,茶杯翻好后轻置杯托或茶盘上。

5.温具手法

（1）温壶法

①开盖:左手大拇指、食指与中指按壶盖的壶钮揭开壶盖,提腕依半圆形轨迹将其放入茶壶左侧的盖置(或茶盘)中。

②注汤:右手提随手泡,按逆时针方向回转手腕一圈低斟,使水流沿圆形的茶壶口冲入;然后提腕令开水壶中的水高冲入茶壶;待注水量为茶壶总容量约1/2时复压腕低斟,回转手腕一圈并用力令壶流上翻;令开水壶及时断水,轻轻放回原处。

③加盖:左手完成,将开盖顺序颠倒即可。

④荡壶:双手取茶巾横覆在左手手指部位,右手握茶壶把,放在左手茶巾上,双手协调按逆时针方向缓慢转动手腕如滚球动作,令壶身各部分充分接触开水,使壶温提升(注:也可不用茶巾)。

⑤弃水:根据茶壶的样式以正确手法将水倒入水盂。

（2）温盅及滤网法

用开壶盖法揭开盅盖(无盖者省略),将滤网置放在盅内。注开水及其余动作同温壶法。

(3)温杯法(润杯手法与此相同)

①大茶杯:右手提随手泡,逆时针转动手腕,令水流沿茶杯内壁冲入约总容量的1/3后,右手提腕断水;逐个注水完毕后,将随手泡复位。右手握茶杯中部,左手托杯底,先倾向自身一定角度,后右手手腕逆时针转动,双手协调令茶杯各部分与开水充分接触,涤荡后将开水倒入水盂,放下茶杯。

②中茶杯:手法同上。其温杯之水可由茶壶或茶盅倒入。

③小茶杯:翻杯时即将茶杯相连排成"一"字形或圆圈,右手提壶,用往返斟水法或循环斟水法,往各杯内注入开水至七分满,壶复位;右手大拇指、食指与中指端起一只茶杯侧放到邻近一只杯中,用无名指勾动杯底如"招手"状拨动茶杯,令其旋转,使茶杯内外均用开水烫到,复位后取另一杯茶再温;依次进行,直到最后一只茶杯温好。将杯中温水轻荡后倒去(如果是在排水型双层茶盘上进行温杯,则将弃水直接倒入茶盘即可)。

(4)温盖碗法

①斟水:盖碗的碗盖反放着,近身侧略低且与碗内壁留有一个小缝隙,提随手泡逆时针向盖内注开水,待开水顺小隙流入碗内约1/3容量后,右手提腕断水,随手泡复位。

②翻盖:右手如握笔状取茶针插入缝隙内;左手手背向外护在盖碗外侧,右手用茶针由外向内翻转碗盖,左手大拇指、食指与中指随即捏住盖钮将翻起的盖正盖在碗上。

③烫碗:开盖后注水三分满,右手虎口分开,大拇指与中指搭在内外碗沿两侧,拿起盖碗,左手相扶,右手手腕呈逆时针运动,双手协调令盖碗内各部位充分接触热水后弃水。

④弃水:右手端盖碗,平移于水盂上方,举手向左侧翻手腕,水即流进水盂。

6.置茶手法

(1)开闭盖

①套盖式茶样罐:双手捧住茶样罐,两手大拇指用力向上推外层盖,推边转动茶样罐,使各部位受力均匀,这样比较容易打开。当其松动后,右有虎口分开,用大拇指与食指、中指捏住外盖外壁,转动手腕取下后按抛物线轨迹移放到茶盘右侧后方角落;取茶完毕仍以抛物线轨迹取盖扣回茶样罐,用两手食指向下用力压紧盖好后放下。

②压盖式茶样罐:双手捧住茶样罐,右手大拇指、食指与中指捏住盖钮向上提盖,沿抛物线轨迹将其放到茶盘右侧后方角落;取茶完毕依前法将盖回放于茶样罐上。

（2）取茶样

①茶荷、茶匙法:左手横握已开盖的茶样罐,开口向右移至茶荷上方;右手以大拇指、食指及中指三指手背向下捏茶匙,伸进茶样罐中将茶叶轻轻扒出拨进茶荷内;目测估计茶样量,认为足够后右手将茶匙搁放在茶荷上;依前法取盖压紧盖好,放下茶样罐;右手重拾茶匙,从左手托起的茶荷中将茶叶分别拨进冲泡具中。用名优绿茶冲泡时常用此法取茶样。

②茶匙法:左手竖握或端住已开盖的茶样罐,右手放下罐盖后弧形提臂转腕向茶匙筒边,用大拇指、食指与中指三指捏住茶匙柄取出;将茶匙插入茶样罐,手腕向内旋转舀取茶样;左手应配合向外旋转手腕令茶叶疏松易取;茶匙舀出的茶直接投入冲泡器;取茶毕,右手将茶匙复位;再将茶样罐盖好复位。此法可用于多种茶冲泡。

③茶荷法:右手握(托)住茶荷柄(茶荷口朝向自己),左手横握已开盖的茶样罐,凑到茶荷边,手腕用力令其来回滚动,茶叶缓缓散入茶荷;将茶叶由茶荷直接投入冲泡具,或将茶荷放到左手(掌心朝上、虎口向外)上,令茶荷口朝向自己并对准冲泡器具口,右手取茶匙将茶叶拨入冲泡具。足量后右手将茶匙复位,两手合作将茶样罐盖好放下。这一手法常用于壶泡法。

7.冲泡手法

冲泡时的动作要领:头正身直、目不斜视;双肩齐平、举臂沉肘(一般用右手冲泡,左手半握拳自然搁放在桌上)。

（1）单手回转冲泡法

右手提随手泡,手腕逆时针回转,令水流沿茶壶(茶杯)口内壁冲入茶壶(杯)内。

（2）双手回转冲泡法

如果开水壶比较沉,可用此法冲泡。双手取茶巾置于左手手指部位,右手提壶,左手垫茶巾部位托在壶底;右手手腕逆时针回转,令水流沿茶壶(茶杯)口内壁冲入茶壶(杯)内。

（3）凤凰三点头冲泡法

用手提随手泡高冲低斟反复3次,寓意向来宾三鞠躬以示欢迎。高冲低斟是指右手提壶靠近茶杯(茶碗)口注水,再提腕使随手泡提升,接着压腕靠近茶杯(茶碗)继续注水。如此反复3次,恰好注入所需水量,提腕断水。常用于玻璃杯及盖碗冲泡。

(4)回转高冲低斟法

壶泡时常用此法。先用单手回转法,右手提随手泡注水。令水流先从茶壶壶肩开始,逆时针绕圈至壶口、壶心,再提高水壶令水流在茶壶中心处持续注入,直至七分满时压腕低斟(仍同单手回转手法);水满后提腕断水。淋壶时也用此法,水流从壶肩—壶盖—盖钮,逆时针打圈浇淋。

8.茶巾折叠法

(1)长方形(八层式)

用于杯(盖碗)泡法时。以此法折叠茶巾呈长方形放茶巾盘内。以横折为例,将正方形的茶巾平铺桌面,将茶巾上下对应横折至中心线处,接着将左右两端竖折至中心线,最后将茶巾竖着对折即可。将折好的茶巾放在茶盘内,折口朝内。

(2)正方形(九层式)

用于壶泡法时。以横折为例,将正方形的茶巾平铺桌面,将下端向上折至茶巾2/3处,接着将茶巾对折;然后将茶巾右端向左竖折至2/3处,最后对折即成正方形。将折好的茶巾放茶盘边,折口朝内。

第三节 茶具与择水

1.茶具知识

(1)初识茶具

从人们开始饮茶起就有了茶具,与饮茶相关的器具都叫茶具。现在使用的茶具有泡茶的茶壶,饮茶的茶杯、茶盅,烧水的"随手泡",分茶的公道杯,闻香的闻香杯,当作泡茶平台的茶盘,储茶的茶叶罐等。

古代和现代的饮茶方式不同,所以茶具也不一样。我国有着古老的茶文化,据史籍记载,我国农业和医学的开创者——神农氏最早发现并利用了茶叶。自汉代至隋唐,人们喝茶的风尚逐步形成。唐代盛行煮茶;把茶叶蒸软捣烂做成像现在普洱茶那样的茶饼,然后碾成茶粉放到锅里煮了喝。其中蒸茶的蒸笼、捣茶的杵臼、碾茶的茶碾、煮茶的锅、舀茶的瓢、喝茶的茶碗都是茶具。唐代把专门喝茶的器具称为茶器或汤器。唐代中期，被后世尊为"茶圣"的陆羽在他写的《茶经》中，把采茶、制茶的工具称为茶具；把煮水、泡茶的器具称为茶器。和现在不一样，宋代盛行点茶法，发展了唐代的茶具。点茶是将开水注入盛有细茶粉的茶盏里，拍击出泡沫再饮用。宋代点茶不用锅烧水，而是用汤瓶；茶盏是点茶和饮茶的双重茶具，十分重要；拍击泡沫的茶筅是新出现的茶具，很有特色。到了明代，人们喝茶就和现在一样了，冲泡散茶叶，盖碗、茶杯、茶壶是最重要的茶具。

现在有些茶室、茶艺馆为了装点饮茶环境、熏陶宁静氛围用的物品，如熏香、字画、插花、摆件等，这些被称为茶道具。

(2)各时代的茶具特色

唐代是我国茶文化逐渐全民普及的时期，特别是陆羽的《茶经》问世以后，饮茶之风更是大为盛行。从唐代起，茶具的发展变得多姿多彩。

唐代中期，陆羽总结了前代和当时的饮茶方法，在《茶经》中列举了28种茶具，其中没有壶和盏。因为当时喝茶是把茶饼用茶碾碾成粉末投进锅里煮，然后分倒在茶碗里的。当时倒水的器具叫汤瓶，不叫茶壶。

宋代由唐代的煮茶法变为点茶法，也出现了散茶及泡散茶的茶壶，紫砂陶壶也已面世。宋代人饮茶比唐代精致多了，盛行"斗茶"之风，出现了以前没有过的新茶具。这一时期中国茶文化向日本、朝鲜半岛传播，他们的一些茶社团至今保持着中国的唐宋遗风。

元代把宋代的揉、炒、焙烘的条形散茶冲饮法慢慢普及了，就像我们今天用开水沏了喝一样。这么一改，茶具中的碾、罗筛、火箸、茶筅都用不着了。确切地说，元代是从唐宋茶饼煮饮到明清散茶泡饮的一个过渡时期。一切已有茶具都在这一阶段中混合使用。譬如元代把顾渚山和武夷山的贡茶院、御茶园都改为磨茶院，既有茶饼也有散茶。作为茶具来说，除了汤瓶外，还有茶壶。元代统治中国不足百年，没留存茶著作，只有茶诗画，证明了元代上继唐宋，下启明清的茶事发展。

到了明代，朱元璋废除团饼茶的进贡，因为散茶兴盛起来，饮茶方式就和现在基本上没有什么区别了。茶壶和盖碗开始普遍使用。明代从"饮"进入了"品"的境界，是有茶以来的最高层次。

清代时，统治者的推崇和社会经济的发展使茶和茶具也发展到了顶峰，瓷器中的盖碗和陶器中的紫砂壶是茶具中的佼佼者。

中华民国至中华人民共和国建立之初，经过半个世纪的战乱，百姓生活不安定，经济萧条，民间的茶具只是满足于小作坊式的维持阶段。1949年中华人民共和国建立，人民建设国家的热情空前高涨，又通过合作化生产等方式，使陶瓷工业得到恢复发展。1957—1976年,受时局影响,科技与文化界人士普遍不能发挥创造性,又使陶瓷工业停滞在生产日用生活的产品上。待中国进入改革开放新时期,以发展经济为中心,特别是茶文化的复苏,使茶具在品类、产量、工艺、质量及设计创新方面都迅速超过了历史水平。有关茶具的专著及技工的培养发展壮大也都达到了空前的繁荣阶段。

(3)少数民族地区的特色茶具

少数民族地区因为饮茶习俗各不相同,所用的茶具也各具特色。

有些少数民族习惯喝砖茶,至今保持着煮茶的习惯,使用的茶具是金属的。比如南疆维吾尔族习惯煮香茶,使用的是铜质的茶壶,叫"萨马瓦";云南撒尼人将茶投入紫铜做的铜壶,煮好的茶称"铜壶茶"。除了煮茶的茶壶,喝茶的茶碗、茶杯也有金属的,有的甚至是金银的,如藏族盛酥油茶的茶具有很多是用金银加工而成,非常华丽。

少数民族地区还有很多的竹木茶具。如傣族喜欢喝"竹筒茶",把晒干的春茶放进刚砍的香竹筒内,然后放在火上烘烤,烤干后剖开竹筒,取出圆柱形的茶叶,掰下一点茶叶放进碗内冲饮。这种竹筒茶既有竹子的清香,又有茶叶的茶香。此外,还有竹杯、竹碗。藏族和蒙古族有木碗,轻巧美观,避免了金属的笨重和瓷器的易碎。

除了金属茶具和竹木茶具,少数民族地区也用上釉的陶器。如拉祜族的"烧茶",把新茶放在烧烫的铁片上烘烤,然后放进陶罐内煮饮。这种茶水苦中有甜、焦中有香。还有罐罐茶,罐罐茶是甘肃部分山区回族、苗族、彝族、羌族等少数民族古今相沿的一种独特的品茗风俗习惯。主要用具就是陶罐子,在陶罐子里面放些冰糖、红枣、枸杞、桂圆和茶叶,然后放在火炉上熬煮,边烤火,边聊天,边喝茶,顺便吃几口馍馍,其乐融融。

除了上述茶具,少数民族地区也使用一些瓷茶具和玻璃茶具。

2. 茶具的材质

茶具在饮茶活动中扮演的角色,或静谧或活泼,或庄重或悠闲;可质朴可华贵,可热闹可安然;有附庸风雅者,也有超凡脱俗者。而造成这多样感觉的原因,除了装饰造型外,很大程度上取决于它的材质。

(1)陶茶具

茶具的材质,必须先从古老的陶质开始,正是陶器开启了人类生活文明的进程。

陶茶具是用黏土烧制的饮茶用具,它分为泥质和夹砂两大类,由于黏土所含各种金属氧化物的百分比不同,以及烧成环境与条件的差异,使得陶器的颜色多样,有红、褐、黑、白、灰、青、黄等。陶器成型,从最初的捏塑法,到后来的泥条盘筑法、模制法、轮制成型法,无不体现着劳动人民的智慧。成型法的进步与烧制的温度有莫大的关系。7 000多年前的新石器时代陶器烧制只需600~800 ℃,那时的陶器陶质粗糙且松散。到公元1世纪以前,有了带图案花纹装饰的彩陶,其烧制温度也上升到了1 000 ℃。及至商代,出现了胎质较为细腻洁白的印纹硬陶,其烧制温度已达1 100 ℃。后来,战国盛行的彩绘陶和汉代创制的铅釉陶,为唐代唐三彩的制作工艺打下了基础。晋代,杜育《荈赋》首次提到了陶茶具:"器择陶简,出自东隅。"后来,唐代陆羽的《茶经》将茶具从饮具中分离出来,首次将茶具形成了独立的系统,其中所记载的陶茶具有熟盂等。

陶茶具走向高峰,是从紫砂陶器的烧制成功开始的,其中的紫砂壶更是历经百年风雨,仍繁荣昌盛。到北宋时,已成为我国茶具的主要品种之一,后来更是逐渐走向世界。

紫砂壶和一般陶器不同,它里外都不施釉,采用江苏宜兴的紫泥、红泥、白泥、黑泥焙烧而成。由于成陶火温较高,烧结密致,胎质细腻,既不渗漏,又有肉眼看不见的气孔,经久使用,还能吸附茶汁,蕴蓄茶味,且传热不快,不致烫手;若热天盛茶,不易酸馊,即使冷热剧变,也不会破裂;如有必要,甚至还可以直接放在炉灶上煨炖。其造型简练大方,色调淳朴古雅。明代文震亨《长物志》记载:"壶以砂者为上,盖既不夺香,又无熟汤气。"《桃溪客语》说:"阳羡(宜兴)瓷壶自明季始盛,上者与金玉等价。"可见它非同一般的身价。

(2)瓷茶具

紫砂壶最初传入西方国家时,西方人将它亲切地称为"红色瓷器"。可见比紫砂器更让世人称赞的是我国的瓷器。也正是紫砂器的极大成功,将瓷器推上了历史舞台,由此,陶器中除了紫砂器外皆逐渐落寞消逝,被瓷器所替代。

瓷器简洁明亮、动静皆宜,无论独自一人饮茶还是三五好友相聚,瓷器都能传达出不一样的美感。黄庭坚《满庭芳》中有"纤纤捧,冰瓷莹玉,金缕鹧鸪斑"的诗句,似在形容自己手中的这个鹧鸪斑盏,一人饮茶,难得安静,茶好,盏好,不觉天色已晚。唐代刘言史在洛北与孟郊煎茶时,写道:"湘瓷泛轻花,涤尽昏渴神。"可见,一种瓷器一种茶,各有千秋味。

瓷器茶具的品种很多,主要有青瓷、白瓷、黑瓷和彩瓷。这些茶具在中国茶文化发展史上,都曾有过辉煌的一页。

①白瓷茶具。

白瓷,早在唐代就有"假白玉"之称。白瓷茶具具有坯质致密透明,上釉、成陶火度高，无吸水性，音清而韵长等特点。因色泽洁白，能反映出茶汤色泽，传热、保温性能适中，加之色彩缤纷、造型各异，遂被各路人士视为茶具中的珍品。

唐代饮茶之风大盛，促进了茶具生产的相应发展，全国有许多地方的瓷业都很兴旺，形成了一批以生产茶具为主的著名窑场。各窑厂争相斗奇，相互竞争。据《唐同史补》载，河南巩县瓷窑在烧制茶具的同时，还塑造了"茶神"陆羽的瓷像，客商每购茶具若干件，即赠送一座瓷像，以招揽生意。河北邢窑生产的白瓷器具已"天下无贵贱通用之"。其他如浙江余姚的越窑、湖南的长沙窑、四川的邑窑，也都产白瓷茶具，且各有特色，其中以江西景德镇出产的最为著名。北宋时，景德镇生产的瓷器茶具，质薄光润，白里泛青，雅致悦目，并有影青刻花、印花和褐色点彩装饰。在元代，江西景德镇白瓷茶具就已远销国外。

此外，传统的"广彩"茶具也很有特色，其构图花饰严谨，闪烁有光，人物古雅有致，再经过施金加彩，宛如千丝万缕的金丝彩线交织于锦缎之上，显示出金碧辉煌、雍容华贵的气派。

②青瓷茶具。

青瓷大致出现于东汉年间，其色泽纯正，透明发光，得到很多人喜爱。及至晋代，青瓷茶具开始发展，那时青瓷的主要产地在浙江，当地的越窑、婺窑、瓯窑已具备相当规模。龙泉窑更是名噪一时。最初，青瓷茶具中最流行的是一种叫"鸡头流子"的有嘴茶壶。六朝以后，许多青瓷茶具拥有莲花纹饰。唐代的茶壶又称"茶注"，壶嘴称"流子"，形式短小，取代了晋时的鸡头流子。

下面我们着重介绍一下龙泉窑的青瓷。龙泉窑青瓷，以造型古朴挺健、釉色翠青如玉著称于世，是瓷器百花园中的一枝奇葩，被人们誉为"瓷器之花"，特别是艺人章生一、章生二兄弟俩的"哥窑""弟窑"产品，无论釉色或造型，都达到了极高的造诣。因此，"哥窑"被列为"五大名窑"之一，"弟窑"被誉为"名窑之巨擘"。

"五大名窑"指宋代烧制瓷器的 5 个名窑，它们分别是官窑、哥窑、定窑、汝窑、钧窑。它们代表了宋代发达的制瓷业。

哥窑瓷，以"胎薄质坚，釉层饱满，色泽静穆"著称，有粉青、翠青、灰青、蟹壳青等，其中以粉青最为名贵。釉面显现纹片，纹片形状多样，纹片大小相间的称"文武片"，似细眼的叫"鱼子纹"，类似冰裂状的称"北极碎"，还有"蟹爪纹""鳝血纹""牛毛纹"等。这些别具风格的纹样图饰，是因为釉原料的收缩系数不同而产生的，给人以"碎纹"之美感。

弟窑瓷，以"造型优美，胎骨厚实，釉色青翠，光润纯洁"著称，有梅子青、粉青、豆青、蟹壳青等，其中以粉青、梅子青为最佳。滋润的粉青酷似美玉，晶莹的梅子青宛如翡翠。其釉色之美，至今世上无类。

16世纪末，龙泉青瓷出口法国，轰动整个法兰西，人们用当时风靡欧洲的名剧《牧羊女》中的女主角雪拉同的美丽青袍与之相比，称龙泉青瓷为"雪拉同"，视为稀世珍品。当时，浙江龙泉哥窑生产各类青瓷器，包括茶壶、茶碗、茶盏、茶杯、茶盘等，瓯江两岸盛况空前，群窑林立，烟火相望，运输船舶往返如梭，一派繁荣景象。

除龙泉窑外，汝窑也是我国青瓷的主要生产地之一。它在汝州境内（今河南省汝州市、宝丰县一带），烧制的青瓷有天青、豆青、粉青、葱绿、天蓝等，其中以天青最为有名，有"雨过天晴无去处"之美誉。它的釉质中因掺有玛瑙末，所以较之其他瓷器异常润泽，观之有凝脂滴泪感，视之如碧玉般细腻醇和，釉汁中常显露出蟹爪纹、鱼子纹和芝麻花纹等纹路。明代曹昭在《格古要论》中形容其"土脉滋媚，薄甚亦难得"，这"滋媚"二字就是汝瓷独有的桂冠。

纵观明代的瓷器，青瓷尤为珍重，它以质地细腻、造型端庄、釉色青莹、纹路雅丽而蜚声中外。在当代，青瓷茶具又有新的发展，它色泽青翠，冲泡绿茶，有益汤色之美，被很多茶人珍爱。

③黑瓷茶具。

黑瓷茶具，始于晚唐，鼎盛于宋，延续于元，衰微于明、清。宋代福建斗茶之风盛行，斗茶者们根据经验认为建安窑所产的黑瓷茶盏用来斗茶最为适宜，因而驰名。宋人衡量斗茶的效果，一看茶面汤色花泽和均匀度，以"鲜白"为先；二看汤花与茶盏相接处水痕的有无和早晚，以"盏无水痕"为上。时任三司使给事中的蔡襄，在他的《茶录》中就说得很明白："视其面色鲜白，着盏无水痕为绝佳；建安斗试，以水痕先者为负，耐久者为胜。"而黑瓷茶具，正如宋代祝穆在《方舆胜览》中说的"茶色白，入黑盏，其痕易验"。所以，宋代的黑瓷茶盏，成了瓷器茶具中的最大品种。

黑瓷茶盏，有纯黑釉色品种，也有添加纹饰的品种，除了兔毫盏外，油滴盏也是不可多得的。它的纹路如油从盏边顺势滑落所留下的痕迹一般，是瓷器中难得一见的珍品，成品率比兔毫还低；另外还有一种鹧鸪斑盏，就是前文所提及的黄庭坚《满庭芳》中的"金缕鹧鸪斑"，其为稀世珍品，直到现在发现的有关样本都寥寥无几。据熊寥在《中国陶瓷与中国文化》中所述，"鹧鸪斑"并不是指鹧鸪鸟背部紫赤相间的羽毛，而是指其胸部遍布白点，正圆如珠的羽毛，"因为这种胸部散缀圆珠白点的羽毛，正是鹧鸪所独具的风韵"。

黑瓷在福建建窑、江西吉州窑、山西榆次窑等地都有生产，其中福建建窑是黑瓷茶具的主要产地。那么，黑瓷的各种纹饰是如何来的呢？原来与烧制的温度有关，当窑温达到1300℃时，黑瓷中的氧化铁会融入釉中，釉层在流动过程中，铁质也会流动成不同的纹饰，窑温冷却时，就会从中吸出赤铁矿小晶体，形成我们所看到的星星点点的不同纹路。正是这些不同的纹路,使得茶汤一旦入盏,就能放射出五彩纷呈的点点光辉,增加斗茶的情趣。后来由于明代的"烹点"之法与宋代不同,黑瓷建盏"似不宜用",只作为"以备一种"而已,遂逐渐落寞。

④彩瓷茶具。

彩色茶具的品种花色很多,其中尤以青花瓷茶具最引人注目。青花瓷茶具,其实是指以氧化钴为成色剂,在瓷胎上直接描绘图案纹饰,再涂上一层透明釉,而后在窑内经 1 300 ℃左右高温还原烧制而成的器具。然而,对"青花"色泽中"青"的理解,古今亦有所不同。古人将黑、蓝、青、绿等诸色统称为"青",故"青花"的含义比今人要广。它的特点是,花纹蓝白,相映成趣,有赏心悦目之感;色彩淡雅,幽青可人,有华而不艳之力。加之彩料之上涂釉,显得滋润明亮,平添了青花茶具的魅力。

(3)玉石茶具

玉石是自然界中颜色美观、质地细腻坚韧、光泽柔润,由单一矿物或多种矿物组成的岩石,如绿松石、芙蓉石、青金石、欧泊、玛瑙、玉髓、石英岩等。狭义专指硬玉(翡翠)和软玉(如和田玉、南阳玉等),或简称玉。中国是世界上用玉最早的国家,已有 7 000 多年的历史。玉是矿石中比较高贵的一种。中国古人视玉为圣洁之物,认为玉是光荣和幸福的化身,是权力、地位、吉祥、刚毅和仁慈的象征。一些外国学者也把玉称为我国的"国石"。

我国最著名的玉石是新疆和田玉,它与河南独山玉、辽宁的岫岩玉和湖北的绿松石,一同被称为"中国四大玉石"。

玉石是一种纯天然环保材质,自古以来都是高档茶具的首选材料。玉石茶具一般都精雕细琢,赋石头以灵性,与茗茶并容,每一款茶具都独具匠心,美观大方,极富个性。且石质茶盘具有遇冷遇热不干裂、不变形、不褪色、不吸色、不粘茶垢、易清洗等优点。正是茗茶润玉,传世收藏。

因为玉石的珍贵稀有,所以人们一般只是将玉石茶具用来鉴赏收藏,几乎不用来泡茶。据史料记载,我国明朝万历年间,神宗皇帝来到梵净山后,命人将玉石雕刻成佛像,供奉在皇宫,并让他们制作玉石的茶具、酒具,奖赏给有功大臣。可见,玉石茶具也仅限于权贵家庭往来送礼所用,民间实为罕见。

(4)漆器茶具

漆器艺术原是中华民族传统文化的瑰宝之一,在上古黄河、长江流域盛行,有春秋、战国和汉代古墓葬出土的大量精美的漆器为证。时下,福建漆器与北京的景泰蓝、江西景德镇的瓷器并誉为中国传统工艺美术的"三宝"。不过我们要知道,生漆的原产地多在川黔一带,只是到了近代,福建漆器以其独特的脱胎漆器工艺,才能异军突起。漆器的制作方法是割天然漆树液汁进行炼制,掺进所需色料,从而制成绚丽夺目的器件。

漆器茶具较有名的有北京雕漆茶具、福州脱胎茶具、江西鄱阳等地生产的脱胎漆器等,均具有独特的艺术魅力。其中,福建生产的漆器茶具尤为多姿多彩,如"宝砂闪光""金丝玛瑙""仿古瓷""雕填"等,均为脱胎漆茶具,它具有轻巧美观、色泽光亮、耐温、耐酸的特点,是名副其实的艺术品。

(5)竹木茶具

竹木茶具和古老的陶器一样,它总是毫不起眼。廉价的原料、粗糙的工艺和不耐保存的特性,都是历史忽略它的原因。但辛苦劳作的人民没有忽略。很多人都曾使用竹碗或木碗泡茶。比如海南等地有用椰壳制作的壶、碗来泡茶的,经济而实用,又具有艺术性。用木罐、竹罐装茶,则仍然随处可见。还有福建省武夷山等地的乌龙茶木盒,在盒上绘制山水图案,制作精细,别具一格。作为艺术品的黄阳木罐、二黄竹片茶罐,也是馈赠亲友的珍品,且有实用价值。

历史上,竹木茶具在隋唐以前比较盛行。当时的粗放饮茶之风造就了茶具分陶器和竹木,陶器由上层社会的人们使用,竹木茶具则由底层人们使用。竹木茶具来源广,制作方便,对茶无污染,对人体也无害,茶圣陆羽十分推崇,他在《茶经·四之器》中列出的20余件茶具,多数是用竹木制作的。

竹木茶具虽一直受到茶人的欢迎,但其缺点是不能长时间使用,无法长久保存,久而失去文物价值。直到清代,在四川出现了一种竹编茶具,才改变了竹木茶具的命运。这种茶具,不但色调和谐,美观大方,而且能保护内胎,减少损坏;同时,泡茶后不易烫手,并富含艺术欣赏价值。因此,多数人购置竹编茶具,不在其用,而重在摆设和收藏。

它既是一种工艺品,又富有实用价值,主要品种有茶杯、茶盅、茶托、茶壶、茶盘等,多为成套制作。竹编茶具由内胎和外套组成,内胎多为陶瓷类饮茶器具,外套用精选慈竹,经劈、启、揉、匀等多道工序,制成粗细如发的柔软竹丝,经烤色、染色,再按茶具内胎形状、大小编织嵌合,使之成为整体如一的茶具。

竹木茶具在日本非常流行,甚至形成了"茶道六君子",包括茶匙、茶针、茶漏、茶夹、茶则和茶桶。它们外形小巧精致,质感古朴纯然,与茶香、墨香相得益彰,是日本茶具中不可或缺的茶具。

(6)金属茶具

金属茶具贯穿了茶具发展史上的每个角落,堪称一篇史诗巨制。它是指由金、银、铜、铁、锡等金属材料制作而成的茶具。它是中国最古老的日用器具之一,早在公元前18世纪至公元前221年秦始皇统一中国之前的1 500年间,青铜器就得到了广泛的应用。

①金银茶具。

金银器具的第一个制作高峰是在隋唐时期。尤其是唐朝,经济繁荣,国盛民富,人民思想开放等因素都使茶具呈现出一派欣欣向荣的景象,其中,金银茶具更是出现了第一个制作高峰。

以唐代金银器的三大考古发现为依据,我们不难看出唐代早、中、晚三个时期的金银制造业工艺发展水平。这三大考古发现是西安何家村窖藏、扶风法门寺地宫、江苏丁卯桥窖藏。这一时期是西方纪元年中的7—9世纪,正是我国贸易往来的频繁期。

隋末唐初的金银器具受到了西方外来茶具的影响,流行高足杯、带把杯、长杯,盛行忍冬纹、缠枝纹、葡萄纹、联珠纹、绳索纹等,西方盛行的捶揲技术也被唐代工匠全面掌握。唐代中期,我国的金银器逐渐摆脱西方模式,按自身民族化的方向发展,很多器形为葵花形或菱花形,唐代后期则出现了官营和私营的作坊,金银器商品化使得器物形制趋向单薄、简洁,而器物种类大大增加,出现了金银茶具等产品。

宋代,金银茶具书写出了华丽的篇章。当时的人们饮茶时以金银茶具为上品,并视之为身份和财富的象征。蔡襄在其《茶录·论茶具》中具体记载了当时流行的斗茶用具"茶椎、茶钤、茶匙、汤瓶"等均以黄金为上,次一些则"以银铁或瓷石为之"。

宋代银制茶具继承发扬了唐代金银器模压、锤压、錾刻、焊接、镏金等工艺传统,并在其基础上创造了立体装饰、浮雕凸花和镂刻工艺,充分显示出宋代金银工艺制作的高水平。

②锡茶具。

锡工艺品在我国已有2 000多年的历史,锡具有质地柔软、可塑性强的特点,是排列在白金、黄金、银后面的第四种稀有金属。锡茶具富有光泽、无毒、不易氧化,并有很好的杀毒、净化、防潮、防紫外线、保鲜等效果,经过熔化、压片、裁料、造型、刮光、装接、擦亮、装饰雕刻等复杂工序后才能成型。

锡茶具常用来储茶。因为它不但耐碱、无毒无味、不生锈、外观精美,而且非常实用。锡罐储茶器多制成小口长颈,其盖为圆桶状,密封性较好。

目前人们收藏的锡茶具大多产于明代,是锡匠仿紫砂器制成的,以把玩为目的,引起了大批文人的兴趣。同紫砂壶一样,锡在推向市场后,不但跻身在了珍品雅玩行列,而且名家辈出。比如明代赵良璧、朱端,他们开创了锡壶制作之先河,制造出了造型奇古、美轮美奂的精美锡壶,其价值超过了商周流传下来的青铜器。后来,清代沈存周、卢葵生、朱石梅在制作工艺、材料、装饰等方面又有了新的突破,他们让锡工艺的制作达到了顶峰,制作出了一批独具创新意味的锡器精品,有礼器、饮具、食具、灯烛具、烟具、熏具、文具等,其中又以饮具最为常见,而饮具中又以锡壶为多。

锡器的工艺多由其纯度决定,97%及以下的锡器质地坚硬,适于机械加工,加工出来的锡器往往浑然一体,浮雕效果明显,但其密封性不是最好,因此茶叶罐一般都采用内外两层设计。99.9%的锡器质地较软,手工特点浓厚,一件作品多为几部分合成,能够表现出高级的雕刻和镂空工艺,而且密封性很好,茶叶罐使用一个外盖即可达到良好的保存效果。

③铜茶具。

目前,世界上最早的铜器在土耳其发现,距今已有9 000年的历史,我国最早的铜器出现在距今有6 000多年的仰韶文化时期。时间上虽晚一些,但其使用规模、铸造工艺、造型艺术及品种却超越了其他国家。

《宋稗类钞》中说:"唐宋间,不贵金玉而贵铜磁(瓷)。"也就是说,唐宋时期,人们多用铜或瓷茶具饮茶,因为铜茶具相对金玉来说,价格更便宜,煮水性优越。

我国的铜茶具,最普遍的是铜煮壶,专门用来煮沏茶水的壶。此壶具有传热快、耐用及不易损坏等特点。到了明末清初,铜水壶几乎一统天下,不论是茶馆,还是居家,都使用铜水壶,俗称"铜吊"。至今,人们还用铜吊泛指一切烧水壶。

而作为古玩收藏的铜煮壶,并非家用铜吊,而是指文人雅士或老茶客用来沏茶烧水的铜壶,有紫铜、黄铜与白铜三种,体积较小,且大多配有烧火的架子。这些铜煮壶,不仅造型小巧,玲珑别致,甚至镂花刻字,很有书卷气,年代大多在清末至民国。还有一种铜煮壶,将壶与架子融为一体,外壳呈方柜形,上面为壶,下面是烧木炭的炉膛,古色古香,令人喜爱。

世界上的铜质茶具以俄罗斯的茶炊最具盛名,它的造型、作用将铜的特点发挥到了极致。茶炊也称俄式茶壶,其造型充满了浓浓的俄式风情。

关于铜茶具,还有一段佳话。1947年,赞比亚总统卡翁达会见我国毛泽东主席时送了一套铜茶具,赞比亚素以"铜矿之国"著称,它的铜器闻名遐迩。会见时毛主席与卡翁总统谈到了"三个世界"的理论,令卡翁达觉得耳目一新。谈累了,总统取出铜茶具说:"喝口水吧。"毛主席哈哈一笑,说:"我不习惯铜茶杯。"接着毛主席取出一只制作精致的景德镇瓷杯,总统看了赞不绝口。毛主席风趣地说:"我的虽好,但一摔就碎。你的虽沉,耐摔。咱们是各有千秋!"

(7)玻璃茶具

玻璃,古人称之为流璃或琉璃,实则是一种有色、半透明的矿物质。用这种材料制成的茶具,能给人以色泽鲜艳、光彩照人之感。

唐代,随着中外文化交流的增多,西方琉璃器的不断传入,我国遂开始烧制琉璃茶具。在陕西扶风法门寺地宫出土的由唐僖宗供奉的素面圈足淡黄色琉璃茶盏和玻璃茶具,以及素而淡黄色的琉璃茶托,都是地道的中国琉璃茶具。虽然造型原始,装饰简朴,质地显浑,透明度低,但却表明我国的琉璃茶具在唐代已经起步,在当时堪称珍贵之物。

玻璃茶具一般是用含石英的沙子、石灰石、纯碱等混合后,在高温下熔化、成型,再经冷却制成。玻璃茶具有很多种,如水晶玻璃、无色玻璃、玉色玻璃、金星玻璃、乳浊玻璃茶具等。

唐代元稹曾写诗赞誉琉璃,说它是:"有色同寒冰,无物隔纤尘。象筵看不见,堪将对玉人"。难怪唐代在供奉法门寺塔佛骨舍利时,也将琉璃茶具列入供奉之物。

宋时,我国独特的高铅琉璃器具相继问世。元、明时,规模较大的琉璃作坊在山东、新疆等地出现。清康熙时,在北京还开设了宫廷琉璃厂。只是一直以来,这些厂家多以生产琉璃艺术品为主,只有少量茶具制品,始终没有形成琉璃茶具的规模生产。

在现代,玻璃器皿有了快速的发展。玻璃质地透明,光泽夺目,外形可塑性大,形态各异,用途广泛。用玻璃杯泡茶,茶汤的鲜艳色泽、茶叶的细嫩柔软、茶叶的舒卷跳跃等,都一览无余,可以说是一种动态的艺术欣赏。特别是冲泡各类名茶,茶具晶莹剔透,杯中清雾缥缈,澄清碧绿,芽叶朵朵,亭亭玉立,观之赏心悦目,别有风趣。而且玻璃杯价廉物美,深受广大消费者的欢迎。美中不足的是它容易破碎,且比陶瓷烫手。不过也有一种经特殊加工称为钢化玻璃的制品,其牢固度较好,通常在火车上和餐饮业中使用。

玻璃茶具表面看来都是很通透的,不过内在还是存在很大的差别。一般正品茶具,玻璃厚度均匀,阳光照射下非常通透,而且敲击之下声音很脆,大都经过抗热处理,不会出现炸裂的情况。

但是,个别玻璃茶具,虽价格便宜,敲击声却发闷,色泽也混浊,抗热性能一般。尤其是煮花草茶的玻璃茶壶,如果抗热性差,危险性就大了。识别玻璃茶具可以观摩其侧壁有无明显横纹,有横纹的为手工制作而成,玻璃壁厚实耐用;无横纹或横纹少的由模具制成,玻璃壁较薄易破损。

3. 茶具的传播

茶具的传播伴随的是茶叶在世界范围内的欣欣向荣。世界范围内,日本是最先引入我国茶叶的国家。

唐朝国盛民富，经济繁荣，便利的交通开辟了世界贸易的局面。日本的遣唐使和留学生来到了富饶的长安城，此后他们接触到我国的茶叶，由他们带回的茶叶得到了僧侣们的认同，僧侣们将茶叶视为神圣的药剂，可治百病，茶叶就这样进入了日本的佛寺。此后，又于圣武天皇天平元年进入宫廷，出现在一些重要的仪式中。有资料显示，当时宫中大法要时常用茶作为供奉，体现了茶在日本人心中神圣的地位和洁净的象征。

现在，在东大寺的正仓院中还保存着当时所用的茶具——茶碗。这个茶碗为当时大佛开眼供养时所用，它见证了我国茶文化在日本最初的繁荣。

几十年后的桓武天皇延历二十四年（公元805年），日本传教大师最澄从中国将茶种带回日本并广泛种植。当时的皇宫法要会式里已有用茶的记录，但甚为短暂，因为遣唐使制度在宇多天皇宽平六年被废止了。

直至宋朝国力兴盛起来，日本荣西禅师再次将我国的茶带回了日本，此时正是平安时代（公元794—1192年）的末期，荣西不仅将茶带回了日本，更将我国的茶道一并带回。随着后来日本饮茶之风的盛行，我国的茶具也开始受到关注。日本人非常喜爱我国宜兴的紫砂壶和景德镇的白瓷。加藤左卫门到我国研究制瓷业返回日本后，开始发展陶瓷生产制造业。1510年五良大甫来我国景德镇研究瓷器后，更是将景德镇制造青瓷、白瓷的技术和所需的原料带回日本，开创了日本烧制瓷器的先河。这位五良大甫在我国学习制瓷的五年期间，还化名吴祥瑞，生产了祥瑞瓷器。16世纪，"日本茶道"创立后，茶具便伴随着日本茶道直至今天。

继日本之后，茶开始传播到亚洲各地。大部分朝鲜人就饮用日本茶，他们将茶叶放入锅中用沸水烹煮，饮用时配以生鸡蛋和米饼，边喝茶边吸蛋，蛋吸尽后开始食米饼，并没有专业的茶具。饮茶时配以专业茶具的亚洲国家和地区有土耳其、克什米尔地区、某些中亚地区和一些阿拉伯国家。

我国的茶和茶具于16世纪进入了欧洲，是由荷兰人引入的。当时进入荷兰的我国茶具是薄如蛋壳的精制茶壶和茶杯。将它们传播开来的则是富人的妻子们，她们通常会在家中专门布置一间茶室来招待客人，而且格外注重茶具的使用。她们将茶叶存放在银丝镶嵌的小瓷茶盒中备用，饮茶时每个茶壶还配有银制的滤器。除家庭茶室外，商业茶室的逐渐增加也为茶的传播起到了至关重要的作用。

在欧洲的茶文化传播中，不得不提到葡萄牙公主卡特琳，她于1661年嫁给英国国王查理二世，把饮茶也带进了英国宫廷。当时，茶在伦敦咖啡馆中专供男子饮用，单身女子不得入内。茶汤用小桶装盛，像啤酒。卡特琳进入王室后，英国宫廷逐渐养成了自己特殊的饮茶习惯。

17世纪乔治一世时期,我国绿茶随武夷红茶进入了英国市场。当时的英国人视茶叶为贵重物品,在家中设置装潢富丽的茶箱,加锁珍藏。这种茶箱用木料、龟板、黄铜或者银制成,里面分装绿茶和红茶。当时的饮用习惯是把可供一杯或数杯的茶叶放入壶内,然后注入沸水浸泡片刻,再续添沸水,直至每个人认为适当时方可停止加水,开始饮用。这里的壶是指来自我国的壶,小而精致,价奇高。在英国的茶具史上,安妮女王扮演了很重要的角色,因为她喜欢饮茶且喜欢赏茶具,所以带动了宫廷内外注重饮茶的风气,当时上流社会的人士都以茶来代替早餐时的麦酒,所用茶具除茶杯和茶匙外还有茶壶,当时的茶壶就以安妮女王所欣赏的钟形银壶为上品。

除了皇室外,英国的政治文人也很喜欢饮茶,比如诗人拜伦,他喜欢饮茶时加点乳酪进去。政治家葛拉德士顿也是当时颇有名气的饮茶家。威灵顿这位名将喜欢饮茶是因为茶总能带给他清醒的头脑……

在欧洲,除了英国外,就属俄罗斯的饮茶风最浓了。俄罗斯人有一套自己的"俄罗斯式"饮茶法。用的工具有茶缸、茶壶、茶杯、茶盘、茶碟等。俄罗斯的茶具带有浓烈的俄罗斯风情,其材质通常采用铜、黄铜或者银,精美华丽,且体态较硕。

这样说来,欧洲国家饮茶以荷兰最早,其次英国,再次俄罗斯。饮茶法则是英国最考究,荷兰学习英国,俄罗斯又有所创新。

欧洲之后就是美洲了。美洲的饮茶以美国为最早,在19世纪时,美国人已有晚餐饮茶的习惯。美国人饮茶喜欢饮袋装茶,简单方便,他们把茶分为两种,热茶和冰茶,热茶适宜冬天喝,冰茶适宜夏天喝。他们用壶泡茶,用杯饮茶,围着茶几,吃着点心。美国也有茶室,但和别国的茶室不一样,这里是小吃场所,名叫"茶园"。

美国之后是加拿大,加拿大人虽然茶叶消费量大,但几乎只饮红茶。他们饮茶用茶壶、茶匙和茶杯,其中茶壶特别喜欢陶制的。

再来看看大洋洲的饮茶国家澳大利亚和新西兰。这两个国家的畜牧业很发达,所以饮茶习俗比较像我国的内蒙古、西藏等地。他们多用锡罐和镀镍的壶来煮茶,茶汤浓厚。

非洲人也饮茶,比如摩洛哥人就以我国绿茶为宝,埃及人则喜欢红茶,他们在饮茶时喜欢加糖或薄荷,用玻璃杯冲泡。

茶具随着各地饮茶之风的兴起逐渐盛行起来,它融合了饮茶人的喜好、风格、文化、背景等,与茶叶一同成为了人们生活的一部分。但是茶具的传播远不仅于此,它还出现在各种艺术作品中,正是艺术的神奇力量将它快速带领到了世界各地。

以日本为例,荣西禅师的《吃茶养生记》是日本的第一部茶著作,这本书让日本人民认识了茶的各个功效。藏于日本西京市博物馆的《明惠上人图》定格了明惠上人在松林下坐禅的画面,明惠上人高辨在宇治栽植了第一棵茶树,成为日本爱茶人尊崇的对象。

此外,日本人还创作了采茶歌和采茶舞,采茶歌韵律简单、朗朗上口,很多儿童都会唱;采茶舞常由艺伎来表演。

日本也有写茶的诗,其中最为著名的是淳和亲王(后来的淳和天皇)的《散怀》:

> 绕竹环池绝世尘,孤村迥立傍林限。
>
> 红薇结实知春去,绿鲜生钱报夏来。
>
> 幽径树边香茗沸,碧梧荫下澹琴谐。
>
> 凤凰遥集消千虑,踟蹰归途暮始回。

关于茶具,18 世纪西川所绘的《菊与茶》起到了一定的传播作用。这幅图的主体是一位日本绅士面对一盆菊花静坐,中心是一群女性,右侧廊下则是茶釜和茶壶之类的茶具。此外,一些关于茶道仕女的画作也会涉及日本的茶具。

处于东方的日本如此,西方亦是毫不吝啬地在各类艺术作品中展现茶与茶具。1771 年,爱尔兰人像画家那塔尼尔·候恩为他女儿绘制的画像就无意识地成就了一幅动人的饮茶图。画中少女身着锦服,披一件皎洁似雪的花边针织披肩,右手捧碟,碟上放一只无柄的茶杯,左手用小银匙搅动杯中的热茶。再有就是乔治·莫兰的名画《巴格尼格井泉的茶会》,展现了一个家庭聚集在名园中用茶的情景。桌上的茶具精致华美,呈现出了格调高雅的温暖。此外,玛丽·卡斯特的《一杯茶》和米勒的《人物与茶事》等绘画作品对于茶文化的研究来说也都异常珍贵,不可忽视。

对于热情奔放的西方人来说,极富感染力的歌唱艺术怎能缺少。比勒的《亭中茶》就是一首喜剧歌曲,它叙述了一个住在乡下的年轻人邀请城中好友观赏被昆虫毁坏的园亭小径后,请他们随意坐在毛虫与青蛙之间,"饮茶于亭中"的有趣故事。另外,美国作曲家路易斯·艾耶尔斯·加纳特创作的一首高音歌曲《茶歌》,通过讲述准备日本茶道时的快乐时光,生动展现了茶文化的美丽,此曲的道白部分由一位来自日本的"褐色小姑娘"为大家展示,十分具有感染力。

再来看文学方面,1663 年,埃德蒙特的《饮茶王后》赞颂道:"花神宠秋色,嫦娥矜月桂。月桂与秋色,美难与茶比。"

在诸多文学作品中,尤其不能忽视的是伯考的《课业》一诗,通过这首诗我们领略到了无比欢快的饮茶方式,也窥到了西方人所用的茶具:

> 搅拨炉火,速闭窗格;
>
> 垂放帘帷,推转座椅。
>
> 茶瓮气蒸成柱,
>
> 沸腾高鸣唧唧;
>
> 快乐之杯不醉人,
>
> 留待人人,
>
> 欢然迎此和平夕。

很难想象他们的"茶瓮"是一种什么样的茶具,能"气蒸成柱",对于我国的任何一种茶具来说,它都能称得上是庞然大物了吧!

茶具的传播,通过生活,通过艺术宫廷名流,布衣百姓也纷纷将它视若珍宝。因为爱它,人们或吟诵,或歌唱,或书写,或描绘,世界有多宽阔,茶具的舞台就有多宽阔。

4. 择水要义

茶与水,亲如手足,这是因为水乃茶之色香味形的载体。饮茶时,茶中各种物质的呈现,愉悦快感的产生,无穷意会的回味,都要通过水来实现;茶中各种营养成分和保健功能,最终也须通过水冲泡茶叶,经眼看、鼻闻、口尝的方式来达到。如果水质欠佳,茶中许多内含物质受到损害,甚至污染,人们在饮茶时,既闻不到茶的清香,又尝不到茶的甘醇,还看不到茶的晶莹,因此也就失却饮茶给人们带来的益处,尤其是品茶给人们带来的物质、精神和文化享受。

（1）鉴水由来

唐以前的中国,尽管长江以南饮茶已较普遍,但那时饮茶比较粗放,宜茶水品并没有引起茶人的足够关注。进入唐以后,茶事兴旺,饮茶成为风尚,尤其是陆羽对茶业的卓越贡献以及精湛的茶艺,使众多饮茶者燃起了炽热的饮茶热情,开辟了"比屋皆饮"的饮茶黄金时代,并随着清饮雅赏饮茶之风的开创,使喝茶解渴上升为艺术品饮。人们在汲水、煮茶和品茶过程中,对水有了特殊的要求。据唐代张又新《煎茶水记》记载:最早提出鉴水试茶的是唐代的刘伯刍,他通过"亲挹而比之",列出天下水品依次分为七等,提出:"扬子江南零水,第一;无锡惠山寺石水,第二;苏州虎丘寺石水……"

而差不多与刘伯刍同时代的陆羽,在江苏扬州与御史李季卿同品南零水时,根据实践所得,提出:"楚水第一,晋水最下。"并把天下宜茶水品,依次评点为二十等。进而断定"庐山康王谷水,第一;无锡县惠山寺石泉水,第二;蕲州(注:今湖北蕲春)兰溪石下水……"不论陆羽品水结论是否正确,但他强调茶与水的关系,提出饮茶用水有优劣之分,并采用调查研究方法去品评水质,是符合科学道理并值得学习的。

古代茶人,对宜茶水品的论述颇多,但由于历代品茗高手,嗜好不一,条件不同,以致对天下何种水沏茶最宜,说法也不完全一致,以致结论亦有一定差异。综合起来,大致可以归纳为以下几种论点:即择水择"源";水品在"活";水味在"甘";水色需"清";水质应"轻"。

以上诸家,对宜茶水品的论述,都有一定的科学道理,但也不乏片面之词。宋徽宗赵佶精于评茶鉴水,编纂《大观茶论》,提出宜茶水品"以清轻甘洁为美",这是宋代以前历代茶人对水品评述的经验总结。清代梁章巨在《归田锁记》中则明确指出,好的茶品,必须有好的水质相配。他认为"山中之水,方能悟此消息"。为此,他又认为只有身入山中,甘泉沏香茗,方能真正品尝到"香、清、甘、活"的茶品。

(2)水品选择

"扬子江心水,蒙顶山上茶";"采取龙井茶,还烹龙井水"。有关"佳茗"配"美泉"之说,各地都有。这就是说,有了好茶,还须有好水,才能"茶经水品两足佳"。中国饮茶史上,许多茶人常常不遗余力,为赢得"一泓美泉",以致"千里致水"也不在话下。下面将几种主要的泡茶用水简介如下:

①泉水:泉水以及由此而形成的山溪水,大多是经山岩石隙和植被沙粒渗析而汇涓成流的。所以,水质比较清纯,杂质少,透明度高,少污染,常含有较多的矿质元素。

用泉水和山溪水泡茶诚然可贵,但水源和流经途径的不同,其溶解物、含盐量和水的硬度等,也会有较大的差别,因此,也并非所有泉水和山溪水都是优质的,例如硫黄矿泉水等便是不能泡茶的;另一方面,泉水也不能随处可得。因此,古今还发明了不少改造沏茶用水的方法。

目前,在城镇中大量供量的矿泉水,大致有两种:一种是天然矿泉水;二是市售的桶装矿泉水。天然矿泉水,各地多有发现。一般来说,只要水质无污染,无杂质,符合国家饮用水标准的水均可用来沏茶。若有浑浊,可选用无污染的桶,盛接矿泉水后,静置一个昼夜,让悬浮的固体物沉淀,其上部洁净的矿泉水,就可直接用来泡茶。倘能用活性炭蕊的净水器过滤,其效果更好。有条件者,也可用离子交换净水器,除去矿泉水中的钙、镁离子,则可使硬水接近软水,其效果尤佳。至于市售的桶装矿泉水,在生产时,厂家已经经过水质处理,可直接煮沸沏茶。

②江、河、湖水:此类水属地面水,通常含杂质较多,浑浊度大,特别是靠近城镇之处,更易受污染。但在远离人烟的地方,污染物少,水又常年流动,这样的江、河、

湖水仍不失为沏茶的好水。钱塘江的上游是富春江,那里的严子陵滩水,经陆羽品评,命名为"天下第十九泉"。富春江上游的新安江,是钱塘江的源头,这里的江水,不但水质清澈见底,而且饮起来"有点甜",道理就在于此。

另外,有些江、河、湖水,虽然比较浑浊,但只要是活水,无污染的水,经过处理,同样也可成为泡茶好水。

一般来说,用江、河、湖水泡茶,须掌握三条:一是要汲取常年流动的"活水",二是要尽量避开村落密集地方,防止水质污染,三是要酌情经过澄清处理。

③井水:井水属地下水的一种,一般来说,悬浮物含量较低,透明度较高。但井水,多数属浅层地下水,特别是城市井水,易受污染,用来泡茶,有损茶味。不过也有少数例外的,如北京故宫博物院文华殿东侧的大庖井,曾是皇宫的重要饮水来源;湖南长沙城内著名的白沙井,其水是从砂岩中经过层层过滤后涌出的清泉,不但水质好,而且终年长流不息,汲之沏茶,色、香、味俱佳。

以上所见,井水是否适宜泡茶,不能一概而论。一般来说,凡深井且地下水有耐水层保护,污染少,水质清洁;而浅井,地下水易被地面污染,水质较差。所以,深井水比浅井水好。

其次,城市中的井水受污染多,有的还常带有异味,一般不宜泡茶;而农村井水,受污染少,水质好。所以,农村井水比城市井水好。

第三,经常用来汲取用水的井水,由于多汲而使静水变"活";而不常汲的井水,即使水源较好,也会使水变"滞",水质变差。所以,常汲的井水比常搁的井水要好。

④雪水和雨水:此类水被称之为"天泉",尤其是雪水,更为茶人所推崇,以为雪水煮茶,茶汤甘美清凉。唐代白居易的"融雪煎香茗";元代谢可宗的"夜扫寒英煮绿尘";清代曹雪芹的"扫将新雪及时烹",都是赞美用雪水沏茶的。时至今日,中国一些农村仍保留有"冬藏雪,夏煮茶"之习俗。

雨水,又称"天落水",历代茶人推崇。秋天雨水,因天高气爽,空中尘埃少,水味清冽,当属上品;江南梅雨季雨水,因天气沉闷,阴雨连绵,因此水味甘滑,当有逊色;夏季雨水,雷雨阵阵,飞沙走石,因此水质不净,也会使茶味"走样"。但总的说来,不论是雪水,还是雨水,与江、河、湖水相比,总是洁净的,不失为泡茶好水。

不过,受大气污染的雪水和雨水,是不可取的。

⑤自来水:一般来说,城市自来水水厂供应的自来水,经过水质处理,已达到生活用水的国家标准。但自来水中普遍存有漂白粉的氯气气味,若直接用自来水泡茶,会使茶的滋味和香气逊色。因此,若用自来水泡茶,一般不宜直接饮用,需经过以下处理:

水缸养水：将自来水存放陶缸内，静置一昼夜，待氯气挥发殆尽，再煮沸泡茶。

净水器处理：在自来水龙头出口处接上离子交换净水器，以除去自来水中的氯气、钙、镁等矿物质离子，成为离子水。此法特别适用于北方，因北方自来水水源多为呈弱碱性的地下水，去离子后能使自来水达到中性或弱碱性，用这种自来水沏茶，往往能取得较好的效果。

沸腾法：对急需饮用，而又来不及处理的自来水，可适当延长开盖煮沸时间，以驱散氯气，用来泡茶，也能取得较好的效果。

⑥纯净水：一般是采用蒸馏法或超滤法（可去有机物质）制取的水，它们与离子交换净水器处理的水一样，其优点是无污染，少杂质，水质洁净，符合卫生指标，可直接用来煮水沏茶。但它们在除去杂质的同时，往往将一些有益身体健康的矿质元素，也同时除去了，这是很可惜的。如此长期饮用，会减少人身对某些微量元素的吸收，不利于人体健康。

另外，沼泽水，变质的"死水"，以及碱性较强，或含有铁质的水，有损茶的色香味，不宜泡茶。

现代科学证明，泡茶用水有软水和硬水之分。正常情况下，自然界中只有雪水和雨水，以及人工加工而成的纯净水和蒸馏水才称得上是软水，其他如泉水、江水、池水、湖水、井水等，无一不是硬水。用软水沏茶，固然香高味醇，自然可贵。但另一方面，像雨水和雪水，虽然未曾落地，却也会受大气污染而含有尘埃和其他溶解物，甚至不及江湖之水。用硬水沏茶，固然有时会损茶的纯洁"本色"，但硬水的主要成分是碳酸钙和碳酸镁，一经高温煮沸，就会立即分解沉淀，使硬水变为软水，因此同样能泡得一杯香茶。

（3）烧水的学问

有了好茶，还须择上好水。而有了好水，还须有好的煮水方法。古往今来茶人的实践证明，好茶没有好水，就不能把茶的品质发挥出来；而有了好水，煮水不"到家"，"火候"掌握不好，也无法显示出好茶、好水的风格来，甚至使茶汤变味，茶色走样，茶香趋钝。所以，煮水用什么燃料，盛什么容器，烧到什么程度，大有讲究。

①烧水燃料：苏东坡诗云："活水还须活火烹"。所谓"活火"，指的是有焰的炭火。古人认为，煎水燃料以木炭为最好，硬柴（诸如槐树、桑树、枥树、桐树等）次之。凡沾染油腥味焚烧而成的木炭，含有油脂的木柴（诸如柏树、桂树、桧树等），以及腐朽的木器材，都不宜用来作为烧水的燃料。

如今烧水燃料很多，在农村用得较多的有柴、煤、炭等；现在也大量地使用煤气、天然气，城镇用得较多的是煤气、电、酒精等。不论采用何种燃料，对煮水燃料的选择，只要掌握两条就可以了：一是燃烧物的燃烧性能要好，热量要大而持久，这样不至于使火力太低,又可避免时强时弱,做到急火快煮,使烧出来的水既具有鲜爽刺激味,又富含营养;二是燃烧物不能带有异味和冒烟,这样才能在煮水时不致污染水质,以保证泡出来的茶汤保持原有"本色"。上面提到的几种煮水燃料,除电外,其他燃烧物,或多或少都有气味产生。为此,煮水还应注意以下几点:

凡用柴、煤灶煮水的,要在灶上安置烟囱,排出烟气。若在室内用普通煤炉煮水,还应装上排气扇。

不宜使用带有油、腥味的燃料煮水。煮水时间内,也不应存放带有异味的东西,以免污染水质。

倘若使用煤、炭、柴等燃料煮水,则应先将燃料点燃火焰后,再搁上盛水容器开始煮水,以免沾染烟味。

煮水场所,要通风透气,以免聚积烟味和异味。盛水烧煮的容器,也应加盖密封,不使水质污染。

按照以上要求,饮茶用水的烧煮,最好选择煤气、酒精、电等热能为好。这样做既清洁卫生,又简单方便,还能达到活火快煮的要求,它们称得上是宜茶用水的上好燃料,受到茶人的欢迎。

②烧水容器:煮水器具必须经过选择,否则会对泡茶用水产生不良影响,主要可从以下三个方面加以考虑:

一是烧水器的质地和材料。古时多用铁质锅炉烧水,但常含铁锈水垢,所以对锅腔需要进行经常冲洗,否则,用含有铁质的水泡茶,会使绿茶茶汤变暗,红茶茶汤变褐,影响茶汤滋味的鲜爽,大大降低茶的品饮和欣赏价值。又如有不少茶艺馆选用金属茶壶煮水,但对人体健康而言,用金属茶壶煮水会在一定程度上提高泡茶用水中某些金属离子的含量,未必是上品。用陶茶壶烧水,虽然容易散热,但对水质无污染。

二是烧水器具的洁净度,他不但对泡茶用水透明度产生影响,还会对茶汤滋味造成良莠不同的影响。传统中国农村还有用锅子烧水的,若不能专用,就会使泡茶用水沾染油污,影响茶汤滋味。

三是煮水器具容积的大小、器壁的厚薄以及传热性能的好坏等。因为烧水器具容积大,器壁厚,传热差,烧水时间拉长,煮水久烧,其结果是水质变"钝",失去鲜爽味。用来泡茶,使茶汤失去鲜灵之感,变得"呆口"。

目前,居家或茶艺馆一般都用烧水壶煮水。以质地而言当以瓦壶为佳。但在多数场合,用得比较普遍的有铝壶、不锈钢壶。以壶的大小而言,以煮一壶水能冲上一热水瓶的容量就可以了。若冲泡用水量大,也可用电热水器煮水,当水开始沸腾时,即可盛于热水瓶中保存,切忌在电热水器中长储久沸,以免使水失去鲜活感。

另外,在闽南和广东潮汕地区,历来崇尚啜乌龙茶,煮水用的是玉书碾,其实就是一把小陶壶,小巧玲珑,通常烧一壶水,可用来冲一道茶,这样做既能烧出最佳质量的泡茶用水,又能平添啜乌龙茶的情趣。目前,在一些大、中城市的茶艺馆中,为增添品茶意境,采用小型石英壶煮水,下配酒精炉或电炉加热。加之其壁透明,煮水时可见到壶中水的沸腾程度。如此让茶客自煮水,自泡茶,自品茶,其乐无穷,使人陶醉。

科技发展,智能化的电器煮水,遥控指挥也成为当下的时尚。

③煮水程度:要沏好茶,还得烧好水。对如何烧好水,古今茶人都积累了许多经验,古人采用形辨、声辨和气辨相结合的方法进行。对煮水程度的掌握,在《茶录》中提出了"汤有三大辨十五小辨"。按照当代中国茶人的分析表明,就是水未烧沸,谓之嫩;水烧过头,谓之老。其次,当今生活饮用水,大多属暂时性硬水,水中的钙、镁离子在煮沸过程中会发生沉淀,从而变成适宜泡茶的软水。若煮水偏嫩,水中的钙、镁离子会影响茶汤滋味。第三,在水的煮沸过程中,也能杀菌消毒,保证泡茶用水的卫生。但倘若水烧过头,溶解于水中的二氧化碳气体挥发得一干二净,会减弱茶汤的鲜爽味。另外,水中含有微量的硝酸盐,在高温久沸情况下,经长时间煮沸,水分不断蒸发,亚硝酸盐浓度含量相对提高,不利于人体健康。所以,会品茶的人总是不喜欢用多次回烧的开水,或者用锅炉蒸气长时间加热煮沸的开水泡茶。用这样的水泡出来的茶,饮起来总带有熟汤味,其道理也在于此。由此看来,古人所言的"水老不可食",是自有道理的。

总之,烧水程度须掌握两条:一是要急火快煮,不可文火慢烧;二是煮水要防止水烧得过"老"或过"嫩",烧水要适中。

第四节　茶艺与音乐、插花

1. 茶艺与音乐

(1)茶艺背景音乐和创作音乐的区别

背景音乐是指作为背景的音乐,例如诗歌朗诵所配的音乐、电影的画外音等。背景音乐包括为表现某一主题而创作的音乐以及能为其所用的现成音乐。背景音乐的特点:与一定环境中某种活动行为或场景的气氛相吻合,二是具有选择性。

创作音乐是指为某一活动或场景的主题专门创作的音乐。创作音乐的特点:一是音乐的旋律和节奏直接为具体表现的情绪、内心情感、表演动作服务;二是不具有选择性。

（2）茶艺背景音乐选择的原则

茶艺背景音乐选择的原则一是古朴、典雅,二是恬静、美妙、动听。要注意以下两点:

①茶艺背景音乐中曲与歌的把握。

用乐器演奏的乐曲,虽不使用语言但仍能表达某种意境,反映某种感情,歌曲是话语和乐曲结合的产物,例如,人们歌唱"山",歌词都是围绕山及人与山的情感关系等,若抽去歌词,仅剩下单纯的曲,则不同的人就会有不同的理解和感受,这就是曲与歌的区别。茶席设计一般都是由抽象的物态语言来表述主题的,因此,茶席设计一般应选择较为抽象的乐曲来作为背景音乐。选择歌曲作为背景音乐,往往只在以下几种特定的情况中采用:一是茶席特别要强调具体的时代特征;二是茶席特别要强调具体的环境特征;三是茶席本身就是对歌的具体内容的诠释。

②动态演示时旋律与节奏的把握。

旋律是音乐的主体,旋律也是音乐情感的具体体现形式。激扬、宁静、畅快、深沉都是旋律,旋律是以具体的音符变化来体现的。不同的旋律,总是表现着不同的音乐形象。

旋律的表达又总是与节奏联系在一起。节奏由具体的每一节拍构成。节奏是音乐构成的基本要素之一,是指各种音响有规律的长短、强弱的交替组合。品茶历来要求在平静的氛围中进行,因此,茶艺的背景音乐,应以平缓的慢板或中板为主并贯穿始终。如果出现较多的变奏,情绪和情感的调整也就较多,其平静的品茶感受和品茶氛围就会受到影响。

（3）茶艺背景音乐的功能表现

茶艺背景音乐的功能表现在以下几个方面:

①创设情境,营造轻松愉快的休闲文化。

在现实生活中,我们难免会遇到各种不同的压力。你可以试一试,在悠扬的音乐中给自己沏一杯香茶,然后,让心情在独坐品茗中慢慢静下来,随之,心底的那份静谧也会淡淡而来。我们在茶艺过程中使用音乐来营造茶境,这是因为音乐特别是我国古典音乐重情味、重自娱、重生命的享受,有助于为我们的心接活生命之源,使茶人的心徜徉于茶的无垠世界中去,让心灵随着茶香翱翔到茶馆之外更美、更雅、更温馨的茶的洞天府第中去。

②改善人的大脑及神经,安定情绪,愉悦性情。

精心录制的大自然之声,如山泉飞瀑、小溪流水、雨打芭蕉、风吹竹林、秋虫鸣唱、百鸟啁啾、松涛海浪等都是极美的音乐,我们称之为"天籁",也称之为"大自然的箫声",置身其间,可尽享"大自然"之美。

③音乐对茶艺产生积极的作用。

音乐把自然美渗透进茶人的心灵,会引发茶人心中潜藏的美的共鸣,为品茶创造一个如沐春风的美好意境。

有研究表明,人在一种声级较低的柔和音乐背景下,会感到轻松与愉悦。对茶客而言能消除他们的不良体验,使大脑及整个神经系统功能得到改善。根据音乐心理学理论,轻松明快的音乐能使大脑及神经功能得到改善,并使人精神焕发,疲劳消除;旋律优美的音乐能安定情绪,使人心情愉悦。我们熟悉古典音乐的意境,就能让背景音乐成为牵着茶人同归自然、追寻自我的温柔的手,就能用音乐促进茶人的心与茶对话、与自然对话。

(4)茶艺背景音乐的选择方法

音乐虽然没有国界、阶级(阶层)、民族、年龄、性别、身份之分,但音乐的产生,又总是受着不同地区、社会形态、社会文化及不同民族人们的心理因素的影响。因此,音乐就必然在旋律与节奏等元素中反映出不同的地区、阶层、文化和时代的特征,并留下一定的文化印记。即使相同的音乐,用不同的乐器演奏,效果也不一样。这就要求在演展的过程中,要选择在音乐形象上与茶艺表现的具体内容相吻合的乐曲来作为表演的背景音乐。其主要的方法为:

①根据不同的时代来选择。

音乐的时代性是指那些在某一历史时期产生并广泛流行,深深地融入了那个时期的政治、社会、文化、经济等生活中,成为那个时期声音标志之一的音乐作品。例如,茶席设计《外婆的上海滩》选择的音乐是《四季歌》,用它来作为背景音乐,不仅有效地点明了茶席主题要表现的时代,也有助于茶席中老唱机等物态语言的把握。

②根据不同的地区来选择。

音乐的区域特征历来被音乐家们所重视。音乐的区域特征主要来源于不同地区的民间曲调和在其基础上创作的戏曲、歌曲等音乐。这些带有浓郁地区特色的旋律,一听就知道来自何方。

③根据不同的民族来选择。

不同地区有不同的民族,甚至有在同一个地区就包含有许多语言、民俗等完全不同的民族。因此,不能简单地从乐器上来对不同的民族进行区分。例如,芦笙、巴乌、短笛、铜鼓等,虽然都出自云南,但它们却各自代表着不同的民族。

④根据不同的宗教来选择。

茶道与宗教有着深厚的文化渊源。在中国古代茶文化发生、发展的过程中,宗教曾起了巨大的作用。茶艺表演往往会表现茶与道、佛之间的关系,这时,应注意根据不同的宗教来选择不同的宗教音乐作为背景音乐。例如,表现"禅茶一味",可选择佛教的梵音;表现"道法自然",可选择道教的音乐。不能凡是表现宗教题材的茶艺表演,都一概选用佛教的唱经音乐来作为背景音乐。

⑤根据不同的风格来选择。

茶席设计一旦完成,其总体风格也就自然形成。粗犷、原始的物象,应选择那些音域宽广、宏大,富有强烈节奏感的音乐;器具组合细腻、灵巧,应选择那些节奏平缓、声音柔美的音乐。总之,茶艺中的音乐与风格要相吻合,才能给人浑然一体的美好艺术享受。

(5)民乐曲苑

中国民族器乐历史悠久。从西周到春秋战国时期民间流行吹笙、吹竽、鼓瑟、击筑、弹琴等器乐演奏形式,那时涌现了师涓、师旷等著名琴家和著名琴曲《高山》和《流水》等。秦汉时的鼓吹乐,魏晋的清商乐,隋唐时的琵琶音乐,宋代的细乐、清乐,元明时的十番锣鼓、弦索等,演奏形式丰富多样。近代的各种体裁和形式,都是传统形式的继承和发展。

①独奏部分。

琴曲《广陵散》《梅花三弄》,琵琶曲《十面埋伏》《夕阳箫鼓》,筝曲《渔舟唱晚》《寒鸦戏水》,唢呐曲《百鸟朝凤》《小开门》,笛曲《五梆子》《鹧鸪飞》,二胡曲《二泉映月》,等等,都是优秀的独奏曲目。

《阳关三叠》:唐代诗人王维作《送元二使安西》,流传甚广,被入乐咏唱之余,更被谱为琴曲,是为《阳关三叠》。此曲初见于《浙音释字琴谱》,旋律在稍加变化后重复3次,以表达一唱三叹、依依惜别的真挚感情。

《醉渔唱晚》:唐代诗人皮日休、陆龟蒙泛舟松江,听渔人醉歌而作此曲。曲谱初见于《西麓堂琴统》。音乐利用切分结构、滑音指法和音型的重复来表现豪放不羁的醉态。其中有表现放声高歌的音调和类似于摇橹声的音调。全曲素材精练,结构严谨。

《渔歌》《樵歌》:南宋末年著名琴师毛敏仲最有影响的两首作品。《渔歌》表现柳宗元"唉乃一声山水绿"的诗意,曾名《山水绿》;《樵歌》原名《归樵》。这两个作品在名称改变的同时,音乐本身也经浙派徐门不断加工,精益求精。乐曲中运用主题贯穿和转调等手法,显示出作曲艺术的新水平。

《阳春白雪》:被称为曲高和寡的代表作品,后来被分成两个不同的作品。《神奇秘谱》的解题中说它"取万物知春,和风淡荡之意"。

《酒狂》:曹魏末期,在司马氏的恐怖统治下,名人学士很难保全自己。阮籍叹

"道之不行，与时不合"，只好"托兴于酒"，借以掩饰自己。传说此曲是他的作品。乐曲通过醉酒的神态，抒发了内心愤懑不安的情绪。

《渔樵问答》：存谱初见于《杏庄太音续谱》。乐曲中通过渔樵对话的方式，在青山绿水之间赞美自然风光。曲中有一些悠然自得的乐句重复或移位再现，形成了问答的对话效果。还有一些模拟摇船和砍树的效果，造成了对渔樵生活的联想。近代《琴学初津》中说它"曲意深长，神情洒脱，而山之巍巍，水之洋洋，斧伐之丁丁，橹声之唉乃，隐隐现于指下，至问答之段，令人有山林之想"。

《潇湘水云》：作者郭楚望，南宋末年著名琴师。由于当时政治腐败不堪，对异族的侵略无能为力，作者在潇、湘水畔北望九嶷山被云雾所遮蔽，有感于时势，作此曲以表达他忠贞抑郁的情绪。乐曲中运用按指荡吟的手法，以及不同音色迭次呼应等手法所创造的水光云影、烟雾缭绕的艺术境界，十分吸引人。

《普安咒》：又名《释谈章》，初见于《三教同声琴谱》。根据琴谱旁的梵文字母的汉字译音来看，像是帮助学习梵文发音的曲调。古代曾有普安禅师，也可能是此曲的作者。乐曲使用了较多的撮音，帮助音乐造成了古刹闻禅、庄严肃穆的气氛。曲式上不同于一般琴曲，有些类似于丝竹曲中曲牌联结的形式。

《良宵引》：初见于《松弦馆琴谱》，为虞山派代表曲目。乐曲虽短小，却有器乐化的特点，是一曲美好夜晚的赞歌。

《平沙落雁》：初见于《古音正宗》等琴谱中，近300年来流传极为广泛，形成了多种多样的变化。乐曲描写在秋高气爽之际，雁群在天空飞鸣，然后歇落沙滩的情景，借乐曲淡雅恬静的意境，引出与世无争的思想。

《鹿鸣》：古琴曲，为《诗经·小雅》首篇，也是汉代仅存雅歌四篇之一。蔡邕《琴赋》《琴操》均有此曲目。明代张廷玉将此曲收入《理性元雅》琴谱，直至清末仍有刊传。

《广陵散》：又名《广陵止息》。现存琴谱最早见于《神奇秘谱》，该书编者说，此谱传自隋宫，历唐至宋，辗转流传于后。谱中分段小标题有"取韩""投剑"等目。近人因此认为它是源于《琴操》所载《聂政刺韩王曲》。现存曲谱共45段，其中头尾几部分似为后人所增益，而正声前后三部分则很有可能保留着相和大曲的形式。

《大胡笳》：唐代的著名琴家董庭兰、薛易简都擅弹此曲。当时与《小胡笳》并称《胡笳两本》。初唐琴坛流行的祝家声、沈家声，就以这两曲著称。董庭兰继承了两家的传统，整理了传谱。该曲现存于《神奇秘谱》中，共18段。

《小胡笳》：唐代著名琴曲，与《大胡笳》并称《胡笳两本》。《神奇秘谱》将它编入《太古神品》。它的谱式更多地保留了早期琴曲的面貌，与《广陵散》章法非常接近，对了解古代琴曲作品提供了难得的实例。

《鸥鹭忘机》:内容原来表现《列子》中一则寓言:渔翁出海时,鸥鹭常飞下来与之亲近,后来他受人指使,存心捕捉它们,鸥鹭就对他疏远了。清代的《鸥鹭忘机》则是一首动听的抒情小品,表现了"海日朝晖,沧江夕照,群鸟众和,翱翔自得"。

《龙翔操》:清代广陵派琴曲,以《蕉庵琴谱》所刊最为流行。音乐恰如标题所示,以流畅的曲调表现了翔龙飞舞、穿云入雾的情趣。

②江南丝作。

《行街》:江南丝竹八大曲之一。所谓行街,就是在街上行走,是一种边走边演奏的形式。这首乐曲又叫《行街四合》,因为经常用于婚嫁迎娶和节日庙会巡演而得名。有两个版本并存:一是由《小开门》《玉娥郎》《行街》及其变化重复部分组成;二是由《行街》《快六板》《柳青娘》及《快六板》《行街》尾声组成。二者不论其组合的曲牌有所同异和多少不一,但它们的共同点都是以《行街》及其变奏为主体,所以它们都属变奏性的连缀体。全曲分为慢板和快板两部分,慢板轻盈优美;快板则热烈欢快,且层层加快,把喜庆推上高潮,有浓厚的生活气息。

《欢乐歌》:是江南丝竹八大曲之一。节奏明快,起伏多姿,富有歌唱性,旋律流畅,由慢渐快,表示欢乐情绪逐渐高涨,常用于喜庆庙会等热闹场合,表达了人们在喜庆节日中的欢乐情绪。乐曲采用放慢加花的变奏技法,将母曲《欢乐歌》发展成慢板和中板段落。"放慢"是将母曲的音调节奏,逐层成倍加以扩充,如将一拍放慢为两拍或四拍,用以扩大结构。"加花"是在放慢的节奏上,绕母曲的骨干音,增添几个相邻的音,以装饰和丰富旋律。这样就发展成与曲具有一定对比的新型曲调。这是传统民族器乐创作中运用最为广泛的一种旋律发展手法。民族器乐小合奏《江南好》就是据此改编的。

《中花六板》:是江南丝竹八大曲之一。旋律清新流畅,细腻柔美,富有浓郁的江南韵味,是江南丝竹的代表曲目。中花六板:民间艺人以《老六板》为母曲发展出《快花六板》《花六板》《中花六板》《慢六板》,并将其组合成套,称《五代同堂》。"五代同堂"这一名称是取其吉利之意,子孙五代同堂,福高寿长。另外也示意五曲同出一宗。《中花六板》是《老六板》的放慢加花,即将节拍逐层成倍扩充,而速度逐层放慢,旋律一次又一次地加花。亦可用箫、二胡、琵琶、扬琴等乐器演奏,拟"舜弹五弦,以歌《南风》"之古意,取名《熏风曲》,亦名《虞舜熏风曲》,格调则更为雅致。

《四合如意》:是江南丝竹八大曲之一。四合是曲牌名,包含由多首曲牌联合成套之意,为丝竹素材汇聚而成的综合大曲,全曲洋溢着一种热闹欢庆的气氛。《四合如意》因流传地区不同,有《苏合》《杭合》《扬合》等不同版本,其中以上海地区流行最广。全曲由八首曲牌连缀而成,包括《小拜堂》《玉娥郎》《巧连环》《云阳板》《紧急风》《头卖》《二卖》《三卖》。

《小霓裳》:原为杭州丝竹曲,旋律温润典雅,清丽飘逸,是描写月色的精品之作。原名《霓裳曲》,为有别于李芳园编辑的同名琵琶曲,故改称《小霓裳》。此曲最先流行于杭州,据说是杭州丝竹艺人根据民间器乐曲牌《玉娥郎》移植。20 世纪20—30 年代,王巽之等人传此曲到上海,经孙裕德等国乐界有识之士的推广,该曲现已成为上海丝竹界喜爱演奏的曲目之一。全曲共 5 段,玉兔东升、银蟾吐彩、皓月当空、嫦娥梭织、玉兔西沉。这 5 个标题显然根据唐明皇游月宫闻仙乐的传说编写。演奏乐器有箫、二胡、琵琶和扬琴,音响清越华美,音调典雅靡丽,具有古代舞风之神韵,蕴含月里嫦娥翩翩起舞的意境。主题分成前后两个部分,无明显对比。在重复时,两个部分中间插入舞蹈性节奏音型加以展开。

③广东音乐。

《步步高》:广东音乐名家吕文成的代表作。乐谱出自1938 年沈允升著的《琴弦乐谱》,在当时已很流行。《步步高》曲如其名,旋律轻快激昂,层层递增,节奏明快,音浪叠起叠落,一张一弛,音乐富有动力,给人以奋发上进的积极意义。

《双声恨》:广东音乐传统乐曲,以牛郎织女为题材。乐曲表达了一种在哀怨缠绵之中对未来美好生活的向往。据黄锦培说:"早在 1925 年,这首乐曲就已经由陈日生首先介绍出来。"过去传抄谱中配有歌词:"愁人怕对月当头,绵绵此恨何日正当休,悔教夫婿觅封侯……唉呀,恨悠悠,几时休,飞絮落花时节一登楼,遍洒春江都是泪,流不尽,别离愁……"乐曲开始的慢板段落,色彩暗淡,曲调哀怨缠绵,多段旋律的重复如泣如诉,深沉悱恻,凄怆之情可见一斑。后面快板乐段的反复加花演奏,速度渐快渐强,明朗有力,表达了对美好生活的向往。

《昭君怨》:原是一首广东汉乐(即客家音乐)筝曲,现流传有多种谱本和演奏形式。乐曲主要描写昭君出塞后对故土的思念,表达了一种欲归而不能的无可奈何的哀怨。乐曲开头以缓慢的节奏、重复变化的旋律,有层次地描述了昭君出塞的无奈和哀怨情绪,乐曲着重在"哀"字;乐曲尾段节奏忽然加快,犹如心情激动起伏,似在倾诉满腹的怨恨,乐曲着重在"怨"字,可这远离故土之痛,又怎一个"怨"字了得?

2. 茶艺与插花

（1）插花概述

插花就是将植物的枝、干、叶、花、果实剪取下来,经过艺术构思(立意、造型、配色)和适当的技术处理(修剪、弯曲、固定、保鲜)后,插入瓶、盆、篮、碗、缸、竹筒等器皿中(或再配上道具),摆放在桌柜、几案之上或用于悬挂,成为造型优美、富有生气的环境装饰艺术品。

插花看似简单,然而要真正插成一件好作品却并非易事。因为它既不是单纯的各种花材的组合,也不是简单的造型,而是要求以形传神、形神兼备,以情动人、情景交融,是融生物、知识、艺术为一体的一种艺术创作活动。因此,国内外插花界的朋友都认为,插花是用心来创作花形、用花形来表达心态的一门造型艺术。明代袁宏道(1568—1610年)《瓶史》一文中说:"此虽小道,实艺术之一种,有学问在焉。"

世界插花的流派有以中国和日本为代表的东方式插花,和以传统欧美插花为代表的西方式插花。东西方插花各有特色。中国插花最重意境,认为意境是作品的灵魂,然后是色彩,不十分拘泥形式;而日本插花却最重视形式的规范化,意境次之,色彩再次之。西方插花最注重群体的色彩美,形式占第二位,意境最后。

茶艺插花配合茶趣,为东方文化的产物,其插花属于东方自然式风格的小品插花,多用鲜花进行插作,放置于茶桌之上欣赏,为了体现茶的生活性,也用些蔬菜、水果配合插花。

(2)茶艺插花

①茶艺插花的形成与发展。

茶艺插花形成于明代弘治至万历年间(1488—1595年),当时的文人在对插花审美情趣上独具特色,流行品茗赏花,进而形成与茶艺相结合的插花艺术形式,简称为"茶花"。

事实上,品茶赏花的美趣远在唐代就有,文人及禅家就有"茶宴"赏花之类的文化活动。僧人皎然与茶圣陆羽的饮茶诗云:"九日山僧院,东篱菊也黄,俗人多泛酒,谁解助茶香。"可见当时就有赏菊品茶的雅俗。

明代的茶艺插花,是比书斋雅室插花更为自然简朴的一种插花形式。书斋雅室中的插花源于当时文人们盛行收集和鉴赏青铜和陶瓷器,后来将收藏的器物与自然花草结合,用来插花装饰,并且很快与当时盛行的茶艺相映成趣,风行一时。以袁宏道为代表人物,他在《瓶史》中提倡"茗赏"。他认为:"茗赏者上也,谈赏者次之,酒赏者下。"主张品茶插花欣赏,花与茶相得益彰,说明了花与茶的深刻关联性,提升了插花的欣赏层次。

袁宏道之后,明代的张谦德、高濂、屠隆、文震亨、屠本峻乃至清代的乾隆皇帝及文人们均擅沏茶,书斋茶室无不插花。在日本,茶艺插花的始祖首推日本茶道宗师千利休,他在茶室里只插一轮向日葵或在花笼上画上几枝竹花,简洁清逸的风格与茶趣相吻合。其后的元伯宗旦与他一脉相承,插花形神兼备,极为精练简朴,正式确立了"茶花"的地位与价值。

②茶艺插花的内涵与特点。

精通琴、棋、书、画被视为中国文人的象征,到了唐宋时期,插花、挂画、点茶、焚香,也成为有教养的人所应具备的四项基本修养,这些活动的本质是在于透过自然的物,来体悟生活的情趣,从而达到修身养性、颐养天年的哲学思想。茶性简朴,能爽神醒思;而插花正如品茶一般,透过表面的形与色,来体会花的真味,受到美的熏陶。茶艺与插花相结合,使人心灵净化,精神满足,追求至真、至善、至美。

茶艺插花的精神内涵是表达纯真的"情",借花抒发感情,寄情至深。陆游的《岁暮书怀》:"床头酒瓮寒难热,瓶里梅花夜更香"和杨万里的《瓶中梅花》:"胆样银瓶玉样梅,北枝折得未全开。为怜落寞空山里,唤入诗人几案来"等,表现了诗人以花为友、以花为伴的心情,还常以花材来影射人格,借花喻人。松、柏、竹、梅、兰、桂、山茶、水仙、菊、莲等寓意深刻的花材,格高俊雅,意境深远。周敦颐的《爱莲说》:"菊,花之隐逸者也;牡丹,花之富贵者也;莲,花之君子者也。"用以表达人生理想和抱负。

茶艺插花的艺术特点是追求清远的"趣",以简洁清新、色调淡雅、疏枝散点、格调朴实的"文人花"为主,构图上汲取绘画与书法上抑扬顿挫的运笔手法,取用具点线功能的花木,现出虚灵之美,崇尚清疏俊秀,追求超凡脱俗的妙境与孤寂之美。

③茶艺插花的花材。

茶艺插花旨在配合雅室、追求茶趣,在花材和花器的形色上,以简朴清寂、纯真而不矫饰为其要求。自然界丰富的花草,大多数都可用作插花。对花材的基本要求是:生长健壮,无病虫害;剪下后能水养持久,不易萎蔫;无毒、无异味,不污染环境和衣物;具有一定观赏价值。

花材的分类,从观赏性分,有观花、观叶、观枝、观果4类。

第一是观花类,花朵应具有一定的欣赏价值。如兰花幽香扑鼻,花色淡雅,花形奇特,细叶舒展飘逸;月季、菊花、杜鹃、梅花、海棠和山茶花等,各具特色,都为人们熟悉和喜爱,是插花的主要材料。此外,茉莉花、栀子花、桂花、水仙花、含笑、白兰花等,均带有香甜气味,也是上好的插花花材。

第二是观叶类,叶片应形态各异,苍翠碧绿。有万年青、一叶兰、文竹、玉簪、蕨类、鸢尾叶、兰叶、真香木、水葱等。插花中花、叶相得益彰。更有一些观叶植物,如枫叶、银杏、竹芋、朱蕉等,本身具有鲜艳的色彩和特殊形态,只要搭配少量花朵就可以,甚至单用枝叶插花,也能舒人眼目。

第三是观枝类,如青松、翠柏、红瑞木、竹枝、紫藤、猕猴桃、垂柳、云龙柳等枝茎或线条流畅或曲折变化,韵味无穷。有了好的枝条造型,插花作品就有了如意的骨架和伸展的余地,并留给人们无限的遐想和回味。

第四是观果类,用累累果实的花材插花,给人以丰盈昌硕的美感。如绿叶挺秀、红果累累的南天竹,还有富有野趣的火棘、野生猕猴桃、板栗、海棠果、野柿子、巴西茄、佛手、金丝桃(红豆)、灯台花、乳茄(四世同堂果)等,都是观果佳品。

此外,还有芽供观赏的银芽柳,根供观赏的狼尾山草及有特色的枯枝、枯木块等都能用于插花。

常用花材无须太多,一件小巧精致的茶艺插花,花材常用1种,多则2~3种,注重花品花性,以色彩淡雅、枝叶花形富有特色为好。反映季节的四季花材有:

春季:春暖花开时,有似空谷佳人的兰花,文雅的海棠、樱花和梨花,枝叶如虹的迎春花、黄素馨和棣棠,似盏盏金灯垂挂的瑞香,绚烂的杜鹃,芳菲的桃花,浅紫的丁香,芳香艳丽的蔷薇,花似龙口的金鱼草,洁白香浓的橘花,静雅的百合,国色天香的牡丹等。

夏季:有初夏的芍药,盛夏的石榴,洁白清香的茉莉和栀子花,金黄色的萱草、紫色鸭跖草和麦冬等。水生植物最能反映夏日风情。如慈姑、菖蒲、燕子花、萍蓬草、水葱、菱花、莲、伞草、水蜡烛、水葫芦等。

秋季:菊黄蟹肥,丹桂飘香,枫叶芦荻金风送爽,挂满果实的植物更显丰收与满足。如枸杞子、蓖麻、石榴、冬青、橘子等。

冬季:疏影横斜的梅花,雪中盛开的山茶,凌波仙子的水仙,临寒怒放的小菊,还有青松翠柏,红果绿叶的朱砂根、金银茄、金豆、金橘等。

花材搭配应讲究花木品性和习性相近,花材组合要富有雅趣,色彩和质感协调;以一种为主,要有主次之分。古人有许多意境优美、文学气息浓郁的花材组合方案,值得学习参考。如松、竹、梅为"岁寒三友";梅、兰、竹、菊为"四君子";梅与兰、瑞香合称"寒香三友";梅、腊梅、水仙、山茶为"雪中四友";梅、水仙为"双清";梅、菊花或梅、山茶为"岁寒二友"等。

对花香的品评有:国香兰、暗香梅、冷香菊、雪香竹、清香莲、艳香茉莉和寒香水仙等,除了视觉美之外,进而追求嗅觉的享受。

花材的选购和采集应得到重视,目前,鲜花市场上多为西洋花材,传统木本花材少有,购买时应尽可能挑选线条优美的木本花材,如松枝、翠柏、云龙柳、银柳、真香木、金丝桃、小玫瑰等;草本的花卉可选择色淡雅而花型小巧者,如铁炮百合、小菊、洋桔梗、多花康乃馨、白色石斛兰、小苍兰、澳洲腊梅、鸢尾、马蹄莲、蓟花、紫色勿忘我、紫水晶、情人草等。搭配的草本绿叶也要选择精细有型者,如高山蕨、肾蕨、伞草、春兰叶、麦冬、水葱、山草、绣球松等。花朵以花蕾和露色的花苞为好,花枝基部切口白净光滑,花枝应粗壮挺立;叶材应光亮清洁,不枯水皱缩,不落叶,无病虫害;果实应颗粒饱满,色泽纯正,不易脱落,无虫咬病斑。

茶艺插花用花不多,也可适当从野外或庭院中采集一些。采集时间最好在早晨或傍晚,若只能在中午前后采集,采后应立即移到阴凉处,基部浸水,上面用湿报纸包裹,到家后充分浸水 1～2 小时方可使用。某些野花或春兰,肉质根粗壮,可连根挖起,根系既可欣赏,也可延长花的寿命;水葫芦等水生植物也不应轻易去除根部,以免枯萎。

④茶艺插花的器具。

茶艺插花的容器选择很重要,东方式插花中,花器是插花的主要依托和装饰。古人对插花的要求是一景(花)、二盆(器)、三几架,讲究三位一体的完美欣赏。传统花器是以陶瓷为主,亦有青铜器、木器、竹器等材料制成的。花器的造型比较严谨,精于做工。茶艺插花旨在迎合茶趣,清心悦神,花器宜选素雅精致或朴实自然者为好,质地"贵铜瓦,贱金银",以陶、瓷、铜、竹、木、瓦、石以及竹、柳、藤、草编篮筐等造型简约、纹饰少而精者为佳。古人咏古瓶腊梅诗:"石冷铜腥苦未清,瓦壶温水照轻明。土花晕碧龙纹涩,烛泪痕疏雁字横。"意为生铜绿的铜器、长苔藓的石器以及花纹斑驳似烛泪的土罐瓦壶,更能古拙发幽、耐人寻味。为了体现茶与生活的相通相融性,还可用紫砂茶壶、葫芦、小水桶、茶杯、碗等作花器,激发品茶赏花的乐趣。

茶艺插花作品多为静坐品茗时欣赏,茶桌大小也有限,花器以小巧可爱、有亲近感、能以双手抚摸把玩方可得其玄妙。因此花器大小可用手掌大小度量,瓶之最高或盘之最宽距离为中指与拇指间的最大开度,约六寸半(21.45 厘米);其最低或最窄者距离为食指与拇指的最大开度,约五寸(16.5 厘米)许,即花器的高度或宽度在手指最大跨度范围,上下略有变化。

花材与花器的搭配要注意色彩、形状和质地协调。一般情况下,花器颜色深,花可插浅色的;花器颜色浅,花可插深色的,以此创造对比效果而引人注目。对于花器的形状,长颈通直的花瓶宜插弧线及线条变化丰富的花材,大肚小口花瓶宜插单朵花和曲折线条的枝叶,做到曲直对比有度。从花器的质地分析,精致典雅、庄重古老的花器应插格高韵胜的花材;自然质朴的草木类花器,搭配枯藤、芦苇、小花、小草等,呈现野趣横生的韵味。

插花的道具可以增加插花作品的艺术气氛,突出意境,烘托造型,在完成插花后再配上一些陪衬物,使作品更具感染力和情趣。这些陪衬物称为插花道具,它包括几架、垫、配件等。

几架与垫皆为垫放在插花作品下面的用具,二者多用于东方式插花中,其作用是烘托插花作品,完善构图,使整体更为协调统一。几架的形状多样,有书卷形、圆形、长方形、方形、椭圆形、六角形、树根形等。茶艺插花常用的垫有蜡染花布、麻布、草垫、芦秆垫、竹垫、艺术木板等。选用几架或垫其大小、形状要与插花作品互相配合,起陪衬作用。

配件是插花作品的陪衬、点缀物。茶艺插花的配件可以是茶具用品,也可以是时令蔬菜水果、干果食品以及小巧的工艺品等。如夏季的水生植物插花,在几架一侧配放几个荸荠或菱角,更能体味夏日情趣;秋季插花配些豆荚、花生、小橘等,秋之韵味更浓郁;一些配合茶趣的小物件,如精致的青蛙,"富足"的胖猪,"知足常乐"的一对小足等,都可用作夏季或冬季的插花配件,用来突出主题、烘托气氛、加深意境。

几架、垫、配件不是插花作品的必需品,若要用应该与插花作品的主题、造型、色彩相呼应、相协调,点缀得恰到好处,切不可滥用,否则就会破坏作品的主题和意境,或起喧宾夺主、画蛇添足的副作用。

描花的必备工具有剪刀、容器、剑山(固定花枝)这三种。经常插花者除了上述基本用具外,最好还有以下用具:细嘴水壶(加水)、喷雾器(保湿)、水桶(养花)、脸盆(水中剪枝)、刀子(切花枝)、订书机(叶片造型)等。

插花的辅助用品有绿铁丝、绿胶带、小卵石等。绿铁丝加工花枝;绿胶带聚集细枝;小卵石可掩饰剑山,还有泉清见底的效果。

⑤茶艺插花的设计与造型。

茶艺插花的设计构思有两种方法:一是"意在笔先",即构思先于创作,根据设想,组织材料进行插花创作;二是"意随景出",即因材设计,在创作过程中完成立意。插花的设计创作可通过以下几方面的思路考虑:

一是根据植物的品性、形状构思立意。古往今来,人们常根据植物本身的习性、特征,赋予人格化的品质、性格,以表达人们的情感和意趣,这是中国传统插花的精华所在。如"四君子"便凸显了梅之傲雪凌霜与刚劲坚韧、兰之高洁自如与幽香清远、竹之高风亮节和菊之独立寒秋,是将品性坚贞的花性与人性相融合的精妙组合,从而达到寓情于物、托物言志的目的。"岁寒三友"则以青松、翠竹、红梅构成,含蓄地讴歌对人生的态度——刚正不阿、洁身自好。梅和菊或梅和山茶组合被喻为"岁寒二友";莲"出淤泥而不染",洁净清丽,视为品德高尚、清静无为。这些寓意和象征,已深深地印在人们心中,以此进行插花创作,常会引起欣赏者强烈的思想共鸣,取得意想不到的艺术效果。

二是根据植物的谐音和花语构思立意。由于受中国文学艺术的影响,不少植物所具有的特定意义的谐音和花语广泛流传下来,如"桂"与"贵"、"菊"与"鞠"、

"牡丹"与"富贵"、"竹"与"平安"、"苹果"与"福"、"石榴"与"禄"、"桃"与"寿"等。因此,在进行插花艺术创作时,可依据花材的谐音或花语来构思创作,如将玉兰、海棠、牡丹相配插作,表示"玉堂富贵";牡丹和竹子相配表示"富贵平安";苹果、石榴、桃组合表示"福禄高寿";万年青、柿子、灵芝组合表示"万事顺利";佛手、如意组合表示"福寿如意";铁炮百合意为"皆大欢喜、百事和顺"等。

三是根据植物造型特点、名称或别名构思立意。根据植物自然的形状巧妙构思。如"云龙柳弯曲自如",似雨水顺流而下的感觉,与小果同插,作品名曰"木落天雨霜",有秋雨阵阵、寒意渐渐之感;用掌状的观音棕竹的叶配插几枝白色的飞燕草取名"孔雀开屏"。直接以植物命名,也别有情趣。如海菜插花"棠风暖凤池";水生植物蒹葭插花"蒹葭夜有霜";另有"荒林垂枥""荻花两岸扶孤蓬"等。熟悉植物的形态特点、名称、别名也能使人在直观中见巧妙。

四是根据植物的季节变化构思立意。一年四季由于气候条件不同,植物的季相景观也在不断变化,如桃李报春、荷清蝉鸣、秋桂飘香等。因此,可依据四季景观的变化,利用应时花材来表现创作。如用新芽初发、枝形曲折舞动的笑靥花配一枝含苞的红山茶插在圆形的冰裂纹花瓶中,上下和谐,颇有"得意舞春风"之意;夏季水生植物五节芒、荷花、水葫芦依次而插,组合成景,得诗意之美"本无尘土气";秋季野猕猴桃挂果累累,配上细小淡紫的花魁草插在竹筒里放入竹篮,花草倚篮而靠"愿分秋色到篱边",富有野趣与浪漫气息,岁朝清供的水仙单插于紫砂壶中,名曰"凌寒透薄妆",短小简约,足以玩赏。

五是根据自然风光和地方特色构思立意。各地自然景色、人文景观各具特色,可以此进行表现,也是形成动人意境的有效方式。用小型的具有热带风光特色的植物如袖珍椰子、花叶芋、椒草、洋兰等插花能表现"南国风光""岭南佳趣"等;用北方盛产的花材高粱、小米等表现"塞外风情""金秋"等;用水生植物可反映出水景,如"岸莎青靡";用油菜花、萝卜花等表现"野圃余妍""春蔬满畦"等意境;清清溪流边春草蔚然,海棠含苞,一幅秀丽的写景图,名曰"池塘春暖水纹开"。这些都是此地此景的插花表现,让我们美好的景色记忆得以再现。

六是根据插花色彩构思立意。插花作品中以植物材料的色彩作为主要因素来表达主题。如水盘中斜插几枝白色的梨花,素影清丽,犹如"临风千点雪";飞燕草叶细枝柔、苞白花紫,高低错落地插于紫砂方瓶中,风姿绰约,犹如汉宫飞燕的翩翩舞姿、丽影灵动,作品名曰"紫翼翻灵光"。另外,诸如金苞花的"翠涌金波"、白山茶的"琼花玉蕊"、海棠花的"锦裳红濯雨"、小康乃馨的"地面芬敷数点红"、刺茄的"故作东风冶艳妆"等都是常见的色彩立意表现。

七是根据插花造型构思立意。由插花构图中的各种形式,结合植物所产生的意境,其形象有时类似某物,因此可以根据作品造型上的象征性来表达主题。如圆形构图的"花好月圆",茶壶构图的"壶中乾坤",月形构图的"新月如钩",船形构图的"与谁同舟"等。白梅、山茶倚斜而插,有向阳之动势,名为"向阳春"。作品"疏荫偃盖清",以小白菊和黑松插于景泰蓝的花瓶中,显出高雅端庄之感,黑松水平伸展,在绿色的华盖下,光影闪动,作品简朴高洁,表达了意境要求的艺术效果。

丰富的书法用笔,给插花的创意提供了灵感的源泉,真、行、草、篆、隶、象形以及文字意象美,都可用花材来表现。如笔画龙飞凤舞、耐人寻味的草书,用蜿蜒曲折、粗细变化的山藤来表现,再加插点睛之笔的花叶,花木因缘,随手拈来,"拈花微笑,静中品茶",体会清幽之禅境。

八是根据花器和配件构思立意。在插花创作中,可根据手中现有的器皿配置插花,常会达到别出心裁的巧妙立意。如用清绿色瓷罐插几枝梨花和金鱼草,颇有"翠堤春晓"之意。横放的白瓷葫芦花器像水中的行舟,插上秋草、红果,名为"泽国烟波别有天"。草木类花器和花草可谓同宗同源,一枝兰花插于竹编小篮,愈觉脱俗可爱,隐约觉得"清香度竹来",妙不可言。细竹管组合成的小篮,蔓性花草似延竹篱攀缘而插,作品"篱前仙卉"给书斋平添些生机。小小竹水桶、葫芦等都是充满生活情趣的花器,正好与饮茶人的生活情趣相吻合,特别有亲近感。

在插花边上配置装饰小品立意,如"知足常乐""富足""听取蛙声一片"等。作品"晚蔬有余香",在一个竹编篮筐中插上芒草和福禄考,加 1~2 根黄瓜、冬笋,在书卷几的一侧放数枚扁豆、野蔬配以秋卉,引至茶室自娱,山林韵事,悦目赏心。

九是根据诗词名句及其意境构思立意。中国诗词曲赋,博大精深,意蕴深邃。其中极富画意者,可作为插花创作的意境表现。如"霜叶红于二月花""春色满园关不住""夜深香满屋,疑是茶罢时"等。作品"疏影横斜",即利用宋人林逋的诗"山园小梅"的意境创作而成,原句是"疏影横斜水清浅,暗香浮动月黄昏。"作品选一横斜疏瘦、老枝怪奇的绿萼梅插于紫砂陶瓶之中,枝梗交错,花向互生,屈伸明朗,虚实相映,乃得梅之神趣。

十是根据花香构思立意。古人对花香有着绝妙品评,可成为插花意境的表现。如兰花素有国香之美誉,在青铜壶中插一丛兰花,真是"室有兰花不炷香";有艳香之称的茉莉,单株插于小茶杯中,姿色朴素,但有"浓香梦中来";"山寺晚来香"的菊花在秋日的黄昏中散发出阵阵冷香;雪白的梨花自有"粉淡香清自一家"的清香怡人。

茶艺插花的设计表现丰富多样,但一幅构思巧妙、命题得趣的作品,常能达到意境深邃、回味无穷的境地,给人以美的享受。

茶艺插花作品完成后,需要妥善保养,一是要科学放置。插花作品宜摆放在室内明亮处,气温凉爽湿润,距离观赏者一臂长为宜。摆好后,注足水,雨水、泉水、井水为最佳,自来水以隔日使用为好。二是要清洁保鲜。插花用的瓶、盆应刷洗干净,水要经常更换,以保持水质干净并有足够的氧气。换水时要注意清除已衰老的花、叶,去除浸入水中的叶片,以防腐烂。茎基部若发滑,要用软布擦洗干净,同时将花材重新在水中剪切一小段,更新切口,促进吸水。三是要控制水位。花瓶中要保持适当的水量,要求水面和空气的接触面达到最大时的水位。花枝浸入水中的高度控制在 10 厘米左右,可以防止腐烂。四是了解保鲜常识。使用冷开水可防止微生物滋生,自来水中加几滴洗洁精或水中加些白醋使水偏酸性等都有保鲜作用。

第五章

茶效：大学生健康素养

第一节　茶的保健功效

唐代大医学家陈藏器的《本草拾遗》中有这句话:"诸药为各病之药,茶为万病之药。"那么,茶真的有这么神奇吗? 世界上对茶的评价是什么? 茶的哪些健康功效已被科学证实了?

本章引用浙江大学茶学系博士生导师王岳飞教授的最新研究成果,先从茶叶抗辐射作用的典型事例谈起,进行"茶为万病之药"的历史回顾,引出历代 92 种典籍归纳的 24 项茶传统功效,以及中国《大众医学》、美国《时代周刊》、德国《焦点》等杂志的中外营养学家评出茶为十大健康长寿食品之一。再从茶叶中所含有的功能性成分和"自由基病因学"理论基础角度解读茶为什么可称为"万病之药"。最后结合国内外最新研究报道和具体实例,就茶在"抗氧化和延缓衰老""增强免疫""降血脂""对脑损伤的保护""美容祛斑""减肥""防治高血压""解酒"和"抗肿瘤"等方面对人体健康的具体功效进行阐述。

1. 从特征性成分对茶叶分类

茶叶根据颜色分为六大类:绿茶、红茶、乌龙茶(青茶)、白茶、黄茶和黑茶。茶叶干物质中,茶多酚含量是 18% ~ 36% ,六大茶就是根据茶多酚的氧化程度和氧化方式去分类的。

陈椽老师提出"以茶多酚氧化程度为序,以酶学为基础"的六大茶类的分类方法,茶叶里还有一种成分叫作多酚氧化酶。在新鲜叶子里,多酚氧化酶和茶多酚含量都很高,但它们在不同的细胞器中不会发生反应。好比它们住在不同的房间,中间有墙壁隔开,碰不到一起。多酚氧化酶如果碰到茶多酚就会发生酶促反应,产生颜色变化。冬天为什么茶叶会冻红呢? 相当于把这个细胞膜的透性破坏掉了,把这个墙壁打通了,使分布在不同细胞器的多酚氧化酶跟茶多酚碰到一起,发生酶促反应,所以茶叶变红了。

做绿茶要经过高温杀青,杀青的目的就是把这个多酚氧化酶灭活,多酚氧化酶失去活性后,茶多酚就不会发生颜色变化,所以我们看到绿茶呈现的主要是叶绿素的颜色。然而,做红茶就要充分利用多酚氧化酶的活性,让茶多酚跟多酚氧化酶进行更多反应,发生颜色变化,先变成黄色的茶黄素,接着变成红色的茶红素,最后变成黑褐色的茶褐素。所以,我们六大茶类分类就是根据这样的原理。绿茶是不发酵茶,就是茶多酚没有被氧化;红茶需要充分发酵,乌龙茶有摇青的工艺,可以理解成绿茶跟红茶中间的一种茶类,我们叫作半发酵茶;黄茶跟黑茶是先进行杀青做成绿茶,后面再进行不需要酶的催化发酵,所以我们把它们叫作后发酵茶;白茶就是采下来以后摊放一段时间,让茶自然干燥,茶多酚被氧化的很少,我们叫作微发酵茶。因此,六大茶分类就是根据这个茶多酚有没有氧化、什么时候氧化区分的。

2. 六大茶类的保健功效

六大茶类分别为红茶、乌龙茶(青茶)、黑茶、黄茶、白茶、绿茶,它们的加工工艺各不相同。那么,它们的功能如何? 现在全球死亡率最高的疾病之一是心血管疾病,每个小时都有300多人因为心血管疾病死亡。2009年有一个报道,未来10年,在中国,糖尿病人、中风病人以及心血管病人,需要花费5 580亿美元来防治,这是一个多么庞大的数字。茶叶能否为此做出贡献呢?

经研究发现,所有的茶类均能有效预防心血管疾病、降脂、抗癌以及防治糖尿病。提倡科学饮茶就可以做到防患于未然。

在上述基础功能外,每类茶是否有自己独特的功效呢? 答案是肯定的。

先说说在世界茶叶产销总量中占第一和第二的红茶和绿茶。红茶和绿茶均可预防帕金森综合征,促进骨骼健康,防治肠胃和口腔疾病。比如红茶和绿茶中含有氟,可以防龋齿。

其次,说说乌龙茶的保健功能。现在在中国,饮用乌龙茶的人越来越多,乌龙茶对单纯性肥胖的疗效非常好,有效率可以达到64%。另外它的美容效果特别突出,从21岁到55岁的女性朋友,每人每天饮用4克乌龙茶,连续饮8周,面部皮脂的中性脂肪量减少17%,保水率从94%提高到129%。另外,乌龙茶能有效抗突变,抗肿瘤。

再来看看白茶的保健功能。白茶主要产于福建省,它的加工工艺最为简单,其保持的化学成分最接近于茶鲜叶本身的成分。白茶可以抗菌,如抑制葡萄球菌和链球菌感染,对肺炎和龋齿的细菌具有抗菌效果,具有解毒、退热、降火等功效。特别是在夏天,很适合饮用白茶。如果你感觉到咽喉肿痛、牙齿上火,试着煮一壶白茶,连续喝上两天,症状便会明显改善。2009年,德国拜尔斯道夫股份公司研究发现,白茶自然生成的化学物质能分解脂肪细胞,并阻止新的脂肪细胞形成,防治肥胖症。

黑茶外形并不美,但是它有非常好的功效。黑茶是后发酵的茶,茶中有机酸的含量明显高于非发酵绿茶,高含量的有机酸,可以和茶多酚类或者茶多酚氧化产物产生很好的协同效果,有益于改善人体肠胃道功能。美国很多地方的饮食结构,跟我们少数民族地区的人的饮食结构相似,以高脂高热的食物为主,喝黑茶会很有效。在我国很多少数民族地区,大家也都有每天喝黑茶的习惯。

第五个要介绍的是黄茶的保健功能。黄茶的加工工艺也不复杂,在绿茶基础上,中间多了一个焖黄的过程。但就是这个湿热氧化的过程使绿茶的部分化学成分得到改变。它可以防治食道癌,而且它抑菌效果也优于其他茶类。同时,它还可以提神、助消化、化痰止咳等。

3. 茶叶防辐射

日本地震海啸以后,大家对核辐射感到非常恐慌。中国各地都发扬奉献精神,包括贵州、福建、浙江很多地方把茶叶捐给日本,捐献给我们的大使馆和一些在日本的华侨。浙江大学也捐了一批物资给中国驻日本大使馆,这批物资就是茶多酚,还有一箱茶爽。因为茶多酚被证实具有抗辐射功效,所以中国驻日本大使馆大使程永华先生专门写了一封感谢信。这件事情发生以后,上海的《新民晚报》还刊登了关于这件事的一篇报道《中国茶多酚"飞"赴日本抗辐射》。据中国农科院茶叶研究所、湖南农业大学、浙江大学研究发现,茶叶的抗辐射效果非常好。它的效果好到什么程度呢?我们每天喝两杯茶,6克茶叶泡成茶水喝,它抗辐射的效果相当于你吃1千克碘盐。一天吃1千克盐下去,人会怎么样?但是喝6克茶很容易做到,所以没必要在恐慌的时候抢买盐,喝茶的抗辐射效果非常好。

茶叶抗辐射的事例非常多。第二次世界大战末期日本广岛地区受到美国原子弹轰炸,研究者针对存活下来的居民做过一些流行病学的调查,结果发现生活质量比较好的居民和生存期比较长的居民都是有喝茶习惯的。所以在日本把茶叫作原子时代的饮料。大家知道癌症病人,一定会采取放疗或者化疗、放化疗。有些病人一个疗程或者两个疗程以后,你会发现癌症病人要戴顶帽子了,因为他头发已经没有了,身体也非常衰弱了。这表示放、化疗把癌症病人的癌细胞杀死的同时,可能把很多人体正常的细胞也杀死了。有些癌症病人可能不去治疗还能活一两年,一治疗反而只能活半年。这个现象说明放化疗对人体的副作用非常大。那么在放化疗期间,如果癌症病人同时服用一些茶的提取物,包括茶多酚、儿茶素胶囊甚至喝一些浓茶,可以减少放、化疗的副作用。它提升白细胞的有效率在90%以上,癌症病人掉头发的症状明显改善。这个在浙江大学医学院附属第一医院、浙江大学医学院附属第二医院等医院里用得非常普遍,所以茶叶可以减轻放射治疗的副作用、提高疗效。

茶叶为什么能够抗辐射呢?茶叶专家跟医学专家认为首先是因为它里面含有

茶多酚。其次就是茶叶中含有大量的锰元素，其含量是其他植物的几倍、几十倍甚至上百倍。一般食物像蔬菜中，最多的每100克中可能就十几毫克。食物中锰含量最多的就是海鲜类的河蚌，它的锰含量有50多毫克，但都没有茶叶多，茶叶中锰元素含量非常高，它能够起到抗辐射作用。此外，它含有的咖啡因、茶碱、可可碱也是有一定功效的，茶氨酸也有一定的功效。第三方面的原因就是它含有多糖、黄酮类、胡萝卜素类，这些当然其他植物里也有，它们有普遍的抗辐射作用。

茶叶中的茶多酚，包括其他成分，是如何起到抗辐射作用的呢？可以这么理解，茶叶中的有效成分相当于做了一个防护墙，起到防辐射作用，包括核辐射、医疗放射、紫外辐射以及手机、香烟、家居和电脑辐射等。辐射会对我们身体里面细胞的蛋白质DNA神经系统、生物膜等产生损伤。像放化疗病人会恶心呕吐就是因为放射引起的。茶叶类成分在这里起到一堵墙的作用，把这个射线挡住了，所以能够起到抗辐射作用，所以我们说喝茶还能抗辐射。

4.茶对抗自由基

什么是自由基呢？我们以前学过化学，知道一般的化学反应就是共价键的断裂。它是异裂的，使电子跑到某种质子上，而另一种质子就缺失了电子会形成离子。像我们家里的盐就是氯化钠，钠阳离子跟氯阴离子在这个水里共存，所以它是很稳定的。

自由基是共价键断裂时电子均分，大家一人一半，均裂是每个质子带一个电子，就成了一个不成对的电子。不成对的电子很不稳定，它很活跃。为什么叫自由基？它非常活跃，它要自己稳定下来，必须找一个去配对，所以自由基会去攻击人体细胞，让它自己更加稳定。自由基对我们身体有很多的危害。尤其过量自由基，它会引起人体很多的问题，包括肿瘤、心血管病、炎症、色斑，还有皱纹、白内障甚至衰老。身体里面的细胞功能衰退了，或者组织已经坏死了，是因为身体里面的细胞的核酸包括遗传物质DNA、RNA、蛋白质、脂质受到自由基攻击发生了异常。膜的流动性、膜的氧化还原性都发生了变化。这些成分的异常，就是由过多的自由基引起的。过多的自由基引起人身体里面的遗传物质DNA，还有其他的脂质和蛋白质损伤后，造成很多生理异常，这叫作自由基病因学。

据统计，上万种慢性疾病、老年病包括人的衰老，都是由自由基引起的，这是致病的祸首。如果能找到一种东西能够清除自由基，它就可以预防上万种疾病。茶为"万病之药"，从这个方面可以解释得通。自由基学说，现在是医学界公认的一种学说。它能够解释很多问题，以前的营养学说、免疫学说只能解释一部分问题，自由基学说现在是深入人心的。

目前能够找得到比较好的自由基清除剂有几种。例如人每天吃的维生素类，主要就是让它来清除自由基的。在吃维生素期间，它会让人少生很多病。现在维生素 E 跟维生素 C 是全世界发现得比较早的、大家公认的有清除自由基作用的物质。

从茶叶界的角度看，茶叶里面的茶多酚，尤其是它里面的儿茶素，能够清除自由基的基团。而且，茶多酚中的羟基比维生素类更多，这意味着它有清除自由基的能力，但是会不会比维生素类更强呢？大量的实验证实了茶多酚、儿茶素清除自由基的能力，确实比维生素类要强很多倍。加之茶叶本身也含有维生素 C。一般认为，辣椒里面的维生素含量非常高，可茶叶里面含量比辣椒还高好几倍。正是因为茶叶本身既含有维生素，还含有清除自由基能力更强的茶多酚类物质，所以它能够预防疾病，称茶为"万病之药"是恰当的。

用自由基病因学可以解释很多问题，也能解释茶为什么有这么多的功效。现在，研究者们已经证实了，茶通过抑制氧化酶与诱导氧化的过渡金属离子络合或者直接清除自由基等途径来清除自由基，这个机理非常清楚。基于自由基的理论，茶多酚是茶叶中最主要、最精华、对人体最有用的成分。科学家拿绿茶、红茶跟大蒜、洋葱、玉米、甘蓝、菠菜去比较，发现红茶、绿茶的抗氧化活性极高，大蒜、洋葱、玉米、甘蓝抗氧化能力相对比较弱。

国外有研究表明，要起到日常保健作用，不同抗氧化活性的食物应该每天吃 5 个洋葱、4 个苹果，喝 1 瓶半红葡萄酒、12 瓶白葡萄酒、12 瓶啤酒或者 1 千克多橙汁，只有这样，每天才能够起到抗氧化作用，防止自由基侵入。当然，人们可以选择每天喝两杯茶(300 毫升)，它的抗氧化效果与上述食品是一样的。所以，从理论上讲，每天喝两杯茶，就可以起到日常保健作用。

5. 茶食品与保健品

(1)茶类保健品

社会对于茶叶的降脂减肥和提高免疫力功能非常重视。茶叶的抗氧化、通便、降糖、对人体辐射危害有辅助保护的功能，也是非常重要的。特别是 2011 年日本福岛的核泄漏事件以后，茶叶的抗辐射功能更引起人们的广泛关注。此外，针对于茶叶的清咽、祛黄褐斑等功能，共有 21 类相关的产品得到注册。

茶类健康产品中，第一个是茶多酚减肥胶囊。它对单纯性的肥胖人群有较好的效果。其主要成分有茶多酚、决明子、何首乌、熟大黄、荷叶和淀粉。茶多酚大概占到总量的10%。

第二个是茶黄素类保健品。茶黄素类是从红茶里提取的一种有效成分，是茶多酚的氧化产物。大量研究和临床实践表明，茶黄素具有比茶多酚更强的抗氧化性能和保健功能，对预防心脑血管疾病有突出功效，抗心脑血管疾病的高血脂、高血黏、高血凝、自由基过多、血管内皮损伤、微循环障碍和免疫功能低下这七大危险因子，将成为安全可靠的根本性治疗心脑血管疾病的新一代绿色理想药物。那么，茶黄素是怎样清除自由基的呢？像 SOD、CAT、GPX 这些都是人体的抗氧化酶系，如果这些酶活性高的话，可以帮助你产生很多能量去除自由基，使很多的疾病得到控制。茶黄素对这些酶都有激活作用，而对于产生自由基的酶类，则有抑制效果。另外茶黄素还可以充当敢死队员的角色，敌人来了，它首当其冲。从这几个角度来说，茶黄素可以很好地抑制人体里过多的自由基的产生。

第三个是茶氨酸类产品。茶氨酸是一种 N—乙基—谷氨酰胺，具有提神益智的作用。茶氨酸对改善睡眠有很好的效果。我们知道，人体中有一种让你感觉舒服和安静的叫阿尔法波的电磁波，人口服茶氨酸以后，特别是口服 30 分钟到 60 分钟后，脑电波图上显示阿尔法波增强。也就是说在口服茶氨酸 30 分钟以后，就可以很好地进入睡眠状态。

（2）茶叶功效利用方式

现代人在繁忙的工作之余，可以通过以下三种方式，利用好茶的功效：

第一，以原茶的形式。就是在食品里还保持茶叶的样子，看一眼便可知道这是一个茶产品。

第二，改变茶的物理形状。比如做成超微茶粉。

第三，利用茶叶提取物。就是把茶叶的有效成分提取出来，添加到各个所需要的地方。从功能上来说，把茶叶添加到食品里有很多好处，一是可抗油脂氧化。茶叶中所含的茶多酚、维生素 C，都是抗氧化剂，可延长食品的保质期。二是它们有杀菌保鲜的作用。三是茶叶是一种天然色素，添加到食物中起到着色的作用。比如说茶黄素，现在国家已经将其列为天然食品添加剂，可以用它代替合成色素。四是可以作为营养补充剂。五是可以改善食品风味。因为茶叶的每种成分，都有它特有的味道。EC 和 EGC 分别是两种儿茶素。这两种儿茶素是不带没食子酸基团的，微苦、无涩味。而 ECG 和 EGCG 是带没食子酸基团的两种儿茶素，苦涩味。咖啡因也是有苦味的。游离糖是甜的。茶氨酸又鲜又甜。有机酸、维生素 C 带有酸味。人们可以根据需要，选择不同的茶叶或者不同的提取物，添加到不同的食品里。

特别要介绍的是已经在食品里应用非常广泛的超微茶粉。超微茶粉工艺还是相对简单的,要求是新鲜、优质、干净的茶叶。将比较干净的茶叶通过蒸汽杀青、干燥,在低温下超微粉碎或者是碾磨,变成茶粉。其粒度一般在 800 目以上,最细的可以做到 1 500 目。平常茶叶中用水泡不出来的一些成分,比如膳食纤维,可以通过这种形式提供。

接下来分别从上述的原茶、物理形状改变的茶叶以及茶提取物三个方面举例。

先介绍原茶在食品中的应用。以 4 道美食——茶叶蛋、龙井炒虾仁、茶香鸡以及茶香虾为例,这 4 道菜非常美味。其中茶香鸡把茶和鸡相结合,利用茶的香气掩盖鸡的腥味,同时,茶叶可以吸收鸡肉中大量的脂肪,堪称天作之合。龙井炒虾仁,这是杭州的一道名菜。不仅绿叶与红虾相配,非常漂亮,更重要的是,虾含有很高的不饱和脂肪酸,茶叶中所含的茶多酚,能有效防止其氧化。平时,虾仁高温下锅,会发生部分氧化。有了茶叶就大不一样了。从香味上说,茶叶的清香可以掩盖虾仁的腥味。另外从色泽上也可以相互映衬。现在杭州非常注重推广茶文化,比如蕴含深厚传统文化的西湖十大茶菜,将西湖的美景和茶结合,非常漂亮,其中就有茶和保俶塔、里西湖、外西湖、断桥等文化元素。

第二方面是茶粉的应用。茶粉的应用,也可以说成是吃茶,相当于把整个茶都吃下去,无非是看不到整张叶片。其实传统上中国很早就有吃茶的习惯,比如说擂茶,也叫三生汤。它是用生茶叶、生米仁还有生姜为主要原料,捣碎,然后冲上水,可以是凉水,也可以用热水冲饮。在《梦粱录》里杭州临安府,就有一道茶叫七宝擂茶,传说是用花生、芝麻、核桃、姜、杏仁、龙眼、香菜和茶擂碎,煮成茶粥。

现在茶粉的吃法比原来有更多的花样。例如茶盐,就是把茶粉和盐拌在一起,也有将茶叶制成如榨菜一样的小菜,或将抹茶调入普通食品,如抹茶凉面、抹茶冰棍等。通过这种形式,可以把茶的营养全部吃下去。除此之外,还有很多的糕点,比如说酥糕、酥糖,原来都是重油、重糖的食品,加了茶粉改良以后,口感就会变得甜而不腻,同时还增加了茶叶所含的很多营养。比如说我们传统的中秋佳节月饼。茶月饼已经有二十几年历史。1992 年国家就批准了茶多酚作为一种油脂的抗氧化剂,那时就把茶多酚添加到月饼的馅和皮里面,来增加它的抗氧化功能,延长月饼的保质期。

看到这些由茶叶做的美食、美味,不光从生理上我们可以获得很多的营养,从心理上也可以得到很多愉悦。

接下来再看茶叶提取物的应用。首先是茶叶提取物在油脂中的应用。将茶叶提取物放到油脂中间,可达到抗油脂氧化的目的,延长保质期。茶树籽油,就是从茶树的籽里面榨出来的油,其本身带有茶多酚、皂素,有一定的抗氧化效果。

第二个例子是茶饮料。茶饮料是指用茶叶的提取物,或者是喷雾干燥的产品,或者是浓缩液,混合各种调味料的配方,调配了之后进行罐装做成的饮料。近年来,茶饮料发展迅速。到2009年,茶饮料产量已经超过了700万吨,占全国软饮料产量的10%左右。2010年,我国的软饮料增长率是18.27%,茶饮料也是同步增长的。所以,茶饮料未来发展是非常好的。大致会向这几个方向发展:一个是低卡路里型的。现在看到市场上有零卡路里的,即无糖、无热量型的。另一个是很多地方利用自己的传统特色茶,制作成相应的茶饮料。比如安溪铁观音、西湖龙井、黄山毛峰、冻顶乌龙等,它可以做成相应各个品种的名优茶的软饮料。此外,还有各种功能性茶饮料,比如现在市场上很热门的专门针对降脂减肥的减肥茶、专为儿童设计的添加更多茶氨酸的饮料、像用茉莉花和茶提取物配成的茉莉清茶。酥油茶也是,不是直接投放茶叶,而是先煮茶叶,再过滤出茶汤,在茶汤中加上奶等。还有现在很提倡的原叶茶,100%来自于茶,没有添加任何东西。

6. 茶为"万病之药"

正确理解"茶为万病之药"这句话,首先要看它的历史回顾,其次要了解"茶为万病之药"的理论依据。

①茶叶、茶药。

茶叶在我国最早作为药物使用,以前把茶叶叫茶药。最早的药理功效的记载是在《神农本草》里面茶的起源部分。这里面说神农"日遇七十二毒,得茶而解之"。到了汉代就把它当成长生不老的仙药。医圣张仲景在《伤寒论》里面有关于茶的评论"茶治脓血甚效"。名医华佗也讲了一句"苦茶久食益思意",就是说茶对身体有很大的好处。唐代陆羽在《茶经》里也记载了很多茶的功效。所以在唐朝以前的人就认识到茶的功效不少,不仅可以提神、明目、有力气、使人精神愉快,还可以减肥、增强思维的敏锐度等。宋代以后,关于茶功效的记载就更加深入了。像苏东坡的《茶说》、吴淑的《茶赋》、顾元庆的《茶谱》,包括李时珍的《本草纲目》里面都描写到茶的功效。

茶的功效在《本草纲目》中有记载:"茶苦而寒最能降火","火"会引起身体很多问题。那么像日本种茶的鼻祖——荣西,"茶禅一味"是他提出来的。他在《吃茶养生记》里面讲到"茶者养生之仙药,延龄之妙术也"。他觉得茶能够养生,能够延长人类的寿命。茶刚开始传到欧洲去时,它不是放在食品店、茶叶店里卖的,而是放到药房作为一种药去卖的。

20世纪80年代以后,再次出现了研究茶的高潮,因为日本科学家最早揭示了茶中的茶多酚能够抑制人体的癌细胞活性。所以从那时开始,研究茶的科学家越来越多了。浙江中医药大学的林乾良教授总结了很多的文献,把茶的传统功效归结为让人少睡、安神、明目等24项。从这些总结来看,茶真的可以预防或者治疗很多疾病,"茶为万病之药"这句话是非常正确的。现在医学证明了这个论断,现在中外营养学家评的"十大健康长寿食品"、中国的《大众医学》2003年评的"十大健康食品"中都有茶叶。美国的《时代周刊》和《时代》杂志都把茶作为最好的抗氧化食品或者营养食品去推荐。德国的《焦点》杂志把茶列为十大健康长寿食品。

　　绿茶有神奇的功效,它能够防止动脉硬化、防止前列腺癌、能够减肥、能够燃烧脂肪。茶的这些功效在很多中外文献中都有论及。现在全世界对茶与健康关系的关注度越来越高。很多科学家在研究茶跟健康的关系,从1985年到今天世界上有关茶与健康关系的文献越来越多。1985年只有三五篇,到2005年就有500多篇,到2015年有1 000多篇。这表明越来越多的科学家关注茶的健康作用。

　　②理论依据。

　　茶之所以被誉为"万病之药",是因为它的功效成分很多,茶中有茶多酚、氨基酸、咖啡因,对人体的身体功能有很多好处,所以有人把茶树叫作合成珍稀化合物的天然工厂。茶树长成以后,把叶片采下来,就可以作为药物使用。有人甚至把茶中的茶多酚叫作"第七营养素"。目前已知的食品有六大营养素,现在有人把茶多酚提高到这个高度,表示茶的功效成分与人体健康的关系非常大。现代医学有"自由基病因学"学说,它也可以解释"茶为万病之药"的说法。

7.茶保健九大功效

(1)延年益寿

　　茶的第一个功效是抗氧化或者延缓衰老作用。当代茶圣是吴觉农先生,还有一些茶界泰斗元老的人物,这些老前辈身体状况普遍要好过普通人,长寿比率高,都达到了80岁以上,因此,有"茶寿"之说,为108岁。

(2)增强免疫力

　　茶能够增强免疫力。增强免疫可以抵抗病毒的入侵,也可以减少肿瘤发生的概率,大量的实验可以证明此观点。

(3)脑损伤保护

　　中科院生物物理所跟浙江大学联合研究发现茶叶的成分对脑损伤有保护作用,可以防止帕金森氏症。日本的研究也发现70岁以上的老人每天喝茶2~3杯,患老年痴呆症的概率会比较低,记忆力、注意力和语言使用能力要明显高于不喝茶的人,证实了茶对脑是有保护作用的。

(4)降血脂

茶的降血脂作用是非常明确而稳定的。茶的成分,尤其是把茶多酚从茶叶里提炼出来做成胶囊、片剂,让高血脂人群服用一个月以后,血脂平均降下来20%左右,而且这一方法对80%以上的人有效。

(5)养颜祛斑

茶能够祛色斑,女性茶友可能比较感兴趣。通过对100位脸上色斑比较多的女性服用茶多酚的临床研究,我们发现年龄在18岁到65岁之间的女性服用一个疗程以后,其色斑面积减少了将近10%。更重要、更有效的是被实验者的色斑颜色用比色卡去比,能发现褪掉了接近30%。茶的这一功效对老年斑也有一定的作用。

(6)预防肥胖

喝茶预防肥胖效果非常好,但如果已经很胖了再想通过喝茶减肥,效果相对就不够稳定,在实验中,仅对少部分人效果明显。人体肥胖的原因到今天为止还没有定论,但是在美国,非常推崇茶的减肥作用,中国的茶多酚主要出口到美国,一年超过1 000吨,美国人拿来做减肥药品,他们觉得茶叶的成分能够燃烧脂肪,能够减肥,所以在美国用茶减肥是非常深入人心的。

(7)预防高血压

有调查发现,每天喝茶的杯数跟高血压威胁的指数成反比。喝茶喝得越多,得高血压的概率就越低。它的作用机理是茶能够抑制血管紧张素,让血压不升高。喝茶的人高血压的平均发生率比不喝茶的可能低将近一半,不喝茶的人是10.5%,喝茶的只有6.2%,说明喝茶能够预防高血压的产生。现在中国、韩国、日本都有很多利用茶的有效成分来防治心脑血管疾病的药。

(8)解酒

通过小白鼠抵抗酒精急性中毒的实验表明,在喝酒前,喝茶可以起到一定预防酒精中毒的作用,但是酒后则不适宜饮茶,尤其不适宜饮浓茶。

(9)抗癌

茶能够抗癌、能够抗肿瘤,从1987年到今天全世界发表了将近5 000篇关于茶叶抗肿瘤的文章。茶叶抗肿瘤机理也比较清楚。致癌过程有三个阶段,一个是启动,一个是促进,一个是增殖。茶的成分在不同阶段都可以起到抑制作用。陈宗懋院士写了一篇论文叫作《茶叶抗癌二十年》,发表在2009年的《茶叶科学》上。他认为茶叶之所以能够抗癌,是因为它能够抗氧化、能够抑制癌基因表达、能够调节转录因子等,从而起到抗癌作用。

茶叶有这么多的功能,可以说,茶产业是这个世纪较有发展前途的产业,被称为不衰败的朝阳产业。

第二节　健康饮茶方式

中医把人体的体质分为 9 种,不同体质与茶类该如何匹配? 环境、体质、工作等个性化特征越来越明显的今天,怎样才能更加科学健康地喝茶?

健康饮茶对于每个饮茶人都非常重要,要根据每个人的年龄、性别、体质、工作性质、生活环境及季节的不同有相应的选择。

1. 看茶喝茶

看茶喝茶,就是根据不同的茶叶采取相应的方式去喝,六大茶类从中医角度看,可以分寒性的和温性的。绿茶、黄茶、白茶属于凉性的,乌龙茶属于中性的,黑茶和红茶属于温性的。六大茶类的品性可以从这个角度去考虑,不过还可以将茶叶分得更细一些,如普洱茶,生的普洱刚做出来的,其实是绿茶,也是凉性的;普洱熟茶,普洱茶放 5 年时间以上的应该属于温性茶了。还有乌龙茶也是这样,轻发酵的乌龙茶,如文山包种茶及浙江龙泉的金观音,用玻璃杯泡感觉是绿茶,但是有乌龙茶的香气,这种茶叶它也应该是凉性茶;而中发酵的乌龙茶则是中性茶。重发酵的茶叶,像全发酵的红茶肯定是温性的了;大部分的黑茶属于温性茶。

2. 看人喝茶

看人喝茶就是根据人的体质来辨别喝茶的方法。有同学告诉我,他一年四季喝菊花茶,但是喉咙都是痛的,去看西医给他配药也没用,后来去看中医,中医告诉他,喉咙痛是因为他每天喝菊花茶引起的。我们通常感觉喝菊花茶对喉咙有好处,但是菊花茶性太寒对喉咙不利,菊花茶停掉去喝普洱茶或者乌龙茶或者红茶,他的喉咙就好了。还有的人喝绿茶会拉肚子,就是因为绿茶品性比较凉。一般喝茶我们觉得是通便的,但是有些人甚至会出现便秘。有些人喝茶会整夜睡不着觉。还有些人喝茶血压会上升,而我们通常觉得喝茶是降血压的,因为有些人对咖啡因特别敏感,所以血压会上升。甚至有些人喝茶会喝醉,感觉比酒醉还难受,心慌冒冷汗,这是体质虚弱的人出现的低血糖反应,空腹喝茶尤甚。

所以,不同的体质喝的茶不对,可能会出现身体不适的现象。如果你内火很旺,还要去喝红茶,这叫作火上浇油,就是火气更旺了;有些体质的人,夏天吃西瓜或者苦瓜会拉肚子,表示他体质太凉,冬天他如果喝绿茶,就是雪上加霜。

那么,要正确喝茶,就要了解什么是体质,如何针对自己的体质选择茶品。体质就是我们生命过程中,在先天禀赋和后天获得的基础上所形成的形态结构、生理功能和心理状态方面综合起来的相对稳定的固有特质。2009 年 4 月 9 日,我国出了一部《中医体质分类与判定》标准,将人的体质分为 9 种。这 9 种体质类型及其相应的特征如下所示:

①平和质:面色红润、精力充沛,正常体质。

②气虚质:易感气不够用,声音低,易累,易感冒。爬楼,气喘吁吁的。

③阳虚质:阳气不足,畏冷,手脚发凉,易大便稀溏。

④阴虚质:内热,不耐暑热,易口燥咽干,手脚心发热,眼睛干涩,大便干结。

⑤血瘀质:面色偏暗,牙龈出血,易现瘀斑,眼睛有红丝。

⑥痰湿质:体形肥胖,腹部肥满松软,易出汗,面油,嗓子有痰,舌苔较厚。

⑦湿热质:湿热内蕴,面部和鼻尖总是油光发亮,脸上易生粉刺,皮肤易瘙痒。常感到口苦、口臭。

⑧气郁质:体形偏瘦,多愁善感,感情脆弱,常感到乳房及两肋部胀痛。

⑨特禀质:特异性体质,过敏体质,常鼻塞、打喷嚏,易患哮喘,易对药物、食物、花粉、气味、季节过敏。

第一种叫作平和质,是正常的体质,这类人是健康的,到医院里都是"免检产品"。

第二种是气虚质,这类人气很虚,感觉自己的气不够用,很容易累,很容易感冒。

第三种人叫作阳虚质,比较常见,指阳气不足、怕冷,冬天手脚非常冰冷,如果冬天晚上不用温水烫一下脚根本睡不着,而且睡到第二天早上可能脚还是凉的。这一类人就是很怕冷。他还有一个特征,就是每天要上很多次厕所,而且大便不成形。

第四种叫作阴虚质,是跟第三种相反的体质类型。这类人内热,冬天不怕冷,不耐暑热,而且容易口干、喉咙干,脚心手心都非常烫,眼睛干涩,很容易出现便秘。

第五种叫作血瘀质,一般面色很暗,牙龈容易出血。稍微捏他的身体一下,他的身体上就会出现一个斑,而且这个斑长时间也褪不掉。这一类人眼睛里还有红丝。

第六种叫作痰湿质,体形肥胖,腹部肥满松软,很容易出汗,皮肤也容易出油,舌苔非常厚,有时候与人讲话,感觉他嗓子里总是有痰的。

第七种是湿热质,脸上好像涂了一层油,显得满面油光。这种体质的人,年轻时容易生粉刺,皮肤一抓就痒。有时候感觉嘴巴里比较苦或者容易口臭,且晚上睡觉睡得迟一点就口臭,很远就能闻得到。

第八种叫作气郁质,就是"林妹妹"这种类型,多愁善感,感情很脆弱,相对比较瘦。

第九种叫作特禀质,就是过敏性的。这种人中很多对花粉过敏,有些人甚至对茶叶咖啡因过敏,他一喝茶就会吐。

那么,不同体质的人应该怎么喝茶呢?

第一种平和质的人,什么茶都可以喝。第二种人就是气虚质,这种人高咖啡因的茶肯定不能喝,而且凉性茶也不能喝,一般要喝熟的普洱茶及发酵中度以上的乌龙茶。阳虚质的人,不宜饮绿茶,尤其像蒸青绿茶,黄茶、苦丁茶也是肯定不能喝的,应该多喝红茶、黑茶及重发酵的乌龙茶(像武夷岩茶这一类)。

阴虚体质刚好跟阳虚质的相反,他(她)应该多饮绿茶、黄茶、白茶、苦丁茶、轻发酵的乌龙茶,建议喝茶时可以加一些枸杞子进去,或者喝一些菊花、决明子,红茶、黑茶、重发酵的乌龙茶要少喝甚至不喝。

血瘀质的人各种茶都可以喝,而且可以浓一些,最好加一些山楂、玫瑰花、红糖甚至直接吃的茶多酚片。

痰湿质的人,应多喝浓茶,什么茶都可以喝,也可以加一些橘皮进去。

湿热质的人,应多饮绿茶、黄茶、白茶、苦丁茶、轻发酵的乌龙茶,也可以配一些枸杞子、菊花、决明子,红茶、黑茶、重发酵的乌龙茶要少喝一些。

气虚质的人,可以喝安吉白茶,以及喝一些咖啡因比较低的相对比较淡的茶,甚至喝一些玫瑰花茶,一些含有芳香成分的茶类及金银花茶、山楂茶、葛根茶、佛手茶,相对来讲浓度比较低的淡茶应该是可以的。

特禀质的人,要喝茶尽量淡一些,和痛风病人、神经衰弱的人一样,喝茶的时候可以把第一杯甚至第二杯倒掉,随便喝一点,像安吉白茶这一类低咖啡因、高氨基酸的茶是可以的。

所以,建议大家先去判定一下自己是哪一种体质,再选择适合自己的茶。总体来讲,体质跟喝茶的关系,就是热性体质的人要多喝凉性茶,寒性体质的人要多喝温性茶,这是总的原则。再者,我们人的身体状况是动态的,可能随时在变化,但是希望我们的体质往好的方向转变。有的人的体质可能有很多种,有时候是很矛盾的同时存在,这样就比较麻烦。另外,每种茶类,无论你是什么体质,稍微尝一下都是没关系的。如绿茶是凉性的,若想尝一下好的名优绿茶,尝一杯问题不是很大,如果觉得有问题马上改喝红茶也是可以的。有些人喝茶很讲究,尤其有些人对喝茶很忠诚,他就喝一种茶。有些人很偏嗜于某种茶,长期喝这种茶也可能让你的体质往相应的方向转变。所以，要考虑自己的体质然后喝茶，希望茶把我们的体质引到正确的道路上而不要推到"深渊"里。总之，不管任何人，喝茶总比不喝茶的要好，这是肯定的。体质跟喝茶的关系，有很多学问，值得大家研究。

同时，职业环境、工作岗位不同，喝茶也不同。比如说计算机工作者多喝一些能抗辐射的茶，脑力劳动者包括教师、学生应该喝能让思维更加敏捷的茶叶。

此外，喝茶也因个人的喜好不同而异。如初始喝茶者以及平时不常喝茶的人，适宜喝一些像安吉白茶这种淡一些、鲜爽味高一些、氨基酸含量高的茶；老茶客有时候一把茶叶放在杯子里，他都觉得少还可以更浓一些，但有些老茶客也是喝淡茶的；有些人有调饮习惯，喜欢加一些柠檬、茉莉花、玫瑰花或者奶茶，这些都可以根据个人的喜好不同进行调整。

如何判断茶叶是不是适合你喝呢？如果觉得不知道自己是什么体质，且也没有时间去测定，那你就可以看看身体是否出现不适反应，主要表现在两方面：一个如果你喝了绿茶，马上会肚子不舒服或者要去上厕所，那就表示你的体质是凉性的，那就可以改喝温性的茶；若觉得喝某类茶，睡不着觉或者容易出现头昏或者出现"茶醉"现象，那么表示你浓茶肯定不能喝。如果你喝某种茶感觉身体很好，不大容易感冒，精神非常好，那你可以长期饮用。也就是说，要根据自己的感受去喝茶。

3. 看时喝茶

看时喝茶是指不同的时间你喝的茶也不一样。喝茶要根据季节去调整，因为我们的身体可能随着季节会发生变化，比如冬天是这类体质的，夏天可能变成另一类体质。这里有几句话："春饮花茶理郁气，夏饮绿茶驱暑湿。秋品乌龙解燥热，冬日红茶暖脾胃。"就是春夏秋冬四个季节，你可以喝不同的茶。

有些人更讲究，他每天喝茶都要换四五种，早上起来、早餐以后、午餐以后、下午跟晚上喝的茶不同。这样可能有些太讲究了，但是如果是有时间和兴趣的茶友，也可以试试。

4. 饮茶贴士

①忌空腹饮茶：空腹饮茶会冲淡胃酸，抑制胃液分泌，妨碍消化，甚至会引起心悸、头痛、胃部不适、冒冷汗、眼花、心烦等"茶醉"现象，俗云："空腹饮茶，正如强盗入穷家，搜枯。"

②忌睡前饮茶：睡前饮茶会使精神兴奋，可能影响睡眠，甚至失眠。因此，睡前

要少喝茶,尤其是咖啡因多的茶叶尽量不要喝。

③忌饮隔夜茶:隔夜茶也尽量不要喝。隔夜茶有两种:一种就是茶叶冲泡好放了一个晚上,第二天再喝,这种隔夜茶是不能喝的,因为茶水放久了,哪怕是第一天晚上没喝过的,里面的维生素也损失掉了,且微生物对它有污染,容易发生变质还有析出重金属跟农药残留。另外一种隔夜茶是泡好茶后把茶水倒出来,放在另一个杯子里盖好,然后放在冰箱里,这种隔夜茶第二天就可以喝。

④糖尿病患者宜多饮茶:饮茶降低血糖,有止渴、增强体力的功效。糖尿病患者一般宜饮绿茶,饮茶量增加一些,一日内可数次泡饮。饮茶时吃南瓜食品可增效。

⑤早晨起床后宜立即饮淡茶:经过一昼夜的新陈代谢,人体消耗大量的水分,血液的浓度大。饮一杯淡茶水,不仅可补充水分,还可稀释血液,降低血压。特别是老年人,早起后饮一杯淡茶水,对健康有利。饮淡茶水是为了防止损伤胃黏膜。

⑥腹泻时宜多饮茶:腹泻易使人脱水,产生指纹凹陷,多饮一些浓茶,茶多酚可刺激胃黏膜,对水分的吸收比单纯地喝开水要快得多,很快能给人体补充水分,同时茶多酚具有杀菌止痢的作用。

第三节　茶疗实践价值

1.现代茶疗的特点

中国茶疗能历经数千年而经久不衰,得到广泛应用,这与它自身的特点是分不开的,概括说来,茶疗有以下特点:

(1)配伍简单

茶疗方,多半是用单纯的茶叶冲饮,或者将茶叶与其他一些中草药相配伍,或冲泡,或煎煮。而与茶相配伍的,一般都是精挑细选两三味经中医临床证实确有疗效的中草药。如杜仲茶,在民间,一般是将6克杜仲研末,用绿茶水冲服,以达到补肝肾、强筋骨的作用。即便是少数较为繁杂的配方,也都是在民间能够采集或是购买得到的。比如清热养阴茶,它共需八味中药:甘菊9克,霜桑叶9克,麦冬9克,羚羊角1.5克,云苓12克,广陈皮4.5克,炒枳壳4.5克,鲜芦根10克,茶叶5克,加水煎汤,取汁饮服,这八味药在中药店很容易购买得到。

(2)使用广泛

茶疗方的适用范围几乎遍及内科、外科、妇科、儿科、五官科、皮肤科以及养颜保健等方面，当今的疑难杂症，如艾滋病、癌症等也选用茶疗作为辅助治疗的方法。茶疗方的剂型也由过去单一的汤剂发展成散剂、丸剂、冲剂等多种剂型，因茶叶本身就含有多种药效成分和营养成分，再加上它与各种不同功效的中草药配合使用，使得茶疗的应用范围更加广泛。

（3）应用方便

茶疗，或单方或复方，其中的原材料一般可就地取得。比如可以治疗胃脘疼痛、呕吐、食欲缺乏的"醋姜茶"，就是将生姜 30 克，用食醋浸泡 24 小时后加入红糖、茶叶适量，用沸水冲泡，稍等片刻，即可饮用。它不需要用药罐进行长时间的煎煮，同时这些材料在家庭中一般都是常备的。另外一些经配制而成的含有中药的方剂，比如用于治疗感冒风寒、呕吐的"午时茶"冲剂，不但可以随身携带，而且饮服方便，只要用沸水冲泡即可，既省时又省事，人们易于接受。

（4）节省费用

茶疗方多以单味或两三味中草药居多，用药量少，分量不重，不少药材都是廉价的草药，且一般在药店都能购得，因此，费用低，可减少开支，人们乐于采用。

（5）赏心悦目

这是对部分茶疗方来言。自古以来，"从来佳茗似佳人""两腋清风几欲仙"，都是对茶叶的赞美。一般而言，茶疗方重在"疗"而不在"品"，但也有不少兼具"品""疗"双重功能的茶疗方。比如"菊花龙井茶"，它是用菊花 10 克，龙井茶 3克，沸水冲泡后饮用，主治早期高血压及肝上火上亢所致的眩晕头痛等症，冲泡之后的菊花，朵朵盛开在翠绿色的茶叶之中，上下漂浮，令人赏心悦目。"芹叶蜂蜜茶"是将芹菜叶加入适量茶叶、蜂蜜冲服，能平肝清热降压，一杯清爽的浓汁，让劳顿了一天的双眼立即为之一亮，满目的绿色让人一下子就心平气和了许多，更不必说那些养颜护肤的诸多玫瑰花茶之类的雅品了。

（6）效果良好

茶疗方虽配伍简单，但药物的效能易于得到充分的发挥，比如一些加药茶，他们不像汤药那样只煎煮 1～2 次，而是可以多次冲饮，直至茶味基本变淡为止，使药物的有效成分完全浸出。并且多次冲饮有利于人体和缓地吸收药物的有效成分，使疗效更持久。如茶叶本身具有利尿功能，将茶与车前草、竹叶心一并煎汤后饮用，可反复冲泡数次，其效果将更加显著。

不过，需要说明的是，茶疗虽然应用广泛，但对一些急性病来说，仅仅依靠茶疗是不够的，茶疗只是一种辅助调理的手段。

2. 茶疗方的种类

茶疗方的种类,因分类方法不同而有所区别。

从方剂的构成看,有单方、复方(两种以上的中药组成的方剂)。

从应用方法看,有内服方、外用方和体外应用方。内服方有饮用茶叶、茶药合饮、以药代茶饮等;外用方指点眼、吹喉、漱口、熏洗、调敷、末撒等;体外应用是指如在枕中装茶叶治疗头痛、养颜等。

从常用茶疗方组成来看,又可分为有药有茶和有药无茶两种,前者如清热解毒的金银花茶,止咳平喘的白僵蚕茶;后者如适用于心脏病的红参麦冬茶、化痰止咳的川贝茶和治疗高血压的决明子茶。

3. 茶疗方的剂型

茶疗方的常用剂型有以下几种:

(1)汤剂

这是茶疗方最常用的剂型,它是将茶疗方中各味中药或仅是将茶叶加以煎煮,或者是用沸水冲泡后饮用,它适用于一般家庭。

(2)块状茶

这是将茶叶或者药物晒干或烘干后,碾成粉末状,加入面粉等黏合剂,搅拌均匀,用机具压制成小方块、小饼块。

(3)丸剂

中药丸剂指两个方面:一是指小圆粒的制剂;二是从功用上说,"丸者缓也",需经过崩解、溶化后才能吸收而发挥疗效,所以较适宜慢性调理病,现代丸剂已较少使用。

(4)散剂

就是粉状的中药制剂,它易于吸收和发挥疗效。

(5)袋泡茶

将茶叶或者茶疗方中的各味中药干燥后,碾成粉末,按一定量分装在特制的滤纸袋中,即成袋泡茶。服用时只需将袋茶置入杯中,冲入沸水,静置一段时间后即可饮用,冲饮2~3次后,即可将滤纸袋连药渣取出弃去。袋泡茶类似于汤剂,如用于减肥降脂的"减肥茶"。

（6）速溶茶

速溶茶是可以较快地完全溶解于水的新剂型。

（7）片剂

片剂是将茶叶（或与中药一起）按现代制药方法，制成小圆片状，服时再用开水送下即可。

（8）口服液

将茶叶（或添加中药）按现代制药方法，封装于安瓿瓶中，如目前较为流行的"茶多酚"口服液等。

4.茶疗方的服用方法

茶疗方的服用方法有许多种，常用的有以下几种：

（1）冲泡

将茶叶或与之相配伍的中药，置于陶瓷器皿或者玻璃器皿中，用沸水冲泡，搁置一段时间后饮用，一般可冲泡多次，直至味淡。

（2）煎煮

有些茶疗方有多味中药，一般茶杯之内放置不下，或者是一些中药需一定时间煎煮才能浸出有效成分，以充分发挥其药性，这时，应予以煎煮，过滤后代茶频频饮服。

（3）调服

调服的方法有两种：一是将茶疗方中的各味中药碾成粉末，用水或其他药物煎煮的药液调服；二是将中药研末，再用茶汁调服或送下。例如，风寒感冒初起时，可将香白芷3克、荆芥穗3克研末和匀，用茶水送服。

（4）和服

这种方法是将已冲泡好或煎煮好的茶汁中和食醋或酒饮用。多适用于祛寒、止痛等症。

（5）含服

含服是将茶叶先含在口腔内，然后慢慢咽下，这种服用方法适用于口腔溃烂、牙周炎、咽喉炎等。

除此之外，还有一种使用方法就是外敷，即将茶叶或茶疗方中的各种药物碾成粉末，用浓茶汁调和，敷于患处，这种方法常见于外科、皮肤科等。

5. 每天适宜的饮茶量

饮茶的益处颇多,但同样也应适度。过量饮茶,会增加心脏、肾脏负担,还会抑制胃液分泌,妨碍消化,特别是过量饮用浓茶,因茶叶中的咖啡因、可可碱等在人体内含量过高,刺激性过强,会使大脑神经过于兴奋,以致心脏加快,产生心悸、头痛、胃部不适,出现尿频、失眠等症状;饮茶过少,又无法起到有益于身体健康的作用。那么,一天究竟以饮多少茶为好? 这要因人而异。一般健康的成年人,每天饮用浓度适中的茶 2～3 杯为宜,投茶量为每杯 3～5 克,每杯茶的水量在 150 毫升左右,如果每杯茶冲泡 2～3 次,用水量在 400 毫升左右。

另外,一天饮茶量的多少还决定于饮茶习惯、年龄、健康状况、生活环境、风俗等因素。如运动量较大、消耗多的人,每天茶叶用量可在 20 克左右;居住在西藏等高原地区的人,一日茶叶用量在 30 克左右也是不多的。这样有助于消化、祛痰,减少脂肪积累;烟酒量大的人也可以适当增加茶叶用量;至于用茶来治疗某些疾病,应根据医嘱,酌情使用。

6. 茶叶冲泡的最佳次数

茶叶冲泡的次数,应根据茶叶种类和饮茶方式而定。茶叶的种类不同,耐泡程度也不同。一般来说,非常细嫩的绿叶并不耐泡,在冲泡 2～3 次之后就没有什么茶味了;普通的红茶、绿茶,可冲泡 3～4 次。茶叶的耐泡程度与茶叶嫩度固然有关,但也取决于加工之后茶叶的完整性,加工越细碎的茶汁越容易浸出,加工越烦琐越完整的茶叶,茶汁浸出速度就越慢。例如各种袋泡茶、红碎茶,一般冲泡 1 次就可将茶渣弃去,不再重泡;乌龙茶一般可冲泡 6～7 次,有"七泡有余香"之说;而品质极佳的铁观音可冲泡十三四次,仍然茶香阵阵。茶叶的耐泡程度还因茶叶加工制作方式的不同而有所不同,如茯砖茶、七子饼茶等。根据实验测定,普通茶叶第一次冲泡浸出量占可溶物容量的 50% 左右,第二次冲泡一般为 30% 左右,第三次为 10% 左右,第四次只有 1%～3%。从营养角度来看,茶叶中维生素 C 和氨基酸第一次冲泡后 80% 左右浸出,第二次冲泡后 95% 浸出,其他一些主要成分诸如茶多酚、咖啡因等,也都是第一次浸出量大,经三次冲泡后,基本上全部浸出。因此无论从茶叶的营养成分还是药效成分来看,一般绿茶、红茶、白茶、黄茶等,以三次冲泡为最佳。

7.日常饮茶的选择

由于个人品位、偏好不同,各地的风俗不同,气候条件不同,环境因素不同等,难以下绝对的定论。绿茶的鲜爽、红茶的甜醇、乌龙的韵味、普洱的醇厚、花茶的馥郁,饮茶人各有各的偏好,各有各的追求。

如果只从各种茶叶营养成分和药效成分的含量比较而言,绿茶,特别是名优绿茶,维生素 C 的含量要优于其他茶类。每百克绿茶中的维生素 C 含量高达 200 ~ 500 毫克,而其他茶类,如红茶、乌龙茶等,由于加工工艺的不同,维生素 C 的破坏比绿茶多。所以一天喝上 2~3 杯绿茶,就能满足人体对维生素 C 的需求。另外,绿茶中的维生素 B_1 和维生素 B_2,比红茶高 1~2 倍,比乌龙茶高 0.5~1 倍,绿茶中磷、钾等多种矿物质含量一般也比红茶高,特别是锌的含量通常比红茶高出 1 倍多。

若从杀菌作用来看,不同茶类杀菌效果也不同。如对金黄色葡萄球菌,红茶和普洱茶的杀灭作用比绿茶强;对霍乱弧菌,绿茶的效果优于红茶和普洱茶;对小肠结肠炎耶尔森细菌,普洱茶的效果比红茶、绿茶强。

对于不同身体条件的人来说,又可以选择不同的茶类。比如身体比较虚弱的人,喝点红茶,或者是牛奶红茶,既可补充营养又能增加能量;女性在经期前后,性情烦躁,饮用花茶有疏肝解郁、理气调经的功效;少年正处发育旺盛期,需要更多的营养,以喝绿茶为好;希望保持苗条身材抑或想减轻体重的人,可以多饮用乌龙茶、普洱茶;少数民族地区常年食用牛、羊肉的人,为了增进脂肪食物的消化,可以多喝经过发酵的紧压茶,如砖茶、饼茶等;经常接触放射性物质、有毒物质的人员,可以选择绿茶作为劳动保护饮料;艺术家、驾驶员、运动员等脑力劳动者和体力劳动者,为了提高大脑的敏捷程度,保持头脑清醒、精神饱满,增强思维能力、记忆能力和判断能力,可以饮用各种名优绿茶。

所以,日常饮用哪种茶,可依需而定。

8.最适宜饮茶的时间

关于最适宜饮茶的时间,在古书中曾有过一番描述,古人认为饮时是"心手闲适,披咏疲倦,思绪纷乱,听歌闻曲,歌罢曲终,杜门避事,鼓琴看画,夜深共语,明窗净几,洞房阿阁,宾主款狎,佳客小姬,访友初归,风日晴和,轻阴微雨,小桥画舫,茂林修竹,课花责鸟,荷亭避暑,小院焚香,酒阑人散,儿辈斋馆,清幽寺观,名泉怪石"。——饮茶要有好的心情,如身心闲适平和之时,读书吟咏倦怠之时,曲终人静之后,或是闭门深居独自弹琴赏画一刻;饮茶要有好的人际关系,如朋友相访,倚窗闲话不觉夜深;饮茶还要有好的环境,或天气晴和,或细雨微阴,或竹林画廊、花鸟亭榭、怪石泉流,再或是清幽人静的时刻。

在如此美妙的意境下饮茶,一定妙不可言。

前有古人,后有来者。如今的人们何时饮茶,要依周边环境、工作性质、个人情况而定。口渴时,喝杯热茶能润喉解热;心烦时,喝杯茶能平心静气;疲惫时,喝杯茶能舒展筋骨;腹胀时,喝杯茶能去腻消食。一般说来,心神不宁时,饮茶能安神除烦;头痛目涩时,饮茶能清头明目;嗜烟之人,若在抽烟时饮上一杯清茶,可以减轻尼古丁对人体的毒害;脑力劳动者,饮上一杯茶,可以保持清醒头脑,有利于工作效率的提高;体力劳动者,喝上一杯茶,可以消除疲惫,增强机体活力,提高劳动效率。

夜深人静时,夜半读书时,可以饮上一杯茶;友人相逢时,同学团聚时,可以饮上一杯茶;杏花春雨时,晓雾啼莺时,可以饮上一杯茶;画舫轻漾时,水墨轻描时,可以饮上一杯茶;春寒料峭时,绿杨烟雨时,高柳鸣蝉时,梅影雪月时,可以饮上一杯茶;寒夜听雨时,竹影荷香时,眼目清凉时,云烟变幻时,可以饮上一杯茶;粉墙花影时,曲径通幽时,可以饮上一杯茶;暮鼓晨钟时,经声佛号时,可以饮上一杯茶。

因此,无论你做的是什么,只要你愿意,即可饮茶。饮茶对身心健康是大有益处的。

9. 老年人喝茶的禁忌

科学研究表明,老年人适当饮茶,有利于身体健康,但若饮茶不当,反而会给身体带来不利影响。

对老年人来说,切勿过量饮茶。因为随着年龄的增长,消化功能减退,如果大量饮茶,就会稀释胃液,影响食物的消化吸收。

老年人身体逐渐衰退,有人会出现小便失禁之症。饮茶过多过量,茶叶中咖啡因的利尿作用,势必会给老年人带来更大痛苦;再则,饮茶过量过浓,较多水分被肠胃吸收,进入血液循环,使血容量突然增加,再加上咖啡因的作用,会加重心脏负担,有时会出现心慌、胸闷、气短的现象。因此,建议心脏功能不是很好的老年人,应在白天饮用清淡之茶,晚上坚持不饮茶,这样对身体有利。

10. 女性饮茶有美容养颜的功效

饮茶对女性而言,具有美容养颜之功效,这点自古就有记载,如慈禧太后,就有一套自己的养生之道:白天爱饮金银花茶,晚上临睡前饮用糖茶,隔天服用一次珍珠粉,也是用茶水送服。据说慈禧太后年过七旬,仍然肌肤白嫩,这与她讲究饮茶不无关联。英籍华裔著名女作家韩素音女士喜欢喝绿茶,尤爱饮西湖龙井。她认为喝茶对于捕捉灵感、保持苗条身材大有益处。饮茶给她的体会是:茶给人无上愉悦,每当泡上一杯好茶,看着杯上蒸汽像白鹭腾空,冉冉而上,茶香四溢,沁人心脾,便觉齿颊留芳,妙趣横生。越剧表演艺术家范瑞娟以茶护嗓、润喉;冰心老人偏爱茉莉花茶,她觉得茶香与花香融合在一起,有一种不可言喻的鲜爽愉快的感觉。

　　茶叶中含有咖啡因等物质,它在刺激神经的同时,还能增强人体肌肉的收缩力,有促进肌肉活动与新陈代谢的作用,饮茶有利于增加肌力,减轻疲劳。其实,消除疲劳、振奋精神正是美容的根本所在。疲劳过度,机体营养吸收就会降低,废物累积过多又难以排出体外,从而使皮肤变得松弛无力、干燥粗糙,对女性而言这是美容之大敌。再则,科学研究认为,皮肤的健美主要与维生素的摄入量有关,如维生素 A 缺乏,易引起皮肤干燥、毛囊角化病;维生素 B_2 缺乏,易发生口角炎及脂溢性皮炎;维生素 B_5 不足,会发生癞皮病(烟酸缺乏),在阳光照射下,皮肤容易红肿、瘙痒、粗糙不平;维生素 C 缺乏,皮肤血管脆性增加且易出现点状出血现象;维生素 E 缺乏,则易产生色斑。而茶叶之中富含维生素,包括女性所需的维生素 A、维生素 B_1、维生素 B_2、维生素 B_5、维生素 C、维生素 E 等,而其中的维生素 C、维生素 E 更是起到抗氧化、美白肌肤的作用。除此之外,茶叶所含的各种营养素、矿物质、茶多酚等,都能够补充人体之不足,尤其是多酚类物质还能抑菌、消炎、抗氧化、能阻止脂褐素的生成,并将人体内含有的黑色素等毒素吸收之后排出体外。所以,女性饮茶有明显的美容养颜功效。

第六章

茶事：大学生实践素养

第一节　茶席设计技巧

技巧是指一种科学的方法。技巧的作用,使劳动过程变得更加简单和快捷,也使劳动结果变得更加成功和完美。同时,又使掌握和运用了技巧的人减少了劳动和创造的程度,并从中获得劳动和创造的快乐。

茶席设计既是一种物质创造,也是一种艺术创造;既是一种体力劳动,更是一种智力劳动。因此,技巧的掌握和运用就显得非常重要。

茶席设计的基本技巧具体表现在三个方面。

1. 获得灵感

灵感是一种综合的心理现象。它表现为在偶然状态下,突然所得的一种意外启迪和心理收获。它使原先模糊和不明了的心理感受一下子变得清晰起来,从而获得某种行为方式的依据和对未来行为的清晰认识。

灵感的获得,又是在思维和行为的运动中产生的。因此在茶席设计之前,应以积极的态度和方式,不是守株待兔,而是主动出击,从生活的各个方面去促使灵感的获得。

(1)要善于从茶味体验中去获得灵感

茶席由人设计,茶人的典型行为就是饮茶。人们应该试着从茶味的体验中去寻找灵感。这种寻找的方式是依靠联想和象征的手段来体味的。

茶的苦味会使人们联想到茶农种茶、采茶、制茶的辛苦,茶人奋斗的辛苦,中国茶叶发展的艰苦以及许多象征茶味之苦的内容;苦味之后是甘甜,人们同样可以联想到茶给生活和世界带来的种种美好;茶的深味,又会使人们联想到许多与茶有着同样意味的事物。总之,只要展开联想的翅膀,就一定会从茶味的体验中,获得茶席设计所需要的许多有价值、有意义的表现内容与方法。

(2)要善于从茶具选择中去发现灵感

茶具是茶席的主体。茶具的质地、形状、色彩等决定着茶席的整体风格。因此,一旦从满意的茶具中发现了灵感,从某种角度来说,就等于茶席设计已成功了一半。

茶具的质地,往往表现一种时代的内容和地域文化。茶具的色彩,最能体现一种情感。茶具的造型,则能体现一种性格。

选择茶具最有效的办法,就是从茶具市场中去寻找。

(3)要善于从生活百态中去捕捉灵感

生活永远是艺术创造的源泉。多姿多彩的生活中总有一些潮流的东西在作它的导向。潮流在生活中的表现既是有形的,如社会的某些共同行为,或某个方面众多人的参与等,又是无形的,那是流淌在人们心中的一种普遍的共识。作为一个茶席设计的爱好者,我们应该积极投身到这种生活的潮流中去,特别是积极投身到茶文化的潮流中去,从中把握茶文化的脉搏,加深对茶文化的认识和理解。人们也可以从这些活动中捕捉到茶席设计的灵感。

生活中,人们还可以通过与他人的交流来获得创作的灵感。当然,这种交流往往是在交谈中无意间受到的启发。有时,这种启发也不一定与茶席的设计有关,但这种启发会在记忆中储存起来,在另一时间和环境下,往往就会迸发出灵感的火花,从而得到意料之外的收获。

(4)要善于从知识积累中去寻找灵感

首先,人们可以从专业的知识积累中去寻找灵感。专业的茶叶知识,能增长人们对茶的历史、种植、种类、产地和制作的了解;专业的茶的冲泡知识,能加深人们对不同茶品的茶理、茶性的认识及对不同冲泡方法的掌握;专业的茶文化知识,能帮助人们对几千年来中国茶文化之所以不断发展的动因,有一个全面而深刻的理解,从而更加坚定对茶事业不断追求的信念。

其次,人们还要学习和积累其他门类的知识。茶席设计所涉及的知识包括政治、历史、哲学、宗教、道德、文学、美学、工艺、表演、音乐、服饰、摄影、语言、礼仪、绘画等。实践证明,一些艺术和思想水平比较高的茶席设计作品,设计者往往都具有较高的文化水平和艺术素养。

除此之外,还要善于学习他人的茶席设计作品,从中寻找创作的灵感。他人的作品,也是学习茶席设计最好的借鉴。

2. 巧妙构思

构思一般是指艺术家在孕育作品的过程中所进行的思维活动。构思的过程,就是对选取的题材进行提炼、加工,对作品的主题进行酝酿、确定,对表达的内容进行布局,对表现的形式和方法进行探索的过程。茶席设计的过程也同样如此。

茶席设计的构思,要在"巧"和"妙"上下功夫。"巧"指的是奇巧,"妙"指的是妙极。巧妙的构思,要在以下4个方面下功夫:

(1)创新——茶席设计的生命

一件艺术品有无生命力,关键在于它是否富有创新精神。否则,作品完成之时,也就是它的消亡之时。

茶席的内容要创新:创新首先表现在它的内容上。题材是内容的基础,题材不新鲜,就不吸引人;事件是内容的线索,事件平淡,也抓不住观众。新闻记者的采访技巧是关注那些不平凡人的平凡事,平凡人的不平凡事,这就是新闻。内容新颖,关键还是要有新的思想。即便是老题材,若立意新、思想新,也同样具有新鲜感。除此之外,设计新颖的服饰、新颖动听的音乐及新颖的其他茶席构成的要素等,都是新颖内容的组成部分。

茶席的形式要创新:新颖的内容还要通过新的表现形式来体现。形式是艺术的外在感觉载体。常常内容不新形式新,也能取得较好的艺术效果。例如,同样是表现花的内容,可用花茶,也可用花景;可用花器,也可用花香;可用插花来点缀,也可用屏风来体现。

在表现方法上,一个新的角度,可使单件物态发生多种变化;一个新的结构,也可使整体形式发生质的变化。茶席设计正是在各种不同的角度和结构方式变化中,将万事万物融于其中,告诉人们新的世界和新的生活。

(2)内涵——茶席设计的灵魂

内涵是指反映于概念中对象的本质属性的总和。艺术作品的内涵包括作品本身所表现的内、外部有形内容和超越作品之外的无形意义和作用。真正的艺术作品的内涵既是一种质,也是一种量;既是有形的存在,也是无形的永恒。因此,从这个意义上来说,茶席设计的内涵,就是它的灵魂所在。

内涵的丰富性:内涵首先表现于丰富的内容。一件艺术作品无论大小,都能感受其一定的分量,也就是内容。内容的丰富性和广泛性是一件作品存在意义的具体体现。

艺术作品属于文化的范畴,知识性是其衡量的标准之一。知识内容越多,它的内涵就越丰富。但丰富的知识,不是简单的内容叠加,而是通过作品本身的独特形式,将众多的知识内容自然地融于其中。

内涵的深刻性:一个作品是否有深度,主要看它的思想内容。思想的深度,不是靠说教,而是靠娴熟和老练的艺术手法,将无形的思想不显山、不露水地融于作品之中。思想肤浅的作品,就事论事,味同嚼蜡。茶席设计的思想开掘要层层递进,如同剥笋,一层一种感受,一剥一种景致。这就要求人们在设计时,要把层层的思想内容密铺其中,同时,又要把想象的空间留给观众。

（3）美感——茶席设计的价值

美是艺术的基本属性。美感是审美活动中,人们对于美的主观反映、感受、欣赏和评价。作为以静态物像为主体的茶席设计,美感的体现显得尤为重要,它是茶席艺术的根本价值所在。

①茶席形式美的具体体现。

美感的基本特征,是形象的直接性和可感性。在茶席设计中,首先表现为茶席的形式美。茶席的形式美具体表现在以下几个方面:

器物美。它是茶席形式美的第一特征,即茶席的具体形象美。器物的优良质地、别致造型、美好色彩等方面,是器物美的具体美感特征。

色彩美。它是形式美的第一感觉,表现得最直接,也最强烈。色彩美的最高境界是和谐,它最典型的特征是温和。温和常以淡色为色调,给人宁静、平衡之感,强烈地体现着亲近、亲切与温柔。

造型美。茶席的美感也表现为线条的变化,线条变化决定着器具形状的变化,由此带来造型的美感。

铺垫美。它是茶席美感的基础,以大块的色彩衬托器物的色彩,是铺垫美的基本原则。

背景美。它是建立茶席空间美的重要依托,起着调整审美角度和距离的作用。它的大块阻隔,还是审美的某种心理依靠。

茶席的形式美,还体现在结构美上。因茶席设计还需作动态的演示,因此,茶席的形式美还包括动作美、服饰美、音乐美及语言美等诸多的内容。

茶席的形式美体现在茶席的每一基本构成要素中,具体为:

茶汤的美感具有多重性,既表现一定的茶汤色彩,又和茶碗共同组成重色。

插花的形态美与色彩美并重。花型、花器的小巧、高雅、别致与花、叶色彩的醒目,是茶席插花的目标追求。

焚香的气味美是其重要的美感体现,高于其香料、香气的色彩美和造型美。焚香的气味美,丰富了茶席物态美的内容,使茶席体现出一般物态美所缺乏的独特美感。

挂画的美感更多的是表现在观赏者心理上对美的体验,显示其主要的美感走向。

相关工艺品,本身就有着相对独立的美感。它的机动性、可移动性,对茶席的结构美起着一定的平衡作用。

茶点茶果,有着色彩、造型、味感、心理的综合美。其中,味感是第一位的。其次是心理上的感受。

②茶席情感美的具体体现。

茶席的情感美,主要体现于真、善、美的情感内容。

真,即茶席内容所体现的纯真、率真、真实的感受和茶席的形式表现中的真诚及人格力量。

善,即茶席内容所体现的某种道德因素。凡以人为本、人文关怀及人性关怀诸内容,都是善的具体体现。

美,在情感美的特征中,表现为一种心灵的触动和感化,是情感美中最动人的一面,也是情感中保留最长久的一种感觉。

总之,茶席之美,既要符合自然的规律,又要适应人们的欣赏习惯,在有限的空间范围之内,做最大程度的美感创造。

(4)个性——茶席设计的精髓

个性是指一种事物区别于其他事物的特殊性质。从心理学的角度来说,个人稳定的心理特征,如性格、兴趣、爱好等的总和,即为一个人区别于另一个人的个性。但艺术却有所不同,凡构成物态艺术的成分,只要有一种可原质原型复制,就有可能在一定程度上使个性丧失。而茶席的物态成分几乎全部可原质原型复制,如可重复生产的茶具、花器、香器、铺垫、工艺品、屏风、食品,包括茶本身。这些特性就要求人们的设计对它们在同质同型的基础上,作不同的合成再造,使之具有不同于其他再造的特殊性质,这就是茶席艺术的个性。

①个性特征的外部形式。

要使茶席拥有个性特征,首先要在它的外部形式上下功夫。如茶的品质、形态、香气,茶具的质感、色彩、造型,茶具组合的单件数量、大小比例、摆置距离、摆置位置;铺垫的质地、大小、色彩、形状、花纹图案等。只要属于人们可直接感知的,都属于茶席的外部形式,那么,人们便可在各个方面寻找、选择与其他设计的不同之处。例如,同是煮水器,别人以不锈钢的"随手泡"和陶质紫砂炉为多,此时,若选用一个乡村原质的泥炉,就立刻会显得与众不同。又如在结构上,别人多采用中心结构式,若以反传统的方式出现,也会立即给人以不一样的感觉。

②个性特征的角度选择。

茶席艺术的个性创造,还要精心选择其表现的角度。角度的选择如同摄像,角度选择得当,可反映人物最精彩的精神风貌。例如,表现茶文化代代传承的主题,人们往往会从人物的角度加以体现,或将神农、陆羽、吴觉农、少儿茶人等作为线索,而《薪火相传》的作者,却从茶具的角度,以古意炉、壶和现代杯盏作形似反差、实为相联的处理,就显得角度与众不同。

③个性特征的思想内容。

思想反映一定的深度,立意表现于一定的创新。这也是茶席设计中最体现功力的地方。如采用相同器物、相似结构设计的茶席,由于思想提炼深浅不同,立意形成内容不同,其个性的塑造也有本质的差异。例如,若《薪火相传》以新与旧、大与小、过去与现在等对比来设计,虽也有一定的创意,但显得缺乏思想的深度,而以茶的精神代代相传为立意,便使得茶席有了更深层次的思想内容,不仅立意新颖,而且使人获得更为广阔的想象与思考空间。显然,其艺术个性得到更充分的发挥,艺术价值也随之上升。

3. 成功命题

茶席的成功命题,包含了对主题高度、鲜明的概括。它以精练、简洁的文字作含蓄表达,或作诗意传递,使人一看命题便可基本感知艺术作品的大致内容,或迅速感悟其中的思想,并同时获得由感知和感悟带来的快乐和满足。

(1)主题概括鲜明

主题是内容的思想结晶。主题并非命题,但命题必须反映主题。一个完整的主题,必须具有概括性、鲜明性和准确性。

①概括性:是指对内容的合理涵盖范围。凡不能涵盖的内容,或涵盖不到的内容,就需对主题和内容进行调整。

②鲜明性:是指反映内容的明确程度。判断主题的鲜明程度,可进行基本的换位审视,就是从别人的角度对自己的作品进行评价。有些设计者把自己所要传递的思想说得头头是道,而他人仍是一头雾水,不明白他要表达的意思。可见,鲜明的主题就是要直接、明了,不绕弯,不设迷障。

③准确性:是指反映内容的目标程度。内容表现的对象和主题提炼的对象是一致的。准确性还包含了正确性的因素,也就是指不能把错误的观点当作正确的观点来表现。

(2)文字精练简洁

精练文字如同冶炼金属,废料、残渣都将在火中燃尽,最后获得的才是精华。茶席设计的命题并无特别之处,几乎和其他艺术作品的命题一样,有着相同的命题规律,都共同遵循着精练、简洁的原则。要做到命题的精练、简洁,可以从以下三个方面来考虑:

①从集中的词语中去浓缩文字。从集中的词语中去浓缩文字是指从一句相对集中反映主题的词语中进行反复剔除,以便最终锤炼出既精练简洁,又准确概括,

同时意味深长的文字来。

②从集中的感觉中去浓缩文字。若不能从已有的词语中获得较满意的命题,还可试着从集中的感觉中去寻找。集中的感觉是指对茶席整体的物象从各个角度去感觉,然后将各种感觉以文字的方式加以表述,再将这些表述集中起来进行筛选,最后剔除多余的文字,确定满意的命题。

③从集中的思想中去浓缩文字。集中的思想是指对形成主题的思想作同义词语的设定,其过程同前两种方式一样。

一般来说,命题形成的过程,关键在于对主题进行同义词语的设定,设定的越多,选择的余地就越多。反复设定的过程,也是一种对文字表达功力的训练,可谓一举两得。

(3)立意表达含蓄

含蓄是指用委婉、隐约的语言把所要说的意思表达出来。含蓄就是留有余地,就是给人留有想象的空间。表现含蓄的手法,基本上可归为三大类:

①半意表达:指不作完全意思的表达,而是表达一部分,留有一部分。半意表达是含蓄表达的常用手法。例如,茶席设计《雨前》的命题,稍有茶知识的人一看就会想到雨前茶。但只用雨前两字,可能还会想到雨前采茶的人或其他内容,这就给人留下了许多想象的空间。

半意表达并不等于文字的减少,一个字可作半意,而更多的文字也可作半意。例如,《外婆的上海滩》用了6个字,但它仍是作半意表达。因为它并没有告诉你外婆的上海滩的具体样子。而在茶席中,却让人们看到了20世纪30年代上海滩熟悉的白瓷小茶盅及老式手摇唱机等。30年代的背景画片中,小姐留着旧时的时髦发型,捧杯品茗,一副悠闲惬意的样子。整个画面正是表现了外婆当年在上海滩的生活。可见,半意表达会带给人更多的回忆和想象。

②象征表达:指通过某一特定的具体形象,表现与立意相似或相近的概念、思想和感情。象征的手法是所有艺术门类基本的表现手法。它通过 B 或 C 或 D 的具体描写和刻画,将 A 的具体特征,特别是想表达又不便直接表达的内在思想和感情,尽可能地在相似对象上作畅快淋漓的表现。采用象征的手法,不仅是作者的一种心理释放,而且通过艺术的传递,也能使欣赏者获得某种心理的释放。

③反意表达:其意思十分明显,就是从意思相反的一面进行概念、思想和感情的表达。明明说白,却反而示黑;明明说大,却反而言小。反意表达并不表示不能或不便作正面表达,而是故意通过反面表达,使其正面的立意和思想表达得更为强烈和鲜明,反意表达体现了表达方式的一种诡秘与智慧。反意表达得越强烈,正面内容的显示就越鲜明。

（4）想象富有诗意

想象是指在原有感性形象的基础上，创造出新形象的心理过程。而诗意则是指诗的意味和诗的意境。

①诗意的想象，其具有如下几个方面的特征：

大胆：是指没有惧怕感，敢思敢想、敢写敢吟。例如，"雷电呵，你劈得狠些！再狠些！让这黑的夜就这么燃烧……"

夸张：是指将感性的对象作不同程度放大的描写。例如，"飞流直下三千尺，疑是银河落九天。"

奇特：是指对事物作违反常态的合理设定。例如，"山西的镯，找到云南的佩，原是同胞的妹。"

美妙：是指一种极端美丽的审美感觉。例如，"一夜西川雪，白了岚山头。"

以往的茶席设计作品，也有许多富有诗意的命题：《七月骑火》很大胆；《饮海》很夸张；《人迷草木中》十分奇特；《背春》非常美妙。

②诗意的语言，其具有以下几种方式：

以第二人称叙述：就是将描写的对象作拟人化后，对其抒发情感。例如，《送爹》里写雨："你是何时知道爹已去？未进门，泪先洒，屋里屋外刷刷下！"以第二人称叙述，表面是在问"你"，实质是在问自己，是自己内心的对象转移。

以情感语言叙述：以情感的语言叙述就是不以旁观者的身份作冷静平实的客观描写，而是以事中人的身份作情感色彩的表白。如"人，是不能去写诗的。人，经不起诗的探访。"

以疑问语言叙述：是用疑问的句式对描写对象作正常的叙述。例如，描写茶艺师泡茶技艺高超，可以说："师从哪位大师，学得如此好手艺？"

③诗意的情感体现，无论作何种想象，运用何种语言，要使命题富有诗意，就一定要投入情感。诗的最基本形式和手段就是以情动人。要把情感体现在诗意中，就是要体现一种人情关怀、人性关怀和一种真正能动人心怀的情感。

人情关怀：以真诚、真挚的感情去看待事物、关心事物、热爱生活、反映生活。如茶席设计《想念》《家和》《醉江南》《情满竹楼》等。

人性关怀：以真实、平等、情爱的感情去看待、关心并反映人的本质需求和人与人、人与社会的关系。如茶席设计《女儿茶》《伴侣》《无猜》等。

动人心怀：以诗的情感语言，达到对人心灵的拷问并使其深深地感动。如茶席设计《扣茶》《一味禅师》等。

第二节　茶会活动策划

茶会,是起源于我国的一种社交性聚会形式。几千年来,人们在各个时期、各种场合中,通过茶会,品茗议事,交流感情,并不断改革、创新,使茶会的内容与形式更加丰富多彩,并越来越受到当今世界各国人民的喜爱。

我们在大学开设的茶文化课程,就可以培养同学们参与茶事的实践素养。茶会的举办,是茶人在茶饮生活中基本能力的体现。在不同的社会茶饮生活中,人们要经常接触各种具体的茶会实务。因此,茶会实务是一项很重要的技能。而学习这项技能,又必须要对茶会的特征与种类有基本的了解。在此基础上,才能对茶会实务中具体的方法和技巧进行熟练的掌握,举办出准确、生动并具有一定作用和意义的茶会来。

本章将介绍茶会的由来、茶会与茶会实务的特征及茶会的种类;在茶会实务方面介绍具体的茶会策划技巧与茶会实施方法。

1. 茶会与茶会实务概述

(1)茶会的由来

茶会的早期记载:会,古时指盖子。《仪礼·士虞礼》载"命佐食启会"。郑玄注:"会,合也"。后引申为:会合、聚会。司马迁《史记·项羽本纪》:"五人共会其礼,皆是"。正式出现"茶会"一词,是唐代钱起《过长孙宅与朗上人茶会》的诗。

宋人朱彧表示得更清楚,他在《萍洲可谈》卷一中说:"太学生每路有茶会,轮日于讲堂集茶,无不毕至者,因以询问乡里消息。"

茶会的形式与发展:会合在一起,采茶尝新,是茶会的最初表现形式。晋人杜育在《荈赋》中详细记载了当时的人们趁着农闲,"结偶同旅,是采是求"的情景:"灵山惟岳,奇产所钟。厥生荈草,弥谷被岗。承丰壤之滋润,受甘霖之宵降。月惟初秋,农功少休。结偶同旅,是采是求。水则岷方之注,挹彼清流;器择陶简,出自东隅,酌之以匏,取式公刘。惟兹初成,沫沉华浮。焕如积雪,晔若春敷。"

以茶代酒,示俭养廉,抵制奢侈铺张之习,是早期茶会的鲜明特征。两晋时期,"奢汰之害,甚于天灾"。奢侈荒淫的纵欲主义使世风日下,深为一些有识之士痛心疾首。于是出现了陆纳以茶素业,桓温以茶代酒等事例。

陆纳以茶素业:王世几《晋中兴书》载:"陆纳为吴兴太守时,卫将军谢安尝欲诣纳。纳兄怪纳无所备,不敢问之,乃私蓄十数人馔。安既至,纳所设唯茶果而已。遂陈盛馔,珍馐毕具。及安去,纳杖四十,云:汝既不能光益叔父,奈何秽吾素业。"

桓温以茶代酒:《晋书·桓温列传》载:"桓温为扬州牧,性俭,每宴帷下七奠,拌茶果而已。"

唐代宫廷,已将大型茶会"清明宴"作为统治阶层的聚会形式。"清明宴"一词出自唐李郢的《茶山贡焙歌》:"……十日王程路四千,到时须及清明宴。"清明宴是在唐都城长安清明节时,根据贡茶区茶会定制而制定的一种宫廷大型茶会朝仪。有规模较大的仪卫和较多的侍从,并伴有音乐和歌舞,由朝中礼官主持这一盛典。

在贡茶区,每年清明时节,也同样举行类似的茶会。《渔隐丛话》载:"唐茶惟湖州紫笋入贡,每岁以清明日贡到。先荐宗庙,然后分赐近臣。紫笋生顾渚,在湖、常二境之间,当采茶时,两郡守毕至,最为盛集。"境会亭在湖州和常州交界处。每年新茶采集后,两州刺史各率乐人、舞伎,带春茶前来举行聚会,各显茶艺,斗比茶汤,从而形成定制。

茶会在宗教中,上升为一种集体的精神行为方式。唐末佛寺经常举办大型茶宴。如南宋宁宗开禧年间,余杭径山寺的茶宴,参加的僧侣多达千人。禅师怀海创编的《百丈清规》规定了茶宴的程式。内容包括先由主持僧亲自"调茶",宾客接茶后,打开碗观茶色、闻茶香,再尝味,然后评茶、坐禅、诵经。宗教中的茶宴(茶会),其主要作用是通过饮茶,将参加者集体导引进入一种空灵的虚境,去共同体味"茶禅一味"的真谛。

宋代斗茶之风,使茶会更趋于一种茶品、茶艺斗比高下的竞赛形式,也使茶的制作工艺和品茗技艺达到鼎盛阶段。民间斗茶之风较先兴起的宋代,蔡襄称之为试茶。范仲淹在《斗茶歌》中描绘了民间试茶的情景:"北苑将期献太子,林下雄豪先斗美。"

文人斗茶之会,相继而起。宋徽宗在《大观茶论》序中说:"天下之士,励志清白,兢为闲暇修索之玩,莫不碎玉锵金,啜英咀华,较箧策之精,争鉴裁之别。"可见皇帝也参加了斗茶的行列。宋徽宗赵佶亲自与群臣斗茶,把大家斗败了心里才痛快。

明清茶会走向民间,开始以固定场所"茶馆"为集体聚会形式。元末杂剧始唱"早晨开门七件事,柴米油盐酱醋茶"。茶与百姓平常生活相结合,也使专供百姓聚集的各式茶馆应运而生。有专供商人一边饮茶,一边进行买卖交易的"清茶馆";专供帮会说是论非,吃"讲茶"的"讲茶馆";有百姓聊天的"老虎灶";有说书、表演曲艺的"书茶馆";供文人笔会、游人赏景的"野茶馆"等,越来越呈现丰富多彩的广泛性。

传统茶会形式的诸多优良特性,被现代人们的聚会所继承。新中国成立初始,全国政治协商会议筹备活动即以"茶话会"的形式举行,各种形式的"茶话会"延续至今。

茶会形式也在国际茶文化交流中不断互为所用。我国古代僧人东渡,将茶会形式引入日本。现代台湾茶人又创立了"无我茶会"。

(2)茶会与茶会实务的基本特征

茶会,是以茶和茶点作为招待,由人们自愿参加的一种社交性聚会形式。茶会实务,就是根据茶会的目的和要求,为保障茶会的成功举行,由承办者具体策划、准备、实施的全部实际性工作内容。茶会实务曾被称为"茶会组织"或"茶会举办",因"组织"一词除作动词外,还特指国际上各国普遍称谓的"organization"(机构、团体),如"政府组织""党的组织"等;而"举办"一词,词义表示程度较低,又缺乏一定的国际使用频率,故以"实务"一词称谓,具有一定的科学性和普遍性。

茶会的基本特征:

一是因茶而有茶会,茶会起源于中国。

二是以茶和茶点作为招待。区别于奢侈铺张,体现以茶代酒、以茶示俭的清廉美德。

三是自愿参加。区别于行政公务会议,体现轻松、自由、平等、亲和的会风。

四是无严格的主题限制。有主题可聚,无主题纯属"无事"也可聚。

五是无严格结果要求。可议事定事,也可纯属交流感情。

六是无严格主客之分。可由承办者备茶和茶点,也可由参加者自带茶和茶具。

七是无严格招待标准。可有茶和茶点,也可仅清茶一杯。

茶会实务的基本特征:

一是有固定的目标。一旦茶会的策划方案认定之后,一切有关宣传、场地、规模、人员、物品等准备均按计划进行,一般不轻易改动。

二是分工明确。由一人统一指挥,其他人员均按各自分工职责,按时、按质、按量完成所分配的各项工作。

三是有较完备的措施。对各项具体工作的安排、计划周全,方法科学。

四是具体落实。以高度认真负责的精神,对所涉茶会自始至终的每一项具体事物,无论大小,都有准备、有安排、有落实、有检查,以求万无一失。

茶会在社会生活中的地位与作用:

由于茶会的形式多样、灵活、简朴、宽松,在我国目前的社会生活中,不仅成为政府部门、机关团体、企事业单位等经常采用的一种会议形式,也是普通百姓交友、聚会、联络感情的一种普遍方式。它的集会性、多样性、务虚性、广泛性,使其在各个阶层的社会活动中,发挥着积极有效的重要作用。

一是集会性。在会议形态上,茶会的时间形态、地点形态、人员聚集形态、交流形态等特征和其他正式会议一样,有着基本相同的共性。因此,根据集会性的要求,以茶会的形式,在一定程度上也可基本完成一般正式会议的议程。

二是多样性。社会人员组成的多阶层性,社会生活内容构成的丰富性,必然反映聚会形式的多种需求。而茶会形式没有严格的确定性,完全可根据茶会的内容变化其形式,因此,茶会的形式也就表现出丰富的多样性,以适合社会多阶层不同聚会内容的需要。

三是务虚性。随着民主政治和民主生活得到不断加强,使一般社会生活中的会议,也常常呈现出平等、恳谈、交流、务虚的一面。茶会以茶为招待,呈现真挚、平等、亲和的特性。因此,茶会的形式,往往最能体现此类会议的氛围要求。

四是广泛性。社会生活表现在政治、经济、文化、科技、教育等领域中的广泛性,使聚会的形式也同样呈现出丰富的广泛性。茶会的规模可大可小,举办场所没有严格的限制,加上其简朴、灵活的特性,容易策划,容易召集,容易举行,因而被社会广泛采用。

(3)茶会的种类

我国的茶会种类繁多,从政府到民间,各个地区、各个民族、各个阶层,都有自己不同特色的茶会内容和形式。按目的来分,茶会主要有如下几类:

一是节日茶会,又分现代节日茶会和传统节日茶会。现代节日茶会有:国庆茶会、五一茶会、妇女节茶会、八一茶会、新年茶会等。传统节日茶会有:迎春茶会、端午茶会、中秋茶会、重阳茶会等。

二是纪念茶会,指为纪念某项重大事件而举行的茶会。如五四茶会,是为了纪念五四运动而举行的茶会;七一茶会,是为了纪念中国共产党的生日所举行的茶会等。其他纪念茶会有香港回归祖国周年茶会、公司成立周年茶会等。

三是研讨茶会,一般多为学术部门和学术团体举办。如"茶与健康学术研讨茶会""陆羽生平学术研讨茶会""WTO与中国经济腾飞学术研讨茶会"等。

四是品茗茶会,指产茶区每当新茶采摘时,所举行的一种带有尝新性质的品茗茶会。如"西湖龙井品茗茶会""信阳毛尖品茗茶会"等。

五是推广茶会,一般指为某种产品、文化艺术品,或某种带有商业或公益性质活动而举办的宣传、推广、介绍性茶会。如"化妆品推介茶会""新书发行茶会""埃及新路线五日游介绍茶会"等。

六是喜庆茶会,指为庆贺某项事件而举行的茶会。如结婚喜庆茶会、生日茶会、寿诞茶会、新楼落成茶会、新厂搬迁茶会等。

七是联谊茶会，指为加强联系，增加友谊而举办的茶会。如"江西知青联谊茶会""欧美同学联谊茶会"等。

八是交流茶会，指为切磋某项技艺，交流某种经验而举办的茶会。如"中国古茶道表演交流茶会""茶点制作经验交流茶会""海峡两岸茶艺交流茶会""少儿茶艺交流茶会""国际茶文化交流茶会"等。

九是艺术茶会，指为某种艺术门类作品的观赏、展现、表达而举办的茶会。如新诗朗诵茶会、书法茶会、插花茶会、古琴演奏茶会等。

十是无主题茶会，特指在某一地点、时间举行，无具体目的，纯属交流感情的茶会。如"北山大茶会""二月茶会""七里桥茶会"等。

十一是形式茶会，是指茶会的目的、内容、举办的方法及过程，是通过一定的规定形式来进行的茶会。如佛教中的茶礼、中国台湾的"无我茶会"等。

"无我茶会"是通过一定的规定形式来进行的茶会。1990 年首先在中国台湾妙慧堂举行，初为佛堂茶会。由于佛堂茶会是设在清净的佛堂，茶会力求空灵、茶禅一味的精神，带有宗教色彩，因此，其发展受到一定的限制。为了使更多的人能接受，佛堂茶会就演变为现在的"无我茶会"。会场可设在室内，也可设在室外，人数不限，不分肤色、国籍、性别、年龄、职务、职位。茶会目的在于心灵沟通，一味同心。

"无我茶会"在举办前，首先要书面写明公告事项，以便与会者事先阅读，进行准备，使茶会能有条不紊的进行。公告的内容要写明茶会的举办时间、地点、主题、人数、座位方式、泡几杯茶、供茶规则、茶类、会后活动、泡几种茶、泡几道、茶食供否。在时间安排中，要详细写出不同时间的活动内容。在工作分配中，还要详细写出不同人的不同工作安排。

参加"无我茶会"携带的茶具可根据茶类而定，尽量小巧简便。基本要求是每人需带冲泡茶具、四个杯子、奉茶盘、茶巾、手表或计时器、热水瓶、茶叶、坐垫等。

茶会开始前，首先要报到抽签，依号码找到位置。号码为顺序排列。座位形式多用封闭式，即首尾相连成规则或不规则的环形、方形或长方形等。数十人或数百人的大型茶会往往是在露天进行，均无桌椅。与会者找到位置后，将自带坐垫前沿中心点盖住座位号码牌，在坐垫前铺放一块泡茶巾，上置泡茶器，泡茶巾前方是奉茶盘，内置四个茶杯，热水瓶放在泡茶巾左侧，提袋放在坐垫左侧，脱下的鞋子放在坐垫左后方。

当茶具安放完毕，根据公告的安排，第一阶段是茶具观摩和联谊，这时，可在会场中走动，也可互相拍照留念。

到了约定时间，各人开始泡茶。然后将茶分入四个杯中，一杯留给自己，另三杯用茶盘奉送给左侧三位茶侣。如果所要奉茶的人也去奉茶了,只要将茶放在他的泡茶巾上就可以了。如遇有人来奉茶,应行礼接受。待茶奉齐,就可以自行品饮。喝完后,即可以泡第二道。第二道奉茶时,可用奉茶盘托泡茶器依次为左侧三位茶侣斟茶。继之冲泡第三道,奉茶同第二道,进行完冲泡后,如安排演讲和音乐欣赏等活动,就要坐原位,专心聆听,结束后方可端茶盘去收回自己的杯子。将茶具收拾妥当,清理好自己座位的场地,与大家道别散会或继续其他活动。

"无我茶会"是一种大家参与的茶会,其举办的成功与否,取决于是否体现了"无我茶会"的精神:第一,无尊卑之分。茶会不设贵宾席,参加茶会者的座位由抽签而定,在中心地还是边缘地,在干燥平坦处还是潮湿凹凸处不能挑选,自己将奉茶给谁喝,自己会喝到谁的茶,事先都不知道。因此,不论职业职务、性别年龄、肤色国籍,人人都有平等的机遇。第二,无求报偿之心。参加茶会的每个人泡的茶都是奉给左侧的茶侣,人人都为他人服务,而不求对方报偿。第三,无好恶之分。每人会品评到不同的茶。由于茶类和技艺的差别,品味是不一样的。但每位与会者都要以客观的心情来欣赏每一杯茶,从中感受到别人的长处,不能只喝自己喜欢喝的茶,而厌恶别的茶。第四,时时保持进取之心。自己每泡一道茶,自己都要品一杯,每杯泡得如何,与他人泡的相比较有何差异,要时时检讨,使自己的茶艺有所精进。第五,遵守公告约定。茶会进行时并无司仪或指挥,大家都按事先公告项目进行,养成自觉遵守约定的美德。第六,培养集体的默契。茶会进行时,均不说话,大家用心泡茶、奉茶、品茶,时时自觉调整,约束自己,配合他人,使整个茶会快慢节拍一致,并专心欣赏音乐和聆听演讲。人人心灵相通,即使几百人的茶会也能保持会场宁静、安详的气氛。

2. 茶会实务

(1)茶会策划

茶会策划是指在进行茶会具体准备之前,对茶会目的、茶会名称、举办的规模、参加对象、举办时间、举办地点、茶会性质、茶会形式、经费预算及运作方式等所进行的一种具体设计。茶会策划是茶会实务的首要内容。

茶会的策划方式主要有3种:

①自上而下的方式。此类策划,一般先由上级领导将茶会的目的等大致要求以口头或文字的形式传达给具体策划人,然后,由具体策划人根据上级领导的原则要求,设计出具体的策划方案,最后再送领导审定。

②自下而上的方式。此类策划,通常是由具体的策划人根据需要,首先策划出

茶会的内容，然后将茶会的具体策划方案递交给领导，最后再由领导修改、审定。

③集体设计方式。此类策划，一般是由领导和参加会议的人员，共同对茶会的举办进行具体策划。

茶会的策划方案是指茶会所要举办的全部形式与内容，并对其每一项提出具体的实施方法和计划。

①要确定茶会方案的基本内容，主要有目的、名称、规模、对象、时间、地点、物品清单、经费预算等。

②要确定茶会的举办形式，主要有座谈、游园、分组、展示、表演，或其中几项结合等。

③要确定茶会的实施方法，是指由哪些人，按照什么要求，在什么时间，以何种方式去实施安排。

④制订出茶会的实施计划，是指对各项准备工作，在时间上列出先后进行的顺序安排。

茶会方案材料准备，是指根据具体的策划方案，以文字的形式分别进行表述。方案材料一般有两类：一类是在一份文字材料中，将各项方案的内容加以总体表述；另一类是在多份文字材料中，对方案的每一项具体内容进行单独的表述。前者一般适用于小型的茶会，后者则适用于大型的茶会。

大型茶会的文字方案材料一般由以下几种具体文件组成：

①申请报告。申请报告是获得上级或有关部门最终批准的重要文件。它的具体表述内容为：报告的题目（如"关于举办 2016 年茶艺交流茶会的报告"），报告的对象（即向谁报告），茶会的意义、作用与目的，茶会举办的时间与地点，茶会的主要举办形式，茶会的参加人员，申请报告的目的，申请报告人或申请报告机构署名，申请报告递交时间。

②参会人员名单。参会人员名单包括两部分：一是出席茶会的正式人员名单；二是茶会的全体工作人员名单。这样有助于各类文件、物品的准备，以及具体经费的预算。

③组委会机构与成员名单。组委会是一种专门性的临时机构，一般专用于某个大型会议的操办。有实际工作的人员和无实际工作的名誉人员，都要列入其中。每个机构均有结构的系统与分工。茶会的组委会下设各个具体的工作部门，并将具体的工作人员列入其中。

④茶会实施方案书。茶会实施方案书的内容主要包括：具体的各项准备工作内容及时间、地点、数量、要求和具体的执行人员。茶会的实施方案书，通常是以表格的形式表述，这样可以让人一目了然。

⑤参会人员通知。在所有会议文件中,会议通知虽是最简单的一种,但它又是在会议之前最先和与会者联系,并决定被通知者是否参会的重要途径和方式。因此,在通知的有关会议性质、会议内容、举办时间与地点等的文字上,不能有丝毫错误。最后,还要写上通知者的电话号码,以便及时进行交流与联系。

⑥茶会议程安排。茶会议程是茶会内容的安排顺序。它包括从会议主持人到所有在会议中有所表现的人员名单都要具体注明,并写出他们各自的表现内容。茶会议程安排的特点,通常是贺词、主题发言等排在前面,茶艺表演等演出排在中间,最后是自由发言或讨论。因贺词、主题发言和演出等是必须进行的内容,它相对受到一定时间的限制;而自由发言是非必须进行的内容,它相对不受时间的限制,这样便于对茶会的安排进行总体的灵活把握。

⑦物品采购清单。物品采购清单体现茶会的全部物质准备内容,它要求在物品的种类、单价、数量、质量等内容上具有相对的准确性。考虑到一定的损耗因素,在数量上可略为增加。

⑧茶会宣传、使用的图文材料内容样式。茶会的吸引力,在一定程度上依赖于反映茶会内容的宣传、使用的图文材料。其图片的真实、生动和图文设计的创意效果,以及使用性材料的方便、可读,是图文材料成功设计的关键。好的茶会宣传资料,不仅体现茶会的档次、品位与影响,它本身也是一种艺术品,会得到与会者的欢迎并被收藏。

⑨茶会经费预算。茶会经费预算是茶会总收支的基本估算。它的原则要求,一是支出范围要基本囊括,支出项目要基本全面;二是估算数字要略大于支出的数字;三是有可能收入数字要小于估算的数字。

策划认定,即由主管部门和主管领导对策划方案内容的审定和批准。首先要进行方案材料申报。申报材料涉及哪个部门,就要向哪个部门申报。如行政部门、财务部门、外事部门、宣传部门等。在报批过程中,如审批部门对方案内容提出意见时,要及时进行修改。待所涉部门完全审批后,方可按审批后的各项方案内容实施茶会的具体准备。

(2)茶会实务准备

茶会实务准备是茶会举办的必要条件。尤其是大型茶会实务准备,是一项非常具体而系统的工作。因此,茶会的实务准备越周全、越细致,就越能体现茶会的质量。

①通知的形式及方法。

通知形式及方法的正确与否,直接关系到茶会参加对象的人数和茶会正式举行的时间安排。因此,通知的形式与方法,要根据对象的基本条件来确定。如对象居住分散、距离较远,可进行信函通知;如对象居住集中、距离较近,则可进行口头通知。

通知形式一般有如下几种:

媒体通知:一般针对不确定的对象采用,即符合茶会参加条件的人员,都欢迎参加。此类通知形式,主要针对大型的茶会而言。

信函通知:有明确的指定对象,需掌握指定对象的联络地址和邮政编码。信函通知可采用信函形式寄出,也可采用设计别致的请柬形式寄出。为了确定对象是否参加,信函上还可列出回执,以收到的回执确定参加茶会的人数。

通信传达:主要指采用电话通知和计算机网络通知。电话通知容易迅速确定参加茶会的具体人数。网络通知的前提,是确定对象计算机的拥有情况。

口头通知:一般为小型茶会所采用。往往只要口头通知一两个人,再由他们口头通知其他人。

会议通知:适用于居住、工作相对于集中的对象。往往可在相同对象参加的其他会议上进行通知。通知时间,一般可选择在茶会正式举行前的两三天。太晚,对象可能因其他活动安排不容易调整;太早,对象容易忘记。重要的茶会,一般在通知下达之后,临会前还要再进行一次电话确定。

②人员接待准备。

人员接待准备,主要表现在参加人员来自其他国家和地区的大型茶会。人员接待准备必须做到充分和细致,稍有疏忽,都会给参加茶会的人员留下不好的印象。人员接待准备,主要表现在4个方面:

一是行动接待,这是首要接待,也是给接待对象留下的第一印象。接待人员要详细掌握每一个接待对象准确到达的时间及机场、车站、码头地点,以便提前到达。对不熟悉者还要准备写有接待对象名字的识别标志,以便对象及时、准确识别。

接待车辆要预先准备好。没有备用车辆,应选择那些呼叫方便、车况良好、驾驶熟练的出租车接送。除准时用车接送对象外,还应对每一个对象会外行动需要车辆的情况有所了解,以便及时安排。

二是住宿接待,它关系到对象的休息质量。可按对象的住宿要求预订,也可按符合安全、卫生、舒适、交通方面、饮食方面的标准预订。

三是饮食接待,除宴会安排之外,一般选择在住宿地用餐。事先可先了解对象的饮食习惯,安排对象的饮食。

四是涉外人员接待,对于涉外人员的接待安排,除提前办理好涉外手续外,还要有外币兑换和译员的准备,以方便涉外对象的生活和会务行动。

③茶会场地准备。

茶会场地是茶会形式与内容的体现场所。其他各项准备工作的好坏往往都集中体现在场地中。因此,场地的准备,在茶会实务中占有十分重要的地位。

一是场地落实,包括主会场,领导和贵宾的休息室,演员化妆、候演室,以及停车场地。

二是场地布置,一般需要对主席台、表演台、一般坐席进行设计与摆置。另外,会幅的悬挂,花卉的摆放,宣传品、庆贺物的挂贴,签到桌、指示牌、告示牌的安放等,都应有相应的布置。

三是场地设施准备,包括桌、椅、扩音设备、音响设备、多媒体设备、灯光、空调等。如安排茶道表演和其他演艺节目的,还要有表演所需的桌椅、背景、道具、开水的基本准备。

四是场地物品准备,包括茶、茶点、热水瓶、热水器、纯净水、茶杯、茶点盛器、抹布、拖把等。

④茶会材料准备。

茶会材料,包括图、文形式的茶会宣传材料和使用材料:

一是茶会宣传资料:主要有茶会宣传单、纪念册等。茶会宣传单和纪念物品的设计应有创意。做到设计稿提前报审,提前印刷。

二是茶会使用材料:主要指茶会的讲话稿、茶会议程表等。其中茶会的讲话稿应提前约写、收集、整理与印刷。

⑤茶会实务人员培训。

一个大型茶会,就是一个系统工程。对所有茶会实务人员进行会前培训,有利于保证茶会的顺利进行。

一是明确分工,不仅让每个茶会实务人员明确所在实务位置和所承担的职责,也使大家相互之间了解彼此位置和职责,以便突发事件和自己不能处理的问题发生时,知道在什么位置找什么人可以得到解决。

二是确定联络方式,主要表现为茶会实务指挥、联络系统的迅速与畅通。各方面具体负责人必须随身携带手机或对讲机,相互熟悉手机号码,一切听从指挥者调遣。

三是茶会服饰准备,大型茶会全体实务人员,应提倡穿统一服饰,以便主客迅速识别。

四是要模拟操练,这一环节十分必要。通过模拟操练,往往能发现许多问题,可以及时弥补和纠正。

⑥茶会准备检查。

茶会所有准备完成后,在临会前,还应对所有准备进行一次全面检查。检查得越细越好。茶会准备检查的原则有三条:一是检查必须提前;二是检查必须细致;三是纠正必须迅速。

(3)茶会实施

所有茶会实务准备,都是最终为茶会实施服务的。茶会实施的质量直接反映茶会准备的质量。

①实务人员提前到达。

所有茶会实务人员,必须在茶会正式开始之前半个小时甚至更长时间到达会场,到达后迅速作好以下准备:

一要换好整齐的统一服饰。

二要快速对所有准备工作进行最后一次复查。

三要做好茶水准备、茶点摆放。

四要摆放好签到台,准备好分发茶会材料。

五要调试扩音效果、灯光效果以及其他设备效果。

六要清理、调整好来宾停车场地。

②迎接。

一要热情迎接每一位提前到达的茶会参加者。

二要恳请参加者签名,分发茶会材料。

三要做好坐席引导,普通参加者先导入席,临会前几分钟,再从休息室请领导、贵宾入席。

③茶会主持。

由茶会主持人宣布茶会开始,并主持茶会始终。茶会主持人要善于在代表发言期间与指挥人员及时沟通,了解情况,以便做临场巧妙的调度处理。

④茶会服务。

茶会正式举行期间,由固定实务人员负责添茶倒水服务。服务期间,可选在前一位讲话者结束,后一位讲话者讲话之前迅速进行。

⑤送客安排。

茶会结束后,要做好送客工作。要留好通道,先送领导、贵宾,再送普通参会者。部分宾客,还要随人一直送到住宿处或就餐处。

⑥善后处理。

茶会全程结束后,如有需要,对所有返程人员要提前订好机票、车票、船票,并分头送至机场、车站、码头。对在茶会场所借设备、物品等要及时清理、归还,并将场地打扫干净。

⑦茶会总结。

茶会结束后，要进行一次茶会总结。总结经验，吸取教训，以利今后茶会举行。茶会总结方式有两种：

一是会议总结，一般有茶会主办各环节负责人所参加的小范围会议总结和全体工作人员参加的会议总结的两种形式。但无论哪种形式，会议总结的内容都应围绕成功经验、不足方面和纠正方法等几个方面进行。该表扬的应正面表扬，需直接向具体人员提出建议或批评的，应直接进行建议与批评。会议总结的方式越具体越好。

二是文案总结，一般应由参加茶会全过程的领导或负责人进行执笔总结。如果掌握情况不全面，还可进行一些必要的会后调查。文案总结可粗可细，但总结的内容都应做到反映问题基本全面，成绩评价实事求是，不足之处能分析到位并能提出具体的纠正方法。

文案总结一般作为向上一级部门汇报的文字性工作材料，也可留作本单位备案所用。

第三节　茶叶贮存方式

1.影响茶叶质变的原因

收藏茶叶与收藏古玩有着天壤之别，藏友必须考虑到保质的问题。所以在学习如何贮存茶叶时，应当先了解茶叶的变化有哪些。

（1）茶叶的含水量

水分是茶叶内各种生化成分反应的介质，也是发生霉变的主要因素和微生物繁殖的必要条件。通常情况下，茶叶含水量控制在6%以下，便可以较长时间保存且保持品质不变；而当茶叶含水量超过6.5%时，存放6个月就会产生陈味，含水率越高，陈化越快；含水量超过7%时，滋味就会逐渐变差；到8%时，短时间内可能发霉；超过12%时，真菌大量孳生，霉味产生。因此，高档名优茶叶的含水量以控制在4%～5%为佳，一般茶叶应控制在6%以内，最多不超过7%。

（2）贮存地的环境条件

①低氧环境：氧气是茶叶内含化学成分发生变化的介质。茶叶在贮存过程中，内含物质如茶多酚、维生素C等在有氧条件下会直接氧化而变质。因此，贮存的容

器内,应达到无氧的状态,这样茶叶就不易变质。

②干燥环境:茶叶是一种疏松多孔的物体,具有较大的表面积和良好的水分吸收能力,当空气相对湿度在80%以上时,一天内茶叶的含水量可达10%以上。因此,贮存茶叶的地方空气的相对湿度应控制在50%以下。

③低温贮存:温度越高,茶叶内含化学成分反应速度越快。一般来说,温度每升高10 ℃时,茶叶色泽褐变速度加快3～5倍。而在0～5 ℃,茶叶可在较长时间内保持原有色泽;10～15 ℃时,色泽变化较慢,保色效果也好。一般名优茶的贮存,通常控制在5 ℃以下为好。如贮存在-10 ℃以下的冷库或冷柜中,则效果会更好。

④避光保存:茶叶贮存过程中如受到光的照射,特别是紫外线的照射,则茶叶中的色素和酯类物质就会发生光氧化反应,产生日晒味,导致茶香、色泽劣变。

综上所述,茶叶的贮存必须满足茶叶本身含水率在6%以下,贮存环境拥有避光、脱氧、低温、低湿以及卫生干净等条件。

2. 茶叶贮存保质技术

茶叶是一种吸附性很强的食物,对于空气中的水分和异味可谓来者不拒,若是贮存方法稍有不当,就会在短期内失去茶叶的特质,尤其是香高味长的名贵茶叶,更加难以贮存。目前,我们常见的茶叶贮存保质技术有:

(1)常温贮存

常温贮存,常采用防潮性能较好的铝箔复合袋、各种金属罐、玻璃器皿及茶箱、茶袋等。因茶箱、茶袋防潮性能差,一般茶厂只在大批调拨货物时使用。复合袋、金属罐和玻璃器皿贮茶,要求茶叶含水量控制在6%以下;如果容器的密封性好,并结合其他方法保存,效果也不错。但在30 ℃以上的高温季节,茶叶品质就很难得到保证,尤其是色泽褐变难以防止。

(2)脱氧包装保鲜技术

脱氧包装贮藏法是把茶叶放置在密封的容器内,再投入脱氧剂,除尽容器内的氧气,从而抑制茶的品质陈化。用这种方法贮存茶叶,容器须高度密封,不能漏气。只要容器不漏气,投入脱氧剂后经24小时,容器内氧气浓度能降到0.1%以下,茶叶基本处在无氧状态下,效果也是不错的。

(3)抽气充氮保鲜技术

抽气充氮包装技术,是把装有茶叶的容器内部的空气抽出后,再灌入氮气而保存茶叶品质的一种方法。因为氮气是惰性气体,能抑制微生物活动,达到防霉保鲜的目的,这种方法效果好。实际生活中,有的只能抽出空气,使容器内保持真空;也有的抽出空气后充入氮气,两种方法都可应用。

（4）低温冷藏保鲜技术

低温贮藏保鲜是指利用降低贮存环境的温度,降低茶叶内化学成分发生氧化反应的速度,从而减缓茶叶陈化劣变的一种保鲜方法。目前低温冷藏以冷库为主,茶叶企业、商店都可应用。一般在 5 ℃以下贮藏,8～12 个月茶叶品质基本不变;在-10 ℃以下贮藏,两三年内茶叶品质基本不变。不过冷藏贮存时库房空气相对湿度必须控制在60%以下,效果才好。另外,茶叶的导热性差,库房内茶叶需分层堆放,每件之间留有空隙,使冷气在室内得以循环,以便使茶叶快速均匀降温。茶叶出库后,宜结合脱氧、抽气充氮的方法保存,效果更好。

（5）生石灰贮存保鲜技术

生石灰贮藏茶叶是龙井茶区的传统贮存茶叶的方法。以前是采用陶瓷罐,先将成块状的生石灰放置于布袋内,扎紧袋口,放置于陶瓷灌底部,然后用毛边纸把茶叶按每 500 克一包,包好放置在罐内,罐口用盖盖实。每年在梅雨季节以后,生石灰化成粉状时,更换一次生石灰。这种方法可以保持一年内茶叶品质基本不变。这种贮存法目前在龙井茶区仍在应用,不过容器有的已被改成铁皮筒（箱）,效果基本相同。

3. 家庭常用茶叶贮存方法

前面我们介绍的是当茶叶长时间固定不流动时的贮存法,适合收藏者们学习。接下来,我们介绍的是当茶叶需要经常性流动时的家庭式茶叶贮存法,尤其是用来品鉴、待客时的茶叶贮存。这与收藏者使用的方法相比较而言,更容易操作,实用性更强。

（1）塑料袋、铝箔袋贮存

用这两种材料的包装袋贮存时,要选有封口且为食品专用的包装袋,材料要厚实,密度要高,切忌使用有味道或者二次制成的包装袋。在装入茶叶后,应先将包装袋中的空气完全挤出,再用第二个包装袋反向套上,最后,将包装好的茶叶放置于冰箱内。冲泡时,一定要用专业的工具取出,并密封好,或者在包装时就分袋包装,冲泡时取一小包即可。这样做既可避免太阳照射,又可隔绝空气,有效延缓茶叶品质劣变的产生,很适合一般家庭使用。

需要注意的是,茶叶需要贮存 6 个月内时,使用冷藏法即可,温度保持在 0～5 ℃为宜;若是超过 6 个月,则要使用冷冻法,温度以-18～-10 ℃为佳。贮存茶叶时最好不要和其他食物同时贮存,以免影响茶叶的味道。

(2)金属罐贮存

金属罐的材料有很多,比如铁、不锈钢或锡。其中以锡罐最为闻名。上古时期,普通民众还以陶制品贮存茶叶时,贵族就已开始用锡罐,可见锡罐贮茶由来已久。

民间有"即使茶叶是潮的,放在锡茶叶罐时,都会干燥有茶香"的说法。经科学检测研究,锡的质地柔软坚韧,延展性好,密合度高,性喜凉,无毒无害无味。它的保鲜期比任何茶叶贮存器皿的保鲜期都长,由它贮存的茶叶不仅不变色、不变味,喝起来反而还更有韵味。通常,名贵的绿茶由锡罐贮存最好。

若是新买的金属罐,或者先前存放过其他物质的金属罐,一定要先用少许茶末置于罐内,盖上盖子,上下左右摇晃轻擦罐壁后倒弃,以去除异味。目前,市面上出售的两层盖子的不锈钢茶罐,简单方便实用,颇受欢迎。使用时,应先将茶叶用清洁无味的塑料袋包装后,再置入罐内,盖上盖子,最后用胶带粘住封口,以防止茶叶劣变。另外,所有金属罐都应放置在干燥阴凉的地方,避免阳光直射,避免受潮和异味引起的茶叶裂变。尤其是铁罐,因为它一不小心便会生锈。

除此之外,根据茶叶品种的不同,贮存器皿也有多重选择。比如陶罐,它经高温烧制,不添加任何化学物质,透气性好,恒温性好,特别适合老青茶和普洱茶的贮存;木罐适合一般的绿茶贮存,但是罐中一定要有一层锡箔纸,否则易受潮;玻璃罐适合茶叶短期贮存,一般在茶馆或者商店中常见,适合消费者识别茶叶的品类;竹罐适合贮存中低档的茶叶,它的密合性较弱,且易受气候影响,北方干燥的气候不宜采用竹罐存茶。

第七章

茶业：大学生职业素养

第一节　茶馆文化

　　茶馆作为一种古老而时尚的行业,融合了多种文化元素,它以最直接的方式将茶文化展现在了人们面前。这种展现方式糅合了国人的生活方式,沉淀出了不同的时代符号。

1.茶馆的历史

　　据《茶经·七之事》记录,西晋时,有位四川老妪先在洛阳南市卖茶粥,被掌管司法的"廉事"打破器具阻挠,后来老妪又只好卖茶饼,此事被在京城主管治安的"司隶校尉"知道后,发"教示"批道:茶粥与茶饼都是茶制品,为什么要为难四川老妪,禁止她卖茶粥呢? 这一事例说明茶当时已作为一种零售饮品出现在市场上,后来以茶为主的流动型小买卖越来越多,西至河南洛阳,东至江苏扬州,虽无固定场所却已具备了茶馆的雏形。

　　真正出现茶馆要追溯至唐代。这一时期的茶馆被称为"茶坊""茶肆"。《封氏闻见记》中记述了茶馆的兴起是由泰山灵岩寺的降魔禅师在大兴禅教的同时由南传到北的。可以想象到由于僧人常年云游四方,需备茶饮解渴提神,所以相沿成习,茶便成为了沿途邑镇店铺的必备之物。以至于过往行人,无论贵贱,只要付钱,皆可饮之。不过,由于专业经营卖茶水的店铺还不多,于是,很多旅舍、饮食店便兼营之。牛僧孺在《玄怪录》中就记载:"长庆(公元 821—824 年)初,荼南开远门十里处有茶坊,内有大小房间,供商旅饮茶。"

　　茶馆于宋代很快兴盛起来了。市井当中,随处可见大大小小的茶馆,这些茶馆已不仅仅是为解渴之人提供茶水这般简单了。它演化出了更多的功能,尤其是北宋首都汴京(今河南开封)、南宋首都临安(今浙江杭州)两地的茶馆可谓五光十色、光怪陆离。

　　到京师参加科举的考生,去吏部投名送帖时,常常天太早,省门还未开,路上人烟稀少,于是就在茶肆稍作休憩。一些大的茶坊,则成为了市民娱乐的场所,茶肆、茶坊除了供应茶饮外,还逐步扩展经营,有的为其他行业提供场地和服务,有的会随着时令季节兼营其他活计。更令人称赞的是,汴京的茶坊、茶肆一直受到朝廷的关注,发展极其迅速。

　　那么,宋代的茶肆、茶坊究竟繁荣到什么地步?

据王明清《摭青杂说》中记录,在著名的樊楼(酒楼)一侧,有一间小茶肆,规模不大,却甚是精致,"潇洒清洁,皆一品器皿。桌椅皆济楚,故实卖茶极盛"。另外,在反映汴京繁盛景象的蜚声海内外的《清明上河图》中,也描绘了人们赶集时饮茶歇息的情景,他们在洁净简朴的殿堂内,或闲聊相谈,或凭栏远眺。

比起汴京,临安亦是毫不逊色。

临安被作为南宋都城后,茶肆、茶坊经营更加灵活多样,已经能够满足不同档次茶客的不同需求,茶肆、茶坊本身也各具特色。据史料记载,这一时期的茶肆、茶坊装饰考究,文化氛围愈渐浓厚。或是"插四时花,挂名人画,装点店面","列花架,安顿奇松异桧等物于其上",使茶肆、茶坊更具艺术性和观赏性,以"勾引观者""消遣久待";或是提供说唱玩耍等娱乐内容,使众多"富家子弟、诸司下直等人会聚,习学乐器,上教曲赚之类";也有艺人在茶肆、茶坊拉奏乐器,或说唱曲牌,供茶客欣赏。这完全是一个民众聚集的情调雅致的公共场所。

元代在茶业发展上起"承宋启明"的过渡作用,这时的茶馆叫茶房,在许多文学作品中都能见到它的身影。比如马致远《岳阳楼》第二折有云:"我且在这阁子里歇歇,若有茶客时,着我知道。"李寿卿在《度翠柳》第二折中云:"师父,长街市上不是说话去处,我和你茶房里说话去来。"当然,元代茶房亦不如宋代那般繁荣。

直至明代后期,茶馆才再度兴盛起来。据《杭州府志》记载:"今则全市大小茶坊八百余所"。至清朝鼎盛时,已达千余家。吴敬梓在《儒林外史》第二十四回说道:"大街小巷,合共起来,大小酒楼有六七百座,茶社有一千余处,不论你走到哪一个僻巷里面,总有一个地方悬着灯笼卖茶,插着时鲜花朵,烹着上好的雨水,茶社里坐满了吃茶的人。"

在北京,天子脚下,自从八旗子弟入关后,他们依仗权势,终日无所事事,在茶馆一坐就是大半日的生活习性为茶馆的繁荣更是提供了发展机遇。郝懿行的《都门竹枝词》中就再现了这种场景:"击筑悲歌燕市空,争如丰乐谱人风;太平父老清闲惯,多在酒楼茶社中。"紧接着李斗在《扬州画舫录》中更是夸耀扬州人好饮茶:"吾乡茶肆甲天下,多有以此为业者。"后来,上海、广州等地饮茶之风也兴盛起来,全国各地饮茶之风呈现出了百家争鸣的态势。北京流行大茶馆,茶客们在此既可品茗又可点点心菜肴,热闹异常;扬州人饮茶,清晨去茶肆喝茶用早餐,中午喝茶用午餐,茶肆不仅出现在热闹街市中,也建在风景园林之内,茶肆中"饮者往来不绝,人声喧闹,杂以笼养鸟声,隔席相语,恒以眼为耳";上海茶馆出现于清朝同治年间,主要供应龙井、雨前绿茶,配以各色点心,间售茶食糖果;广州饮茶之风也很盛,有一家宝汉茶寮就颇有名气,茶寮虽是棚寮草舍,却傍着菜田篱落,有竹木和泉石野趣,每当清明扫墓、重阳登高时节,过往的行人便会接踵而至,丘逢甲《岭云海日楼诗钞》中的"汉宝茶寮歌"就有云:"茶寮杂坐半伧父,谁吊扶风廿四娘。"

可见,明清之际茶馆发展非常迅速,不仅成为人们日常生活中不可或缺的公共场所,更发展成为社交活动中心和休闲娱乐的福地。

2.茶馆的作用

小茶馆是一个大世界。它服务于来自世界各地任意阶层的人民,这是一个八方荟萃、信息灵通、文化气息浓郁、民情民俗汇聚的地方,它折射出不同时代、不同层面的阴晴圆缺。爱国者选择它作为宣传阵地,文化者选择它题诗和曲,戏剧曲艺爱好者则在此听书赏曲,商人在这里洽谈贸易……总体来说,茶馆的作用有以下几点:

（1）消遣休闲

茶馆的生活节奏是极慢的,慢得让人眼馋,隔着窗户,过往的匆匆行人映衬在街角上,不断变化,而茶馆里面的人似乎是纹丝不动的。去茶馆就是去过一种"坐茶馆""泡茶馆",甚至"孵茶馆"的慢生活了。

对于新茶客,可能是来享受繁忙生活之余的片刻安宁;对于老茶客,也许就是他们睡梦的延续。茶客中,有寻找欢乐谐趣者,也有寻求安静避世者。但无论如何,谁都不会打扰到他在茶馆中的那方天地。

（2）品茗赏景

茶馆大都开设在风景绝佳之地,或依山傍水,或鸟语花香,茶客置身于这样的环境中,品茗玩赏,以景佐茶,享受到了完全不同的情趣。像林逋就在《黄家庄》中有云:"黄家庄畔一维舟,总是沿流好宿头。野兴几多寻竹径,风情些小上茶楼。"

所谓好茶、好景、好水,就犹如中国的诗、书、画一样和谐雅趣。

（3）以茶会友

以茶会友是文人最喜欢的事情,他们对于茶馆有着普通民众所不能体会的那种感情。在这里,他们会友茗叙、论学衡文、读书写作,茶香和着墨香,书写着不同风味的生活与世界。

比如柳亚子,他曾在上海办过一个文艺茶话会,参加茶会者,每人要一盏茶,几碟点心,便开始自由交谈,茶会并无固定话题,也不拘形式,既简洁又实惠,看似清淡,却令人印象深刻。

鲁迅也是最喜欢同朋友一起上茶馆喝茶,或是与刘半农、孙伏园、钱玄同等人去青云阁,或是与徐悲鸿等人去中兴茶楼,著名的《小彼得》就是他与齐寿山在公园中喝茶时合译成功的。

（4）看戏听曲

京剧大师梅兰芳曾说："最早的戏馆统称茶园，是朋友聚会喝茶谈话的地方，看戏不过是附带性质的。"所以，人们说"戏曲是用茶叶浇灌起来的一门艺术"，所言甚是。

戏曲也是中国特有的艺术，生旦净末丑粉墨登场，茶客们便随着节奏边啜茶边摆动。他们沉浸在别人的悲欢离合中，思索着自己的人生际遇和周遭的时运变幻。

早前，北京供听戏看戏的有名茶楼有广和楼、天乐园、丹桂茶园等。后来，说书人也借着茶馆进行演出，据说上海城隍庙周围就是 20 世纪说书艺人最集中的地方。此外，厦门、中国香港等地也设有专门的茶馆供大家听书，民众们均以此为乐。

（5）贸易往来

在茶馆中进行商业活动的地方，以上海为首。20 世纪初期，上海就成立了棉纱交易所，后来逐渐增加了五金、化工原料、纸张、印刷等行业，为了方便人们在交易所内洽谈生意，便又有了相应的茶会，比如棉纱茶会、五金茶会等，再后来，还演变出了招聘茶会，类似于今天的人才市场。

（6）打探消息

"茶馆一壶茶，胜访千家屋"，这句话说明了茶馆内消息灵通，已达到无所不通的地步。确实如此，茶馆内的茶客来自四面八方、五湖四海，他们在言谈间，总能带出各种小道消息，这些小道消息引得报社的新闻记者每日都要坐在茶馆搜寻新闻。搜寻之后，他们还可以针对新闻事件各抒己见、评头论足，于是乎，当局统治者为了"稳定民心"，就贴出了"莫谈国事"的告示。

（7）宣传教化

在茶馆中宣传教化，起源于知识分子在政体上学习西方资本主义之举失败后，试图通过文化学习来"救国"的举动。文明园就是在这种情况下出现的茶馆，在它的西台前柱子上有一联，曰：

强弱本俄顷，愿同胞爱国正宗，此日漫谈天下事。

古今无常理，结团结文明进步，他年都是戏中人。

字字都透露出维新的气味。

（8）调解纠纷

关于茶馆在民间具有调解纠纷的作用，我们且看老舍的《茶馆》便知一二。这部话剧的第一幕就出现了民间纠纷，之后，作为调解员的黄胖子出场了。他有句经典独白："官厅儿管不了的事，我管！官厅儿能管的事呀，我不便多嘴！"也就反映了在茶馆这个和平的公共空间中，黄胖子只调解一般的民间纠纷。这段描述准确地反映了民间家长里短的是非，这是最平常不过的人事，透出了浓浓的烟火情。

3. 茶馆的文化

茶馆,营造了一种文化空间,也构筑了一种文化心境。它是一部社会史,也是一部风俗史,更是一部文化史。

茶馆文化植根于民众,又将民间文化发扬传播。戏剧家把茶馆搬上舞台,小说家以茶馆为背景展开故事,摄影家把镜头对准茶馆,诗人、音乐家……都把茶馆作为创作灵感的发源地。比如《水浒传》《三国演义》《西游记》等至今让人耳熟能详的名著,就并不完全是在书斋中完成的,作者往往要出入市井街坊的茶肆、茶坊,从说唱艺人的口中、茶客们的闲谈之间取材,然后转变为文学。

茶馆经过岁月的洗礼,人文的积淀,笼罩了一层历史奇光。它融合了当地的民俗民风,使得中国大地的各色民族风俗能完好地保留传承下来。比如,江南地区有春节时喝元宝茶的习俗,茶馆便在当日将金橘、鲜橄榄放入茶中供茶客饮用,金橘象征元宝,意为恭喜发财,橄榄苦中带甘,表示吉祥如意,这一习俗体现了百姓对美好生活的追求。苏州茶馆是将碧螺春、观赏木雕和听评弹交融一堂的,茶客们在这里品茶、听书、赏木雕,从容安详的神态中可见凝神细品。有的茶馆中还有手艺人为茶客提供掏耳朵服务的,这种服务会让茶客有种飘飘欲仙的感觉,当然,也只有茶馆这样的平和场所才是这门手艺的生存场所,酒楼、商场是万万不可的。

茶馆是走卒贩夫的歇脚之地,是众生忙碌生活之余的片刻放松,是培育文人笔下万象世界的摇篮,是政客宣扬政治主张的阵营,在这里诞生过鲁迅、老舍、汪曾祺这样的大家,也传播过独立先进的异国思想。在这里,有人讨得营生,有人学会一技之长,有人成了名家大腕,也有人终其一生庸庸碌碌……茶与各种文化活动结合起来密切交融,成为了独特的"茶馆文化"。

第二节　茶艺师职业知识

1. 国家职业资格证书制度

(1)国家职业资格证书

职业资格:是对从事某一职业所必备的学识、技术和能力的基本要求。根据1994 年劳动部、人事部联合颁发的《职业资格证书规定》有关精神,我国今后从业人员的职业资格分为从业资格和执业资格两种。从业资格是指从事某一职业(专业)的学识、技术和能力的起点标准,即从事某种职业的起点资格、起码水平。执业资格是指政府对某些责任较大、社会通用性强、关系公共利益的职业(专业)实行准入控制,是依法独立开业和从事某一特定职业(专业)的学识、技术和能力的必备标准。

职业资格证书:是表明劳动者具有从事某一职业所必备的学识和技能的证明。职业资格证书是劳动者求职、任职、开业的资格凭证,是用人单位招聘、录用劳动者的主要依据,也是境外就业、对外劳务合作人员办理技能水平公证的有效证件。

职业资格证书制度:是劳动就业、用人制度的一项重要内容,也是一种特殊形式的国家考试制度。职业资格证书制度是指按照国家制定的职业标准或任职资格条件,通过政府认定的鉴定评价机构对劳动者的技能水平或职业资格进行客观公正、科学规范的评价和鉴定,对合格者授予相应的国家职业资格证书。国家对一般性的职业,要求上岗前须取得从业资格证书;对一些关键岗位,职业上岗或独立开业须取得执业资格证书。

职业资格证书与学历证书的不同之处:职业资格是对从事某一职业所必备的学识、技术和能力的基本要求,反映了劳动者从事这种职业所达到的实际能力水平。学历文凭主要反映学生学习的经历,是文化理论知识水平的证明。

就业准入制度:是国家职业资格证书制度的主要内容。所谓就业准入,是指根据《劳动法》和《职业教育法》的有关规定,对从事技术复杂,通用性广,涉及国家财产、人民生命安全和消费者利益职业的劳动者,必须经过培训并取得职业资格证书,方可就业上岗。国家劳动和社会保障部根据国家经济和社会发展的要求,以及各行业职业的特点、性质、规定从2000年7月1日起在全国范围内对90个职业实行就业准入。农业行业实行就业准入的职业范围由国家农业部根据农业和农村经济发展的要求确定并向社会发布。2000年年初农业部下发文件,确定农业行业的14个职业作为首批实行行业就业准入、持证上岗的职业。随着我国经济的飞速发展、科学技术水平的不断提高以及各行各业规范化的发展,茶艺师等一些原没有就业准入规定的职业也将逐步实施职业资格证书制度。最终目标是绝大多数职业岗位上的劳动者都将实施职业资格证书制度。

职业资格证书的取得方式:个人可自主申请参加职业技能鉴定。申报职业技能鉴定,首先要根据所申报职业的资格条件,确定自己申报鉴定的等级。如果需要培训,要到经政府有关部门批准的培训机构参加培训。职业技能鉴定分为知识要求考试和操作技能考核两部分。知识要求考试一般采用笔试,技能要求考核一般采用现场操作加工典型工件、生产作业项目、模拟操作等方式进行。经鉴定合格者,由劳动保障部门核发相应的职业资格证书。

（2）茶叶行业职业工种

《国家职业大典》中,茶叶行业现有:茶艺师、评茶员、茶园工、茶叶加工 4 种工种,并已制定了国家职业资格标准。

茶艺师:

职业定义:在茶艺馆、茶室、宾馆等场所专职从事茶饮艺术服务的人员。

职业等级:本职业共分 5 个等级:初级茶艺师（国家职业资格五级）、中级茶艺师（国家职业资格四级）、高级茶艺师（国家职业资格三级）、茶艺技师（国家职业资格二级）、高级茶艺技师（国家职业资格一级）。

评茶员:

职业定义:以感觉器官评定茶叶品质（色、香、味、形）高低、优次的人员。

职业等级:本职业共分 5 个等级:初级评茶员（国家职业资格五级）、中级评茶员（国家职业资格四级）、高级评茶员（国家职业资格三级）、评茶师（国家职业资格二级）、高级评茶师（国家职业资格一级）。

茶叶加工工:

职业定义:从事将茶树鲜叶加工成茶叶初制产品和精制产品作业的人员。

职业等级:本职业共分 5 个等级:初级茶叶加工工（国家职业资格五级）、中级茶叶加工工（国家职业资格四级）、高级茶叶加工工（国家职业资格三级）、茶叶加工技师（国家职业资格二级）和高级茶叶加工技师（国家职业资格一级）。

茶园工:是指使用茶机具,从事茶叶田间生产作业、茶园管理、茶叶采摘的人员。

2. 职业道德

（1）职业道德基本知识

纳入《国家职业大典》的工种有 1 800 多个,目前我国已对 90 个职业实行了就业准入制度,即持证上岗。这些职业不仅技术性强、服务质量要求较高,而且覆盖面广、流动性大,因此国家职业资格培训中特别突出了职业道德的内容。不论从事任何工作,都必须要有良好的职业道德。在国家劳动和社会保障部下发的《茶艺师国家职业标准》基本要求中,对茶艺师职业道德提出了相应的要求。

职业道德的含义:职业道德是人们在职业活动中遵循的行为准则,涵盖了从业人员与服务对象、职业与职工、职业与职业之间的关系,是建立社会主义思想道德体系的重要内容。

职业道德的基本内容:党的十四届三中全会《决议》对我国职业道德的主要范

围作了明确的规定,这就是"爱岗敬业、诚实守信、办事公道,服务群众,奉献社会"。2001 年 9 月 20 日中共中央印发了《公民道德建设实施纲要》,明确指出:在全社会大力倡导"爱国守法、明理诚信、团结友善、勤俭自强、敬业奉献"20 字基本道德规范。各行各业的具体职业道德,都必须体现这一职业道德主要规范,并结合本职业的特点把它具体化。

职业道德的形成和发展:职业道德是一个历史的范畴,它的形成与发展是以社会生产力的发展及社会的、行业的分工为基础并随着社会生产力和分工的发展而不断发展与逐步完善的。

(2)茶艺师的职业道德规范

各行各业的职业道德都是与本行业的职业责任和职业特点密切相关的。茶叶行业是一个特殊的行业,在我国有 5 000 年悠久历史,蕴含着丰富的文化内涵。特别是现代的茶叶行业,实现了茶叶科技、茶叶文化、茶叶经济完美的结合,更具良好的发展前景。在国家颁布的《茶艺师国家职业标准》中,明确规定茶艺师的职业守则是:热爱专业,忠于职守,遵纪守法,文明经营;礼貌待客,热情服务;真诚守信,一丝不苟;钻研业务,精益求精。可视为茶艺师的职业道德规范。

3. 法律、法规知识

《茶艺师国家职业标准》中要求学员理解学习的有《公共场所卫生管理条例》《劳动法》《消费者权益保护法》和《劳动安全法》

(1)《公共场所卫生管理条例》常识

为创造良好的公共场所卫生条件,预防疾病,保障人体健康,国务院于 1987 年 4 月 1 日发布实施《公共场所卫生管理条例》。与茶馆有关的条文有:

①经营单位应当负责所经营的公共场所的卫生管理,建立卫生责任制度,对本单位的从业人员进行卫生知识的培训和考核工作。

②公共场所直接为顾客服务的人员,持有"健康合格证"方能从事本职工作。患有痢疾、伤寒、病毒性肝炎、活动期肺结核、化脓性或者渗出性皮肤病以及其他有碍公共卫生的疾病的,治愈前不得从事直接为顾客服务的工作。

③经营单位须取得"卫生许可证"后,方能向工商行政管理部门申请登记,办理营业执照。

④公共场所因不符合卫生标准和要求造成危害健康事故的,经营单位应妥善处理,并及时报告卫生免疫机构。

⑤凡有下列行为之一的单位或者个人,卫生防疫机构可以根据情节轻重,给予

警告、罚款、停业整顿、吊销"卫生许可证"的行政处罚：其一，卫生质量不符合国家卫生标准和要求而继续营业的；其二，未获得"健康合格证"而从事直接为顾客服务的；其三，拒绝卫生监督的；其四，未取得"卫生许可证"擅自营业的。

⑥违反本条规定造成严重危害公民健康的事故或中毒事故的单位或者个人，应当对受害人赔偿损失。

违反本条例致人残疾或者死亡而构成犯罪的，应由司法机关依法追究直接责任人员的刑事责任。

(2)《劳动法》常识

为了保护劳动者的合法权益，调整劳动关系，建立和维护适应社会主义市场经济的劳动制度，促进经济发展和社会进步，第八届全国人民代表大会常务委员会第八次会议于1994年7月4日通过了《中华人民共和国劳动法》。《劳动法》是保护劳动者在劳动过程享受合法权益的一部法律。用人单位和劳动者均应掌握劳动法中就业、工作时间和休息时间、工资、劳动争议的仲裁等相关内容。

①总则。

劳动者享有平等的就业和选择职业的权利、取得劳动报酬的权利、休假的权利、获得劳动安全卫生保护的权利、接受职业技能培训的权利、享受社会保险和福利的权利、提请劳动争议的权利以及法律规定的其他劳动权利。

禁止用人单位招用未满16周岁的未成年人。

妇女享有与男子平等的就业权利。在录用职工时，除国家规定的不适合妇女的工种或者岗位外，不得以性别为由拒绝录用妇女或者提高妇女的录用标准。

②劳动合同。

劳动合同应当以书面的形式订立，并具备以下条款：

A.劳动合同期限；

B.工作内容；

C.劳动保护和劳动条件；

D.劳动报酬；

E.劳动纪律；

F.劳动合同的责任，违反劳动合同的责任。劳动合同除前款规定的必备条件外，当事人可以协商约定其他内容。

劳动合同可以约定试用期，试用期最长不得超过6个月。

劳动者有下列情形之一的，用人单位不得解除劳动合同：

A.患职业病或者因工负伤并确认丧失或者部分丧失劳动能力的；

B.患病或者负伤，在规定的医疗期内的；

C. 女职工在孕期、产期、哺乳期内的;

D. 法律、行政法规规定的其他情形。

③工作时间和休息时间。

国家实行劳动者每日工作时间不超过 8 小时、平均每周工作时间不超过 40 小时的工作时间制度。

用人单位应当保证劳动者每周至少休息 1 天。用人单位在法定节日期间应当依法安排劳动者休假。法定节日包括:元旦节 1 天,农历春节 3 天,清明节 1 天,国际劳动节 1 天,青年节(14~28 岁青年)1/2 天,端午节 1 天,中秋节 1 天,国庆节 3 天,妇女节 1/2 天。

④工资。

劳动合同应明确工资等级和工资数额。有下列情形之一的,用人单位应当按照下列标准支付高于劳动者正常工作时间工资的工资报酬:

A. 安排劳动者延长工作时间的,支付不低于工资的 150% 的工资报酬;

B. 休息日安排劳动者工作又不能安排补休,支付不低于工资的 200% 的工资报酬;

C. 法定休假日安排劳动者工作的,支付不低于工资的 300% 的工资报酬。

工资应当以货币形式按月支付给劳动者本人。不得克扣或者无故拖欠劳动者工资。

⑤社会保险和福利。

社会保险基金按照保险类型确定资金来源,逐步实行社会统筹。用人单位和劳动者必须依法参加社会保险,缴纳社会保险费。

⑥劳动争议。

劳动争议发生后,当事人可以向本单位劳动争议调解委员会申请调解;调解不成,当事人一方要求仲裁的,可以向劳动争议仲裁委员会申请仲裁。当事人一方也可以直接向劳动争议仲裁委员会申请仲裁。对仲裁裁决不服的,可以向人民法院提起诉讼。

⑦法律责任。

用人单位非法招用未满 16 周岁的未成年人的,由劳动行政部门责令改正,处以罚款;情节严重的,由工商行政管理部门吊销营业执照。

用人单位无故不缴纳社会保险费的,由劳动行政部门责令其限期缴纳;逾期不缴的,可以加收滞纳金。

(3)《消费者权益保护法》常识

为保护消费者的合法权益,维护社会主义经济秩序,促进社会主义市场经济健康发展,1993 年 10 月 31 日第八届全国人民代表大会常务委员会第四次会议通过了《中华人民共和国消费者权益保护法》。这是保障在消费过程中,消费者的合法权益不受侵害的一部法规。

①消费者的权益。

消费者在购买、使用商品和接受服务时享有以下权利:

A. 享有人身、财产安全不受损害的权利;

B. 享有知悉其购买、使用的商品或者接受服务的真实情况的权利;

C. 享有自主选择商品或者服务的权利;

D. 享有公平交易的权利,并有权获得质量保障、价格合理、计量正确等公平交易条件;

E. 因购买、使用商品或者接受服务受到人身、财产损害的,享有依法获得赔偿的权利;

F. 享有依法成立维护自身合法权益的社会团体的权利;

G. 享有获得有关消费和消费者权益保护方面知识的权利;

H. 享有其人格尊严、民族风俗习惯得到尊重的权利;

I. 购买商品和接受服务时,有权要求经营者提供有关资料、购货凭证、服务单据和必要的技术指导、售后服务;

J. 享有对商品和服务以及保护消费者权益工作进行监督的权利。

消费者有权检举、控告侵害消费者权益的行为和国家机关及其工作人员在保护消费者权益工作中的违法失职行为,有权对保护消费者权益工作提出批评、建议。

②经营者的义务。

经营者向消费者提供商品或服务,应履行以下义务:

A. 依照《中华人民共和国产品质量法》和其他有关法律、法规的规定履行义务。经营者和消费者有约定的,应当按照约定履行义务,但双方不得违背法律、法规的规定。

B. 听取消费者对其提供的商品或者服务的意见,接受消费者的监督。

C. 保证提供的商品或服务符合保障人身、财产安全的要求,对可能危及人身、财产安全的商品和服务,应当向消费者作出真实的说明和明确的警示,并说明和标明正确使用商品或者接受服务的方法以及防止危害发生的方法。

D. 向消费者提供商品或服务的真实信息,不得作引人误解的虚假宣传。

E. 经营者应标明其真实名称和标记。租赁他人柜台或场地的经营者,应标明其真实名称和标记。

F. 按照国家规定或商业惯例向消费者出具购货凭证或服务单据。

G. 保证在正常使用商品或接受服务的情况下提供的商品或者服务应当具有的质量、性能、用途和有效期限，但消费者在购买该商品或者接受该服务前已经知道其存在瑕疵的除外。以广告、产品说明、实物样品或其他方式表明商品或服务质量的状况的，应当保证其提供的商品或者服务的实际质量与表明的质量状况相符。

H. 提供商品或者服务，按照国家规定或者与消费者的约定，承担包修、包换、包退或者其他责任的，应当按照国家规定或约定履行，不得故意拖延或者无理拒绝。不得以格式合同、通知、声明、店堂告示等方式作出对消费者不公平、不合理的规定，或者减轻、免除其损害消费者合法权益应当承担的民事责任。

I. 不得对消费者进行侮辱、诽谤，不得搜查消费者的身体及其携带的物品，不得侵犯消费者的人身自由。

③争议的解决。

消费者和经营者发生消费权益争议的，可以通过下列途径解决：

A. 与经营者协商和解。

B. 请求消费者协会调解。

C. 向有关行政部门申诉。

D. 根据与经营者达成的仲裁协议提请仲裁机构仲裁。

E. 向人民法院提起诉讼。

消费者遇以下情况时，可要求赔偿：

A. 消费者在购买、使用商品时，其合法权益受到损害或造成人身、财产损害的，可以向销售者要求赔偿。销售者赔偿后，属于生产者的责任或者属于向销售者提供商品的其他销售者的责任，销售者有权向生产者或者其他销售者追偿。

B. 消费者在接受服务时，其合法权益受到损害的，可以向服务者要求赔偿。

C. 消费者在购买、使用商品或接受服务时，其合法权益受到损害，因原企业分立、合并的，可以向变更后承受其权利义务的企业要求赔偿。使用他人营业执照经营的，消费者可以向其要求赔偿，也可以向营业执照持有人要求赔偿。

D. 消费者在展销会、租赁柜台购买商品或者接受服务，其合法权益受到损害的，可以向销售者或者服务者要求赔偿。展销会结束或者柜台租赁期满后，也可向展销会的举办者、柜台的出租者追偿。展销会举办者、柜台出租者赔偿后有权再向销售者或者服务者追偿。

E. 因经营者利用虚假广告提供商品或者服务，使消费者权益受到损害的，消费者可以向经营者要求赔偿。广告经营者发布虚假广告的，消费者可以请求行政主管部门予以处罚。广告经营者不能提供经营者的真实名称、地址的，应当承担赔偿责任。

(4)《劳动安全法》常识

《中华人民共和国安全生产法》由中华人民共和国第九届全国人民代表大会常务委员会第二十八次会议于 2002 年 6 月 29 日通过,自 2002 年 11 月 1 日起执行。《安全生产法》的贯彻实施,有利于依法规范生产经营单位的安全生产和经营工作。

①安全生产职责。

生产经营单位的主要负责人对本单位安全生产工作负有下列职责:

A. 建立、健全本单位安全生产责任制;

B. 组织制定本单位安全生产规章制度和操作流程;

C. 保证本单位安全生产投入的有效实施;

D. 督促、检查本单位的安全生产工作,及时消除生产安全事故隐患;

E. 组织制订并实施本单位的生产安全事故应急救援预案;

F. 及时、如实报告生产安全事故。

②安全生产管理能力。

生产经营单位的主要负责人和安全生产管理人员必须具备与本单位所从事的生产经营活动相应的安全生产知识和管理能力。

③安全生产教育和培训。

生产经营单位应当对从业人员进行安全生产教育和培训,保证从业人员具备必要的安全生产知识,熟悉有关的安全生产规章制度和安全操作流程,掌握本岗位的安全操作技能,未经安全生产教育和培训合格的从业人员,不得上岗作业。

④安全生产设备。

安全设备的设计、制造、安装、使用、检测、维修、改造和报废,应当符合国家标准或者行业标准,生产经营单位必须对安全设备进行经常性的维护、保养,并定期检测,保证正常运转。维护、保养、检测应当做好记录,并由有关人员签字。

参考文献

[1] 陈宗懋,杨亚军. 中国茶叶词典[M]. 上海:上海文化出版社,2013.

[2] 刘枫. 新茶经[M]. 北京:中央文献出版社,2015.

[3] 王岳飞,徐平. 茶文化与茶健康[M]. 北京:旅游教育出版社,2014.

[4] 张星海,冉茂垠. 黄茶加工与审评检验[M]. 北京:化学工业出版社,2015.

[5] 张星海,何仁聘. 红茶加工与审评检验[M]. 北京:化学工业出版社,2015.

[6] 张星海,方芳. 绿茶加工与审评检验[M]. 北京:化学工业出版社,2015.

[7] 杨亚军. 评茶员培训教材[M]. 北京:金盾出版社,2015.

[8] 江用文,童启庆. 茶艺师培训教材[M]. 北京:金盾出版社,2015.

[9] 艾敏. 谷水怀香·茶具茶器[M]. 北京:电子工业出版社,2015.

[10] 艾敏. 一叶知心·茶相茶味[M]. 北京:电子工业出版社,2015.

[11] 艾敏. 素手调水·茶艺茶道[M]. 北京:电子工业出版社,2015.

[12] 齐玲玲. 茶疗百问百答[M]. 北京:中国轻工业出版社,2015.

[13] 寇丹. 茶具百问百答[M]. 北京:中国轻工业出版社,2015.

[14] 程启坤,倪铭. 茶叶百问百答[M]. 北京:中国轻工业出版社,2015.

[15] 文轩. 茶经译注[M]. 上海:上海三联书店,2014.

[16] 陈先枢,汤青峰,朱海燕. 湖南茶文化[M]. 长沙:中南大学出版社,2009.

[17] 李璐. 茶艺与茶文化[M]. 西安:西安电子科技大学出版社,2015.

[18] 刘启贵. 茶艺师(高级)[M]. 北京:中国劳动社会保障出版社,2008.

[19] 王岳飞,周继红. 第一次品绿茶就上手[M]. 北京:旅游教育出版社,2016.

[20] 余悦. 中华茶艺(上)——茶艺基础知识与基本技能[M]. 北京:中央广播电视大学出版社,2014.

[21] 朱红缨. 中国式日常生活:茶艺文化[M]. 北京:中国社会科学出版社,2013.

后　记

初春的雁城，细雨绵绵，正是唐代诗僧贯休笔下"岳茶如乳庭花开"的时节。凝视这本即将由重庆大学出版社出版的《茶文化与大学生素养》的书稿，就像步入南岳广济的毗卢洞古贡茶园一样，"弥望新粲，异香拂人"，心情格外舒畅。回望这些年学茶、访茶、传播茶文化的经历，在教学相长的实践中，受益颇多。

最早接触茶，是从父亲的茶杯开始的，这"一杯茶里的教育"对我来说，是一辈子的财富。茶是家庭教育的良好载体，更是优良家风的传承媒介。不管是"柴米油盐酱醋茶"还是"琴棋书画诗酒茶"，大雅大俗却毫不违和，茶能完美地驾驭这份厚重的文化。

湖南信息职业技术学院院长陈剑旄教授是最早鼓励我将茶文化引入大学生素养培育的导师。从我主编第一本注重茶艺实践的教材《茶艺与茶文化》开始，我和团队成员就开始在全国各地游学茶山，拜访名师，并从实践中汲取了宝贵的经验，逐渐使大学生茶文化教育有了一份较为清晰的蓝图。

本书定位在茶文化与大学生素养的培育上，衡阳师范学院新闻与传播学院张云峰书记根据陈剑旄院长的指导思想，列出了本书的框架与编著大纲。我的博士生导师武汉大学王兆鹏教授专门赠我一整套价值不菲的《中国茶书全集校正》，寄到衡阳供我参考学习。国家高级茶艺师张京蕊、湖南信息职业技术学院肖放鸣副院长以及靖港湾茶院徐红丽茶艺师等，和我在编著前期共同梳理思路，分门别类收集素材。还有我的学生朱琴、胡亮、刘喜龙、郑智威、李顺浩、周莹婷、赖雪怡、蒋嘉琪、危腾峰、黄江霞、唐丽、姜季香、唐婕、陈洋、李丽、刘泽文、雷亦波、王城薇、王海滨、陈凤芳、谭云、刁莹等，将近20万字的文稿一一录入电脑并细心校对。特别是重庆大学出版社顾丽萍编辑，每天和我在QQ上交流，细心纠错，为本书的高质量出版付出了很多心血。要感谢的人太多太多，均已铭记在心。

明末清初哲学大儒王夫之先生曾在《衡岳摘茶词十首》中说"山中茶赛马兰香"，这句话曾勾起过无数文人探寻茶文化的好奇心。我也期待这本传承中华优秀传统文化的《茶文化与大学生素养》，能够吸引广大青年学生对中国茶产生兴趣，理解茶文化的精髓要义，在生活中与茶相伴，体现"学、礼、知、艺、效、事、业"的七大素养，实现"家国共担、手脑并用"的教育目标，使之成为"既欣良友诒，更待嘉宾奉"的春之礼物。

李　璐

2017 年 3 月 23 日于雁城衡阳